W0265408

SABER HACER contigo

Presentación del proyecto

Saber Hacer cumple cuatro años. Es un proyecto de éxito, pero, como la realidad educativa es cambiante, ha llegado el momento de actualizarlo. Por eso ha nacido **Saber Hacer Contigo**.

Saber Hacer Contigo incorpora importantes innovaciones metodológicas y pedagógicas que los docentes nos han reclamado para su práctica educativa, de ahí su nombre. El objetivo primordial es desarrollar en el alumnado las capacidades imprescindibles para los futuros ciudadanos y ciudadanas del siglo XXI:

Las habilidades de comunicación

La comunicación es uno de los ejes esenciales del proyecto. A través de diferentes programas, presentes en todas las áreas, se trabajan las destrezas comunicativas:

- **Tiempo para hablar.** Comunicación oral.
- **Tiempo para leer.** Competencia lectora.
- **Tiempo para escribir.** Comunicación escrita.

Las destrezas de pensamiento

Aprender a pensar y desarrollar el razonamiento lógico son otros de los ejes de Saber Hacer Contigo. Para ello se trabajan aquellas estrategias y rutinas que son necesarias para lograr un aprendizaje autónomo y eficaz, con el objetivo de que los alumnos y las alumnas adquieran habilidades de pensamiento de orden superior:

- Fortalecer la comprensión y sintetizar las ideas más importantes.
- Retener y recordar la información.
- Interrelacionar conocimientos entre sí.

La interiorización de estas estrategias y rutinas facilitará el control del pensamiento y una mayor eficacia a la hora de aplicar los nuevos conocimientos. A lo largo de las unidades se incluye una sección destinada al entrenamiento del pensamiento, que se destaca con un **icono de color azul**.

La inteligencia emocional

La educación de las emociones es esencial para la educación integral del alumnado. Los objetivos fundamentales que se plantean en Saber Hacer Contigo versan en torno a estos aspectos:

- La identificación de las emociones propias y ajenas.
- La autogestión y la regulación emocional.
- La expresión de las emociones.
- Las habilidades sociales y la empatía.

Un **icono de color rojo** enmarca las actividades y propuestas encaminadas de forma específica al desarrollo de la inteligencia emocional.

La creatividad

La creatividad implica tener una imaginación viva, ser capaz de adaptarse a diferentes contextos y dar respuestas originales a situaciones o problemas inesperados. En nuestros libros se trabajan básicamente estas capacidades:

- La búsqueda de estrategias personales e innovadoras.
- La utilización de formas creativas de expresión.

Las actividades que implican poner en juego la creatividad de manera especial se identifican con un **icono de color verde**.

La autorregulación del aprendizaje

En Saber Hacer Contigo el alumnado tiene un papel activo en el proceso de enseñanza y se promueve la reflexión personal sobre su propio aprendizaje, para mejorar el conocimiento de sí mismos y detectar fortalezas y debilidades.

A lo largo de las unidades se incluyen pequeñas rúbricas para que los alumnos y alumnas tomen conciencia de lo que han aprendido y valoren cómo lo han hecho.

El trabajo cooperativo

Con el objetivo de que las alumnas y los alumnos desarrollen su capacidad de cooperar y sean capaces de trabajar juntos para alcanzar un objetivo común, en este proyecto se proponen actividades que requieren diferentes niveles de agrupamiento:

- Trabajo por parejas.
- Trabajo en equipo.
- Trabajo en grupo-clase.

Aquellas actividades en las que se sugiere trabajar por parejas o en equipo se identifican con distintos iconos.

Además, al finalizar cada uno de los trimestres se incluye un pequeño proyecto denominado **Cooperamos**, en el que se ponen en juego diferentes técnicas de aprendizaje cooperativo.

Atendiendo a los últimos avances de la neurociencia, Saber Hacer Contigo también incorpora una propuesta de **GAMIFICACIÓN** para activar la emoción y la curiosidad del alumnado, grandes palancas del aprendizaje. En el proyecto se ofrecen dinámicas propias del juego que ayudarán a transformar el aula, creando un ambiente estimulante y motivador.

Índice

Cuadro de contenidos

Unidades	Información y actividades
1. Números naturales	• Números de siete cifras y más • Aproximaciones • Multiplicación por varias cifras • Potencias • Estimaciones • Números romanos Tratamiento de la información. Gráficos de barras de tres características
2. División. Operaciones combinadas	• Divisiones con divisor de dos cifras • Divisiones con divisor de tres cifras • Propiedad distributiva • Operaciones combinadas
3. Múltiplos y divisores	• Múltiplos de un número • Divisores de un número • Criterios de divisibilidad • Cálculo de todos los divisores • Números primos y compuestos Tratamiento de la información. Proyecto con gráficos de barras
4. Figuras planas y cuerpos geométricos	• Prismas y pirámides • Cuerpos redondos • Clasificación de triángulos • Clasificación de paralelogramos • Circunferencia y círculo • Posiciones de rectas y circunferencia • Simetría y traslación • Semejanza
5. Fracciones. Comparación	• Fracciones • Comparación de fracciones • Fracción como división • Fracción de un número Tratamiento de la información. Pictogramas
6. Fracciones equivalentes. Suma y resta	• Fracciones equivalentes • Fracciones equivalentes a un número natural • Fracciones y números mixtos • Suma y resta de fracciones de igual denominador
7. Números decimales. Porcentajes	• Números decimales • Comparación de decimales • Aproximación de decimales • Fracciones decimales • Porcentajes • Problemas con porcentajes Tratamiento de la información. Proyecto con pictogramas
8. Operaciones con números decimales	• Suma y resta de decimales • Multiplicación por un natural • Multiplicación de decimales • Estimaciones con decimales • División entre la unidad seguida de ceros • División de decimal entre natural • División de natural entre decimal • División de decimal entre decimal
9. Longitud, capacidad, masa y superficie	• Unidades de longitud • Unidades de capacidad • Unidades de masa • Problemas de medida • Área con un cuadrado unidad • Unidades de superficie Tratamiento de la información. Coordenadas cartesianas
10. Sistema sexagesimal	• El reloj • Unidades de tiempo • Unidades de medida de ángulos • Clasificación de ángulos
11. Área de figuras planas	• Base y altura • Área de polígonos y círculos • Longitud de la circunferencia • Área de figuras planas Tratamiento de la información. Gráficos de sectores
12. Probabilidad y estadística	• Más probable y menos probable • Probabilidad • Frecuencia absoluta y relativa • Media y moda

Solución de problemas	Cálculo mental	Saber hacer	Matemáticas manipulativas
• Pasos para resolver un problema	• Sumar centenas y decenas • Restar centenas y decenas	• Analizar datos históricos	• Juega con las potencias
• Relacionar enunciado y solución	• Sumar 11, 21, 31..., 12, 13, 14... • Restar 11, 21, 31..., 12, 13, 14...	• Hallar el día en que naciste	• Juega con las operaciones
• Sacar conclusiones de un enunciado	• Sumar 9, 19, 29..., 18, 17, 16... • Restar 9, 19, 29..., 18, 17, 16...	• Descifrar códigos secretos	• Juega con múltiplos y divisores
• Completar enunciados	• Sumar 101, 201, 301..., 102, 103... • Restar 101, 201, 301..., 102, 103...	• Analizar logotipos	• Juega con los polígonos
• Elaborar tablas de informaciones	• Sumar 99, 199, 299..., 98, 97, 96... • Restar 99, 199, 299..., 98, 97, 96...	• Diseñar un huerto escolar	• Juega con las fracciones
• Escribir un problema con los datos sobrantes	• Multiplicar por 10, 100 y 1.000 • Dividir entre 10, 100 y 1.000	• Estudiar las mareas	• Juega con las fracciones
• Extraer datos de la resolución	• Multiplicar números terminados en 0 • Multiplicar agrupando términos para obtener decenas o centenas	• Calcular el IVA	• Juega con decimales y porcentajes
• Cambiar los datos para obtener otra solución	• Multiplicar por decenas, centenas y millares • Dividir entre decenas, centenas y millares	• Entender la factura del teléfono	• Juega con los decimales
• Escribir la pregunta que se responde con unos cálculos	• Multiplicar un número por 2 • Dividir entre 2 decenas, centenas y millares	• Analizar el plano de un piso	• Juega con superficies
• Encontrar preguntas que se responden	• Dividir entre 2 un número	• Calcular horas	• Juega con el tiempo
• Elegir la solución correcta	• Multiplicar por 5 y por 50 • Dividir entre 5 y entre 50	• Calcular áreas de objetos reales	• Juega con las áreas
• Determinar varias soluciones	• Multiplicar por 4 y por 40 • Dividir entre 4 y entre 40	• Calcular audiencias	• Juega con la probabilidad

Iconos utilizados en este libro

Las actividades en las que tendrás que trabajar junto con un compañero o una compañera están marcadas con este símbolo.

En aquellas actividades en las que aparezca este icono tendrás que cooperar con los demás y trabajar en equipo.

Este icono identifica las actividades en las que tendrás que ejercitar de forma especial tu capacidad de reflexión para sacar conclusiones.

Con las propuestas que encontrarás en la sección de creatividad tendrás que poner en juego tu imaginación para aportar ideas originales.

Las actividades que aparecen señaladas con este icono te animarán a expresar lo que sientes y a ponerte en el lugar de los demás.

Comenzamos

- ¿Qué has hecho estas vacaciones?
- ¿Cuál fue tu primer día de vacaciones? ¿Qué día de la semana era?
- ¿Cuándo terminaron tus vacaciones? ¿Cuántos días han pasado hasta hoy?
- ¿Podrías calcular aproximadamente cuántos días has estado de vacaciones? ¿Cómo lo harías?
- ¿Has utilizado lo que sabías de Matemáticas estas vacaciones? ¿En qué situaciones?

Comenzamos

1 **Descompón cada número. Después, ordena cada grupo de menor a mayor.**

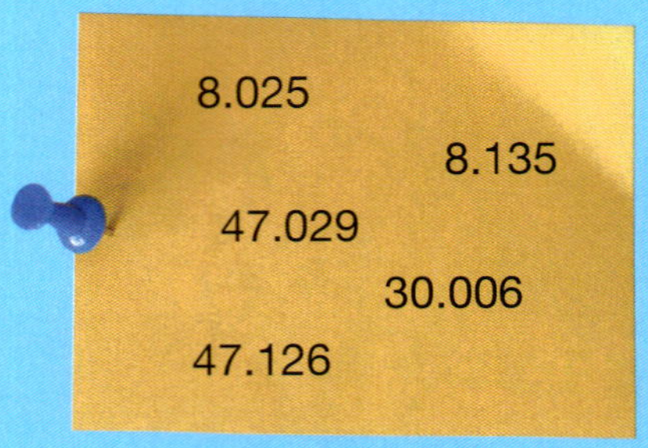

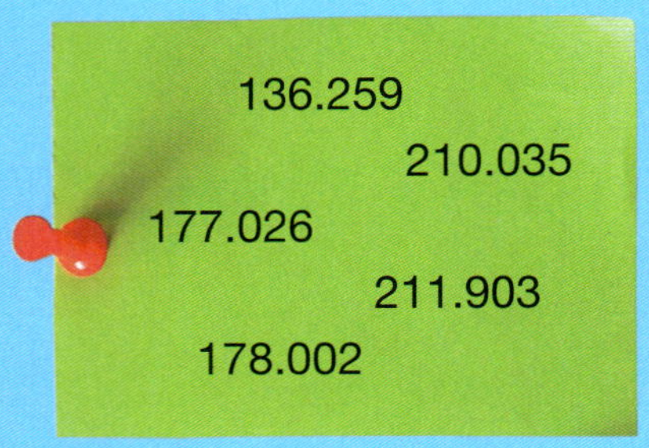

2 **Escribe en tu cuaderno cómo se lee cada número de la actividad anterior.**

3 **Calcula las operaciones y haz la prueba de cada división.**

- 4.890 × 52
- 9.175 × 107
- 50.521 : 4
- 52.803 : 6
- 12.450 : 26
- 22.188 : 43

4 **Calcula estas operaciones combinadas.**

- 8 + 7 − 9 − 3
- 9 − 5 + 8 − 2
- 6 × 4 − 3 − 5
- 10 − 2 × 3 + 9
- (9 − 3) − 2 + 4
- 12 − (6 − 4) + 7
- (4 + 2) × 2 − 5
- 2 × (11 − 7) − 8

5 **Escribe la fracción coloreada en cada figura y cómo se lee. Después, contesta.**

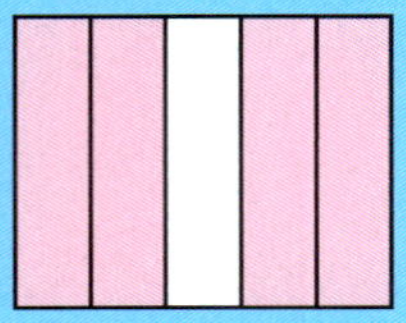

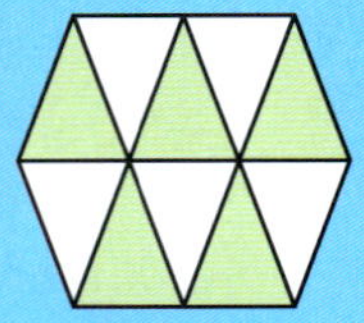

- ¿Qué fracción tiene el numerador mayor? ¿Cuál es?
- ¿Qué fracción tiene el denominador menor? ¿Cuál es?

6 **Escribe la descomposición y cómo se lee cada uno de estos números decimales.**

- 0,3
- 0,28
- 0,09
- 17,5
- 9,26
- 24,07

7 **Escribe con cifras estos números.**

- 7 décimas
- 3 décimas
- 8 centésimas
- 26 centésimas
- 9 unidades y 4 décimas
- 6 unidades y 7 décimas
- 8 unidades y 13 centésimas
- 24 unidades y 4 centésimas

8 **Mide estos ángulos.**

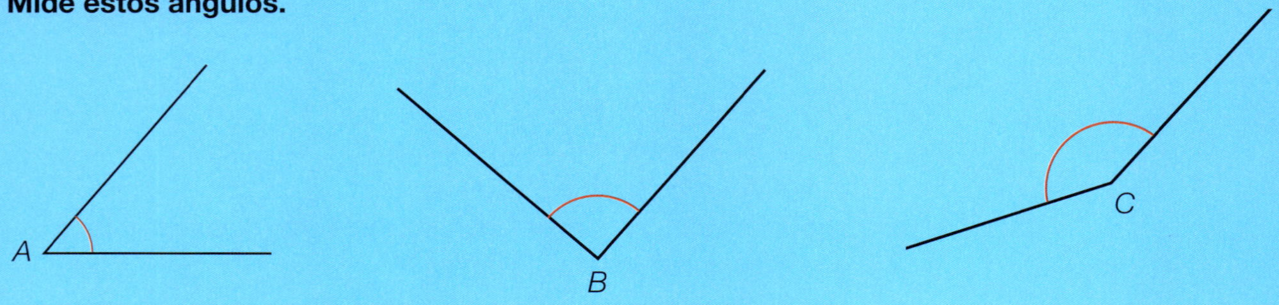

9 **Calca, colorea como se indica y calcula el perímetro de este polígono.**

- Los lados
- Los vértices
- Los ángulos

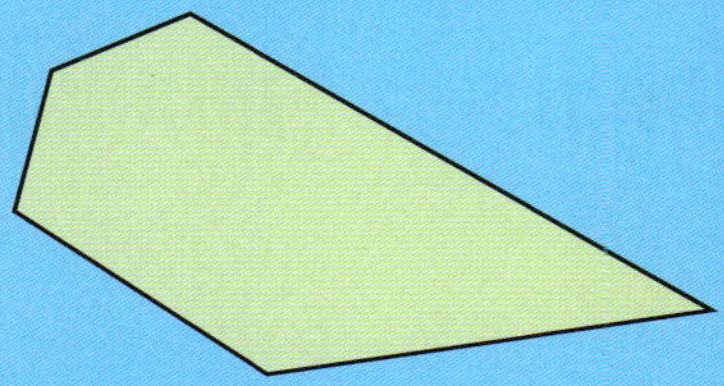

10 **¿Con qué unidad expresarías cada medida? Copia en tu cuaderno, relaciona y completa cada abreviatura.**

La capacidad de una bañera	km ▶ kilómetro
El ancho de una habitación	kg ▶ …
La capacidad de una cucharita	cl ▶ …
El peso de una persona	m ▶ …
La distancia entre dos ciudades	ℓ ▶ …
El peso de un chicle	g ▶ …

11 **Lee y resuelve.**

- Una excursión de un colegio ha acudido a visitar un parque natural. Han ido en 13 autobuses de 55 plazas cada uno y solo han quedado 5 asientos vacíos. ¿Cuántas personas han ido en total?
- En un campo de naranjos ayer se recogieron 138 kg de naranjas y hoy 78 kg. Si las envasan en bolsas de 5 kg, ¿cuántas bolsas obtienen? ¿Quedan naranjas sin envasar?
- Un grupo de artesanas ha fabricado 1.035 muñecas durante 45 días. ¿Cuántas muñecas han hecho cada día si todos los días hacen el mismo número?
- Luisa ha pagado su bicicleta eléctrica en 48 cuotas mensuales. ¿Cuántos trimestres ha estado pagando? ¿Y años?
- Pedro mide 1 m y 23 cm y su hermana pequeña 96 cm. ¿Cuánto mide Pedro más que su hermana?
- Ana ha usado 1 litro y medio de leche para hacer pasteles. ¿Cuántos centilitros de leche ha utilizado?
- Mario ha hecho un estofado usando 1 kilo y cuarto de carne. ¿Cuántos gramos de carne ha cocinado?
- Petra tenía 30 €. Compró una camisa por 22,45 €. ¿Cuánto dinero le sobró?

Cálculo mental

Suma centenas y decenas

3.624 + 500 = 4.124 → 36 + 5 = 41

4.296 + 30 = 4.326 → 29 + 3 = 32

1.340 + 500	6.782 + 700	3.457 + 20	4.897 + 50
7.262 + 300	2.696 + 400	5.122 + 30	8.963 + 40

Resta centenas y decenas

3.624 − 500 = 3.124 → 36 − 5 = 31

4.296 − 30 = 4.266 → 29 − 3 = 26

7.862 − 500	2.696 − 400	3.457 − 20	8.903 − 40
1.640 − 300	6.782 − 800	5.582 − 60	4.607 − 90

Un número, varias sumas y varias restas

Escribe 7.209 como el resultado de:

- Una suma en la que uno de los sumandos sea una decena completa.
- Una resta en la que el sustraendo sea una centena completa.

Pequeños problemas

Calcula mentalmente

1. Iremos desde Pamplona hasta Cádiz, separados por 1.039 km. Después iremos a mi pueblo, que está a 80 km de Cádiz. ¿Cuántos kilómetros recorreremos en total?

2. El mes pasado visitaron la exposición 1.421 personas. Este mes la han visitado 60 personas menos. ¿Cuántas personas han visitado la exposición este mes?
3. Silvia compra a plazos una moto de 4.650 €. Ya ha pagado 800 €. ¿Cuánto le falta por pagar?

¿Qué sabes ya?

Descomposición y lectura de números

254.863 ▶

CM	DM	UM	C	D	U
2	5	4	8	6	3

254.863 = 2 CM + 5 DM + 4 UM + 8 C + 6 D + 3 U =
= 200.000 + 50.000 + 4.000 + 800 + 60 + 3

254.863 se lee doscientos cincuenta y cuatro mil ochocientos sesenta y tres.

1 Descompón cada número y escribe cómo se lee.

- 123.876
- 531.025
- 720.420
- 409.248
- 608.398
- 910.900

Suma, resta y multiplicación

```
  683        801
+ 257      − 324
  940        477

   395
  × 87
  2765
 3160
 34365
```

4 × 20 = 80

3 × 500 = 1.500

2 Calcula estas operaciones en tu cuaderno.

- 1.346 + 4.837
- 3.421 − 2.689
- 374 × 76
- 78 × 90
- 509 × 48
- 37 × 500

1 Números naturales

Tiempo para leer

Para conocer el número de habitantes de una ciudad o un país se realiza un censo de población. Un censo consiste en recabar datos sobre todas las personas que habitan en esa ciudad o país.

El primer censo de población que se realizó en el Estado español fue en el año 1785. Para realizarlo se pidió a los alcaldes de todas las localidades el nombre de todas las personas que residían en ellas.

En este censo también se recogía la profesión. Las profesiones más comunes en la ciudad de Córdoba en ese momento eran los hilanderos (16.400 personas), los agricultores (casi 8.000) y las costureras (3.240).

Tiempo para hablar

- ¿Cuántos habitantes había en la provincia de Córdoba en el año 1787? ¿A qué orden corresponde el lugar que ocupa la cifra 8 en ese número? ¿Qué significa?
- Fíjate en el número de habitantes en 1991 y en 2017. La cifra 1 que aparece en los dos números, ¿tiene el mismo valor? ¿Y la cifra 4 del número de hilanderos y del número de costureras?
- Explica entre qué años el número de habitantes de la provincia de Córdoba superó los cien mil, y cuántas centenas de millar aumentó en los años siguientes.

El millón. Números de siete cifras

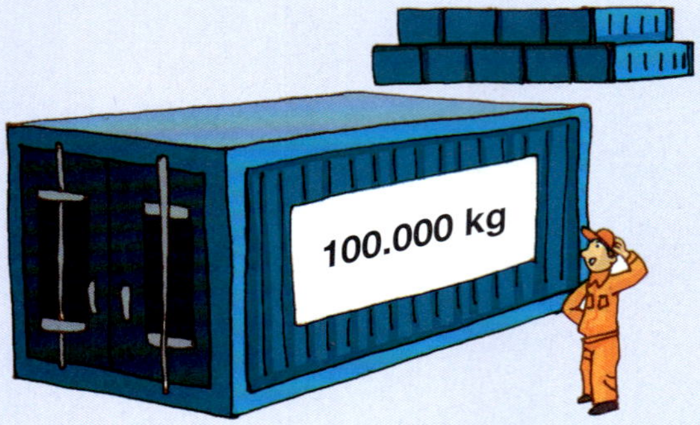

El año pasado en la ciudad se recicló mucho papel. Se recogieron 10 contenedores con 100.000 kg cada uno.

10 centenas de millar = 1 unidad de millón

1 unidad de millón = 1.000.000 U

1.000.000 se lee **un millón**.

10 CM = 1 U. de millón = 1.000.000 U

Además, se recogieron 1.234.690 kg de vidrio.

U. de millón	CM	DM	UM	C	D	U
1	2	3	4	6	9	0

1.234.690 = 1 U. de millón + 2 CM + 3 DM + 4 UM + 6 C + 9 D

1.234.690 = 1.000.000 + 200.000 + 30.000 + 4.000 + 600 + 90

1.234.690 se lee un millón doscientos treinta y cuatro mil seiscientos noventa.

Los números de siete cifras están formados por unidades de millón, centenas de millar, decenas de millar, unidades de millar, centenas, decenas y unidades.

1 Descompón cada número en tu cuaderno. Ayúdate del cuadro. Después, escribe cómo se leen.

U. de millón	CM	DM	UM	C	D	U

- 1.757.056
- 2.107.420
- 4.034.007
- 5.604.020
- 7.910.300
- 8.420.129

EJEMPLO 1.757.056 = 1 U. de millón + … = 1.000.000 + … ▶ Un millón…

2 Escribe en tu cuaderno el número anterior y el posterior a cada número.

- 999.999
- 1.000.000
- 7.898.899
- 6.999.999
- 3.491.039
- 5.002.199
- 8.675.990
- 4.203.298

3 Compara escribiendo el signo (< o >) adecuado.

- 3.457.689 y 3.460.004
- 4.008.512 y 4.007.999
- 5.346.028 y 5.347.000
- 6.189.301 y 6.200.147
- 7.125.989 y 7.125.994
- 9.137.418 y 9.137.409

Números de más de siete cifras

El año pasado visitaron nuestro país más de cincuenta y siete millones (57.000.000) de turistas.

El número 57.000.000 es un número de ocho cifras.

Fíjate en los órdenes superiores a la unidad de millón.

Diez unidades de un orden forman una unidad del orden inmediato superior.

Centena de millón	Decena de millón	Unidad de millón	CM	DM	UM	C	D	U
100.000.000 U	10.000.000 U	1.000.000 U						

1 D. de millón = 10 U. de millón = 10.000.000 U ▶ 10.000.000 se lee diez millones.

1 C. de millón = 10 D. de millón = 100.000.000 U ▶ 100.000.000 se lee cien millones.

1. Escribe a cuántas unidades equivale y cómo se lee.
   - 5 D. de millón
   - 6 D. de millón
   - 7 D. de millón
   - 9 D. de millón
   - 2 C. de millón
   - 7 C. de millón
   - 4 C. de millón
   - 8 C. de millón

2. Descompón cada número y escribe cómo se lee.

HAZLO ASÍ

104.032.701 = 1 C. de millón + 4 U. de millón + 3 DM + 2 UM + 7 C + 1 U =
= 100.000.000 + 4.000.000 + 30.000 + 2.000 + 700 + 1

104.032.701

ciento cuatro · millones · treinta y dos · mil · setecientos uno

   - 51.056.420
   - 34.609.803
   - 83.702.216
   - 60.007.841
   - 615.090.083
   - 307.002.060
   - 400.060.900
   - 870.123.609

3. Escribe en tu cuaderno el valor en unidades de la cifra 6 en cada número de la actividad 2.

4. Anota en tu cuaderno el número anterior y el posterior a cada número.
   - 29.999.999
   - 67.308.699
   - 134.499.899
   - 899.609.990

5. Compara escribiendo el signo adecuado.
   - 45.000.704 y 45.001.003
   - 30.235.890 y 30.234.899
   - 803.345.289 y 802.946.587
   - 599.003.124 y 600.001.123

Aproximaciones

En el último censo hecho en Burgohondo la población era de 362.094 personas. ¿Cuántas personas vivían aproximadamente en Burgohondo?

Aproxima 362.094 a las centenas de millar

1.º Busca entre qué centenas de millar está el número.

362.094 está entre 300.000 y 400.000

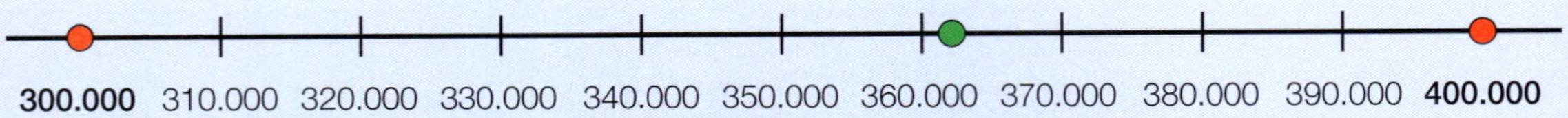

2.º Compara la cifra del orden siguiente (decenas de millar) con 5.

362.094 ► 6 > 5 ⟶ Elige la centena de millar mayor: 400.000.

La centena de millar más cercana a 362.094 es 400.000.

En Burgohondo vivían aproximadamente 400.000 personas.

1 Observa la recta y aproxima cada número a las centenas de millar.

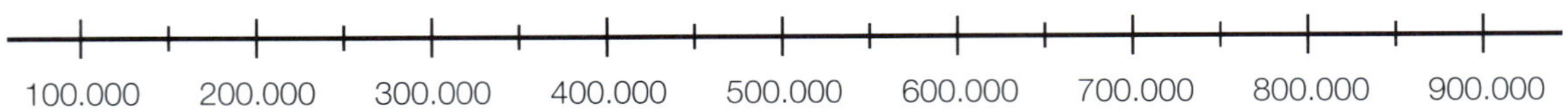

- 194.075
- 215.999
- 241.874
- 381.134
- 427.023
- 596.700
- 636.000
- 910.000

2 Aproxima cada número al orden correspondiente.

PRESTA ATENCIÓN

Fíjate en cuántas cifras tiene el número y compara la cifra del orden siguiente con 5.

- 2.342.981
- 6.902.147
- 7.840.300
- 9.256.000
- 37.094.657
- 41.621.089
- 62.750.040
- 89.100.000

3 Piensa y escribe dos números en cada caso.

- Tienen cinco cifras y su aproximación a las decenas de millar es 90.000.
- Tienen seis cifras y su aproximación a las centenas de millar es 600.000.
- Tienen siete cifras y su aproximación a las unidades de millón es 7.000.000.
- Tienen ocho cifras y su aproximación a las decenas de millón es 20.000.000.

4 Lee y aproxima cada número a todos los órdenes menores que el suyo.

HAZLO ASÍ

Aproxima 426.735 a los órdenes menores que el suyo.

En cada aproximación, compara la cifra del orden siguiente con 5.

A las decenas de millar: 6 > 5 ▶ 430.000

A los millares: 7 > 5 ▶ 427.000

A las centenas: 3 < 5 ▶ 426.700

A las decenas: 5 = 5 ▶ 426.740

RETO

Busca el significado de truncamiento, que es otra forma de aproximar números. ¿Qué diferencia ves con la que has usado hasta ahora?

- 234.076
- 897.342
- 8.608.749
- 4.291.347
- 26.892.031
- 78.657.986

Problemas

5 Escribe un texto en el que aproximes los números de la tabla para completar el mural.

Un planeta para todos

País	Número de habitantes
España	47.265.321
Alemania	80.219.695
Indonesia	237.556.363
Estados Unidos	316.017.000

¿A qué orden has aproximado cada número? Explica por qué lo has hecho así.

PENSAMIENTO

Lee las pistas, averigua qué números cumplen todas y escríbelos en tu cuaderno.

- Es un número de ocho cifras y todas son diferentes.
- Su aproximación a las centenas es 12.345.700.
- La suma de sus cifras es 36.

Multiplicación por números de varias cifras

Eva y sus amigos están haciendo una visita guiada al jardín botánico. El jardín está abierto todos los días del año y cada día pueden entrar 285 personas. ¿Cuántas personas pueden visitar el jardín cada año?

Multiplica 285 × 365

1.º Multiplica 285 por 5.
2.º Multiplica 285 por 6. Coloca el producto debajo del anterior, dejando un hueco a la derecha.
3.º Multiplica 285 por 3. Coloca el producto debajo del anterior, dejando un hueco a la derecha.
4.º Suma todos los productos obtenidos.

```
     2 8 5
   × 3 6 5
   -------
   1 4 2 5   ◀ 1.º 285 × 5
 1 7 1 0     ◀ 2.º 285 × 6
 8 5 5       ◀ 3.º 285 × 3
 ---------
1 0 4 0 2 5  ◀ 4.º Suma
```

Cada año pueden visitar el jardín 104.025 personas.

1 Multiplica en tu cuaderno.

- 287 × 34
- 693 × 57
- 358 × 169
- 472 × 283
- 504 × 246
- 709 × 358
- 820 × 719
- 950 × 462

2 Calcula estos productos. Observa que el segundo factor tiene ceros.

HAZLO ASÍ

El segundo factor acaba en ceros

No multipliques por 0; añade los ceros a la derecha del producto.

```
      5 1 4          7 3 2
    × 3 2 0        × 8 0 0
    -------        ---------
    1 0 2 8        5 8 5 6 0 0
  1 5 4 2
  ---------
  1 6 4 4 8 0
```

El segundo factor tiene un cero intermedio

No multipliques por 0; escribe el 0 y sigue multiplicando por la cifra siguiente.

```
    2 3 7
  × 4 0 5
  -------
    1 1 8 5
  9 4 8 0
  ---------
  9 5 9 8 5
```

- 836 × 190
- 274 × 530
- 905 × 460
- 693 × 700
- 702 × 800
- 450 × 300
- 481 × 506
- 853 × 902
- 904 × 307

Potencias

Luisa ha plantado cebollas en 4 parcelas.
En cada parcela hay 4 filas
con 4 cebollas en cada fila.
¿Cuántas cebollas ha plantado Luisa?

Número de cebollas en cada parcela ▶ $4 \times 4 = 16$

Número de cebollas en total ▶ $4 \times 4 \times 4 = 64$

Luisa ha plantado 64 cebollas.

Los dos productos anteriores tienen todos sus factores iguales.

Podemos expresarlos en forma de **potencia**.

Las potencias están formadas por una base y un exponente.

Potencia

$4 \times 4 = 4^2$ → **Exponente:** número de veces (2) que se repite el factor.
→ **Base:** factor que se repite (4).

$4 \times 4 \times 4 = 4^3$ $\quad$ $4 \times 4 \times 4 \times 4 = 4^4$ $\quad$ $4 \times 4 \times 4 \times 4 \times 4 = 4^5$

Las potencias anteriores se leen así:

- 4^2 ▶ 4 al cuadrado o 4 elevado a 2.
- 4^3 ▶ 4 al cubo o 4 elevado a 3.
- 4^4 ▶ 4 a la cuarta o 4 elevado a 4.
- 4^5 ▶ 4 a la quinta o 4 elevado a 5.

- Una potencia es un producto de factores iguales.
- En una potencia, el factor que se repite se llama base y el número de veces que se repite ese factor se llama exponente.

1 Expresa cada producto como potencia. Después, escribe su base y su exponente.

- 5×5
- 9×9
- $4 \times 4 \times 4 \times 4$
- $5 \times 5 \times 5 \times 5 \times 5 \times 5$
- 7×7
- $3 \times 3 \times 3$
- $6 \times 6 \times 6 \times 6 \times 6$
- $2 \times 2 \times 2 \times 2 \times 2 \times 2 \times 2$

EJEMPLO $5 \times 5 = 5^2$; base: 5, exponente: 2.

2 Calcula el valor de estas potencias y di cómo se leen.

- 4^3
- 2^5
- 6^2
- 10^4

3 Resuelve.

Lara tiene 7 casas. En cada casa hay 7 gatos.
Cada gato persigue a 7 ratones.
Cada ratón ha comido 7 trozos de queso.
¿Cuántos trozos de queso han comido en total?

Estimaciones

Ana y David están amueblando su casa.
Han comprado un sofá, una mesa y 5 sillas iguales.

- ¿Cuánto cuestan aproximadamente el sofá y la mesa?

Estima la suma 687 + 139

1.º Los dos sumandos tienen 3 cifras. Aproxima los dos a las centenas.
2.º Suma las aproximaciones.

687 + 139
8 > 5 ↓ ↓ 3 < 5
700 + 100 = 800

El sofá y la mesa cuestan 800 €, aproximadamente.

- ¿Cuánto cuesta aproximadamente la mesa más que una silla?

Estima la resta 139 − 42

1.º El término menor tiene 2 cifras. Aproxima los dos a las decenas.
2.º Resta las aproximaciones.

139 − 42
9 > 5 ↓ ↓ 2 < 5
140 − 40 = 100

La mesa cuesta 100 € más que una silla, aproximadamente.

- ¿Cuánto cuestan aproximadamente las 5 sillas?

Estima el producto 5 × 42

1.º El factor no dígito tiene 2 cifras. Aproxímalo a las decenas.
2.º Multiplica el dígito por la aproximación.

5 × 42
↓ 2 < 5
5 × 40 = 200

Las 5 sillas cuestan 200 €, aproximadamente.

1 Estima cada operación, aproximando los términos al orden que se indica.

RECUERDA

Aproxima el número 7.926:

A los millares	A las centenas	A las decenas
7.926 —(9 > 5)→ 8.000	7.926 —(2 < 5)→ 7.900	7.926 —(6 > 5)→ 7.930

A las decenas

- 57 + 36
- 71 − 54
- 7 × 18
- 43 + 129
- 208 − 92
- 64 × 9

A las centenas

- 584 + 235
- 819 − 672
- 5 × 639
- 3.697 + 461
- 4.328 − 945
- 276 × 8

A los millares

- 6.953 + 2.706
- 8.147 − 3.469
- 6 × 4.375

2 Elige a qué orden debes aproximar y estima. Fíjate bien en el número de cifras de los términos.

- 649 + 53
- 381 + 274
- 547 + 1.362
- 82 − 41
- 468 − 23
- 7.891 − 346
- 5 × 37
- 8 × 426
- 9 × 6.815

RETO

¿Cómo piensas que se puede estimar una suma de tres sumandos? Pon algún ejemplo.

Problemas

3 Observa cada oferta, estima y contesta.

Ayer, 697 €.
Hoy, rebajado 83 €.

Ayer, 1.214 €.
Hoy, rebajado 167 €.

- Hoy, ¿cuál es, aproximadamente, el precio de cada portátil?
- ¿Cuánto costaban ayer, aproximadamente, los dos en total?
- ¿Cuánto valían ayer, aproximadamente, tres portátiles del primer modelo? ¿Y cuatro portátiles del segundo?

4 Lee y resuelve.

- En una sala de cine hay 118 butacas. Están ocupadas 73. ¿Cuántas butacas quedan libres aproximadamente?
- En una fábrica montan 382 juguetes cada día. ¿Cuántos juguetes montarán aproximadamente en una semana?
- En un museo hay expuestas 132 fotografías en blanco y negro y 98 en color. ¿Cuántas fotografías hay expuestas aproximadamente?

CREATIVIDAD

Lee e inventa tres posibles precios para cada bicicleta.

➤ Paula quiere gastarse, aproximadamente, 700 € para comprar 2 bicicletas. Ha visto varios modelos y ha decidido comprar una que cueste algo menos de 300 € y otra que cueste más de 400 €. ¿Qué precio puede tener cada bicicleta?

Números romanos

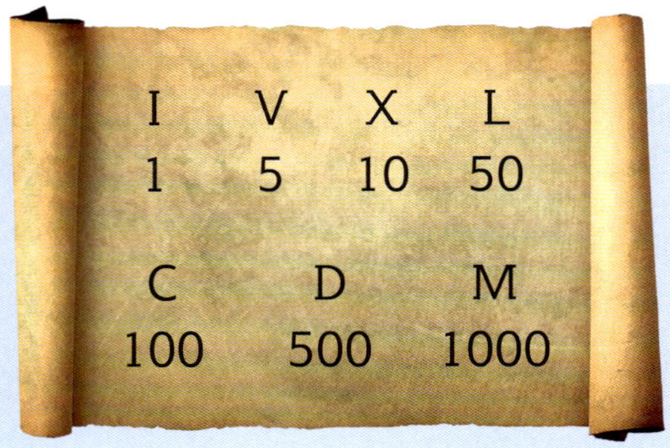

Los romanos usaban siete letras mayúsculas para escribir los números. Fíjate en el valor de cada letra.

Los números se escribían combinando las letras, siguiendo estas reglas:

Regla de la suma

Una letra escrita a la derecha de otra de igual o mayor valor le suma a esta su valor.

LX ▶ 50 + 10 = 60

CLI ▶ 100 + 50 + 1 = 151

Regla de la resta

Las letras I, X y C escritas a la izquierda de cada una de las dos letras de mayor valor que le siguen le restan a esta su valor.

IV ▶ 5 − 1 = 4

XL ▶ 50 − 10 = 40

Regla de la repetición

Las letras I, X, C y M se pueden repetir tres veces como máximo. Las letras V, L y D no se pueden repetir.

III ▶ 1 + 1 + 1 = 3

CCC ▶ 100 + 100 + 100 = 300

Regla de la multiplicación

Una raya encima de una letra o grupo de letras multiplica por mil su valor. Se utiliza para escribir números mayores que 3.999.

$\overline{V}$ ▶ 5 × 1.000 = 5.000

$\overline{XI}$ ▶ 11 × 1.000 = 11.000

1 Aplica las reglas indicadas y averigua el valor de los números romanos.

Regla de la suma		
VI	CL	DC
XVI	CXX	MDC

Regla de la resta		
IV	IX	XL
XC	CD	CM

Regla de la multiplicación		
$\overline{X}$	$\overline{VI}$	$\overline{IX}$
$\overline{L}$	$\overline{XV}$	$\overline{XC}$

2 Aplica las reglas y escribe el valor de cada número.

- CMLXII
- MMDCCVI
- CXCIII
- $\overline{XX}$CL
- $\overline{XIV}$XXX
- CDXL
- CMLXIX
- CMXLII
- $\overline{IX}$D
- $\overline{XIX}$CD

3 Escribe en números romanos.

PRESTA ATENCIÓN

No olvides tener en cuenta la regla de la repetición.

- 1, 2, 3… 9 ▶ I, II, III…
- 10, 20, 30… 90 ▶ X, XX, XXX…
- 100, 200, 300… 900 ▶ C, CC, CCC…
- 1.000, 2.000, 3.000… 9.000 ▶ M, MM, MMM…

4 Escribe en números romanos.

HAZLO ASÍ

1.769 = 1.000 + 700 + 60 + 9

M DCC LX IX

1.769 ▸ MDCCLXIX

- 54
- 63
- 86
- 99
- 345
- 467
- 584
- 890
- 1.234
- 4.842
- 5.876
- 7.651

5 Observa y contesta.

$\overline{M}$

- ¿Qué valor tiene la letra M?
- ¿Qué ocurre cuando colocamos una raya encima de una letra?
- ¿Qué valor tendrá $\overline{M}$?

RETO

Escribe en números romanos:

- 999
- 444
- 90.909
- 44.440

6 Averigua la letra tapada para que el valor de cada número cumpla la descripción.

Es un número de 4 cifras.
■XXXI

La suma de sus cifras es 10.
■XXVII

Tiene todas sus cifras iguales.
$\overline{IV}$■DXLIV

7 Escribe en qué año se produjo cada acontecimiento.

MCDXCII
Colón llegó al continente americano.

MDCCCLXXIX
Thomas Alva Edison consiguió que una bombilla luciera durante 48 horas.

MCMLXIX
El ser humano llegó a la Luna.

CREATIVIDAD

Observa cómo se pueden sumar estos números romanos.

CXXI + XVII = C + XX + X + V + I + II = CXXXVIII

Inventa con tu compañero o compañera reglas para poder sumar estos números.

- CXXXIII + XVII
- CXXXIII + XIV
- CXLIII + XIV

COMPRUEBO MI PROGRESO

1 Explica cómo se lee un número de ocho cifras. Ayúdate de un ejemplo.

2 Busca cada número en el cartel y escribe cómo se lee.

- Tiene 9 unidades de millón.
- Tiene 4 unidades de millón.
- Tiene 2 decenas de millón.
- Tiene 8 decenas de millón.
- Tiene 8 centenas de millón.
- Tiene 6 centenas de millón.

4.560.050 9.076.120
23.400.107 85.065.076
657.321.000 840.890.040

3 Escribe el valor en unidades de cada cifra coloreada.

- 7.209.136
- 9.257.890
- 29.801.107
- 60.205.481
- 309.034.006
- 720.006.870

4 Aproxima cada número.

Al mayor de sus órdenes

6.789.402
2.900.350
73.900.290
91.500.189

A sus órdenes menores

874.691
342.784
6.947.642
8.718.620

5 ¿Qué número es? Piensa y escribe.

- El mayor número de siete cifras.
- El menor número de ocho cifras.
- El mayor número que se puede formar con las cifras del 1 al 9 sin repetir ninguna.
- El mayor número de siete cifras cuya aproximación al millón es 6.000.000.

6 Calcula en tu cuaderno.

- 583 × 74
- 4.209 × 58
- 371 × 269
- 1.856 × 543
- 825 × 60
- 394 × 700
- 267 × 480
- 938 × 305

7 Expresa como potencia o producto.

- 6 × 6 × 6 × 6 × 6
- 8 × 8 × 8
- Base: 7, exponente: 2
- Base: 3, exponente: 10
- 4^5
- 9^4
- 2^9
- 5^7

8 Estima cada operación.

Piensa primero a qué orden vas a aproximar los términos.

- 378 + 645
- 5.908 + 2.643
- 96 − 38
- 514 − 237
- 73 × 8
- 481 × 9
- 793 + 48
- 8.617 + 325
- 427 − 94
- 1.825 − 793
- 5.689 × 3
- 2.457 × 5

9 Piensa y escribe.

Una suma de dos sumandos cuya estimación sea 500.

Una suma de tres sumandos cuya estimación sea 90.

Una resta cuya estimación sea 70.

Un producto cuya estimación sea 4.000.

10 Escribe el valor de estos números.

- LXXXV
- MCCLIII
- XLIX
- $\overline{V}$CMXX
- DCXXXI
- XXVIII
- CDXCII
- $\overline{X}$DCXXX

Problemas

11 **Observa la tabla y contesta.**

En esta tabla se muestran los kilos de naranjas que España exportó un año a varios países.

País	Kilogramos
Francia	579.080.035
Alemania	550.830.431
Gran Bretaña	204.589.214
Holanda	187.718.580

- ¿Cuántos kilos se exportaron a Gran Bretaña?
- ¿A qué países se exportaron más de 500 millones de kilos de naranjas? ¿Y 200 millones de kilos aproximadamente?

12 **Observa el número de personas que pueden viajar en cada medio de transporte y contesta.**

- El avión ha hecho este mes 73 viajes y siempre ha ido completo. ¿Cuántos pasajeros han viajado en el avión este mes?
- El tren ha hecho 104 viajes y en todos ellos no había asientos libres. ¿Cuántos pasajeros han viajado en total en el tren?

13 **Piensa qué cálculos debe hacer Antonio y contesta.**

Antonio ha organizado un taller de modelado para 74 personas. Necesita una barra de arcilla para cada una y ha visto que en la tienda puede comprar:

– Barras sueltas, a 2 € cada una.
– Paquetes de 12 barras, a 20 € cada paquete.
– Paquetes de 20 barras, a 32 € cada paquete.

- Si compra todas las barras sueltas, ¿cuánto le costarán?
- Si compra 6 paquetes de 12 barras cada uno y el resto barras sueltas, ¿cuántas barras de arcilla sueltas debe coger? ¿Cuánto le costará la compra en total?
- ¿Qué compra debería hacer Antonio? ¿Por qué?

¿CÓMO LO HE HECHO? Responde en tu cuaderno.

- ¿Sé leer y escribir números de más de siete cifras?
- ¿Sé calcular multiplicaciones por números de varias cifras?
- ¿Sé leer y calcular potencias? ¿Y estimar operaciones?
- ¿Sé leer y escribir números romanos?

Pon una nota a tu trabajo en esta unidad.

SABER HACER

Analizar datos históricos

Durante la época del Imperio romano, la población total en la Península era algo superior a los 4.000.000 de habitantes.

La mayoría de estas personas vivían en el campo, aunque cerca de 1.100.000 residían en las ciudades.

Muchas de estas ciudades fueron fundadas por los propios romanos y algunas de ellas todavía existen en la actualidad.

La ciudad más importante era Emerita Augusta, conocida hoy con el nombre de Mérida, y su población alcanzaba los 30.000 habitantes.

Además, existían otras tres ciudades que tenían una población de 15.000 habitantes cada una.

Ciudad	Año
Emerita Augusta (Mérida)	25 a. C.
Corduba (Córdoba)	152 a. C.
Malaca (Málaga)	770 a. C.
Tarraco (Tarragona)	218 a. C.
Caesar Augusta (Zaragoza)	14 a. C.
Legio (León)	68 d. C.

1. Lee el texto y resuelve.
   - ¿Cuál era la población en la época del Imperio romano? Escribe el número con letras y descomponlo.
   - ¿Cuánta población vivía en el campo?
   - ¿Cuántos habitantes vivían en total entre las cuatro ciudades principales?
   - Calcula el número total de habitantes de las otras ciudades.

2. Observa la tabla en la que se indican los años en que se fundaron algunas de las ciudades. Determina el siglo en el que se fundó cada una y escríbelo con números romanos.

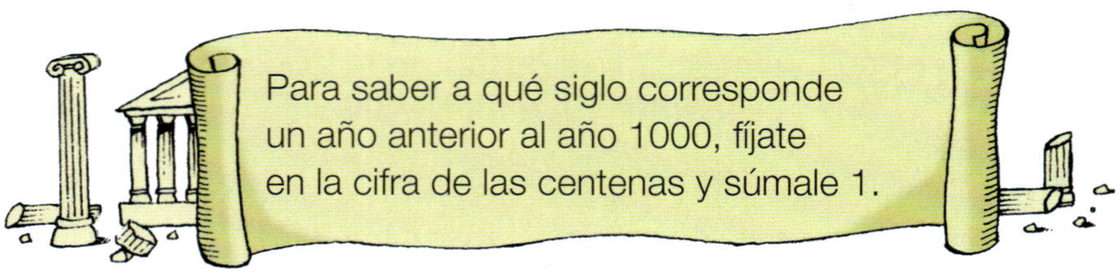

3. Busca con tu compañero o compañera información sobre la población actual en España y razonad cuánto ha crecido desde la época romana.

Juega con las potencias

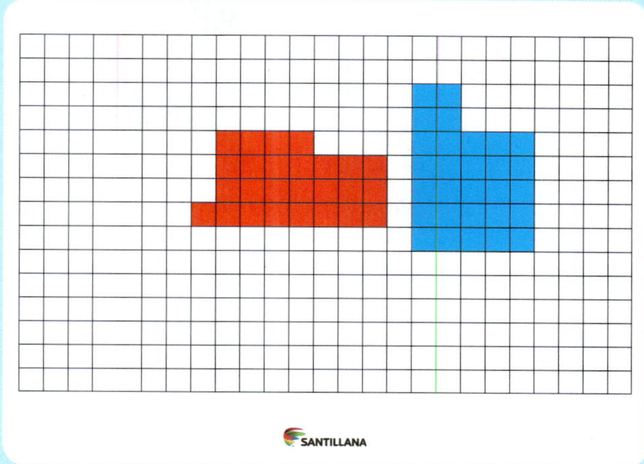

Material: Tablero cuadriculado, fichas cuadradas de colores y un dado.

Número de jugadores: De 2 a 4 jugadores.

Reglas del juego:

Cada jugador o jugadora elige un color. Por turnos, cada jugador lanza el dado y sitúa sobre el tablero un cuadrado cuyo lado tiene el número que le ha salido.
Por ejemplo, si le sale un 4 tiene que colocar 16 fichas formando un cuadrado de lado 4 fichas.
Las coloca sobre el tablero de esta manera:

- Si es la primera ficha que coloca, la puede situar en cualquier espacio no ocupado.
- Si ya tiene fichas colocadas, tiene que situar el cuadrado tocando un vértice de otro cuadrado suyo, y puede tocar un lado de un cuadrado contrario.

El objetivo del juego es intentar cerrar el espacio para que sus contrincantes no puedan situar sobre el tablero más fichas. Si un jugador no puede poner ficha, pasa el turno.

Ganador: Vence la persona que primero coloque todas sus fichas o, en el caso en el que ninguna lo logre, aquella con menor número de fichas no colocadas.

1. Si este es el espacio libre mayor que queda sobre el tablero, ¿qué números me pueden salir en el dado para poder colocar fichas?

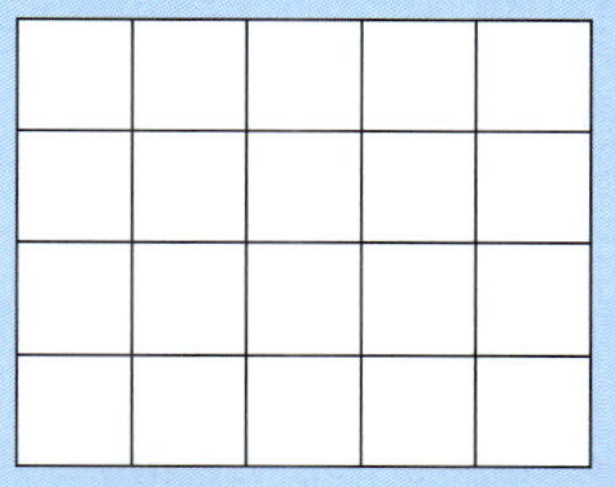

Retos matemáticos

Números pares

Rellena este cuadrado colocando los primeros 9 números pares de manera que las sumas de cualquiera de las filas, de las columnas y de las dos diagonales siempre den como resultado 30.

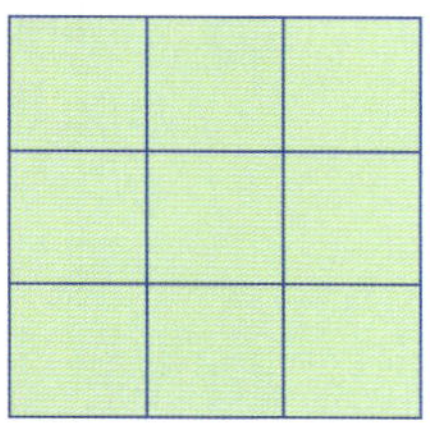

La mitad de un romano

¿Cuál es la mitad de 12 escrito en números romanos?

Solución de problemas

Pasos para resolver un problema

Para el estreno de una función de circo se han puesto a la venta 1.500 entradas.
Por la mañana se vendieron 389, y por la tarde, 450.
¿Cuántas entradas quedan por vender?

▶ Para resolver un problema, sigue estos pasos:

1.º Comprende.

Pregunta ▶ ¿Cuántas entradas quedan por vender?

Datos ▶ Han puesto a la venta 1.500 entradas.
Por la mañana se vendieron 389,
y por la tarde, 450.

2.º Piensa qué hay que hacer.

1.º Hay que calcular cuántas entradas se vendieron en total.
Suma las entradas vendidas por la mañana y por la tarde.

2.º Calcula cuántas entradas quedan por vender.
Resta al total de entradas las entradas vendidas.

3.º Calcula.

1.º $389 + 450 = 839$ 2.º $1.500 - 839 = 661$

Solución: Quedan por vender 661 entradas.

4.º Comprueba.

Revisa todos los pasos y las operaciones.

Resuelve los problemas siguiendo los pasos adecuados.

1. En un almacén hay 25 contenedores con 8 maletas cada uno y otro contenedor con 12 maletas. ¿Cuántas maletas en total hay en el almacén?

2. En la floristería de Teo había cuatro cestas con 36 claveles cada una. Teo tiró 13 claveles por estar estropeados. ¿Cuántos claveles le quedaron?

3. Marta envasó 168 kg de peras en bolsas de 2 kg cada una. Después, envasó las bolsas en cajas, poniendo 6 bolsas en cada una. ¿Cuántas cajas llenó?

4. Mateo tenía 60 €. Compró un jersey de 45 € y prestó a su hermano la tercera parte del dinero que le quedó tras hacer la compra. ¿Cuánto dinero prestó Mateo a su hermana?

5. Gustavo tiene un álbum con 75 fotos y su hermana tiene otro con el triple de fotos. ¿Cuántas fotos tiene Gustavo menos que su hermana?

6. Pide a un compañero o compañera que invente un problema y resuélvelo tú siguiendo los cuatro pasos de esta página.

1. Escribe cuántas unidades son y cómo se lee.
   - 1 U. de millar — 6 U. de millar
     4 U. de millar — 8 U. de millar
   - 2 D. de millar — 5 D. de millar
     3 D. de millar — 7 D. de millar
   - 3 C. de millar — 7 C. de millar
     5 C. de millar — 9 C. de millar

2. Descompón cada número.
   - 204.907
   - 430.620
   - 510.608
   - 719.065
   - 809.056
   - 931.007

3. Escribe con letras o con cifras.
   - 376.300
   - 509.090
   - 660.025
   - 718.010
   - 890.809
   - 925.016
   - Doscientos quince mil ciento veinte.
   - Cuatrocientos treinta y dos mil cincuenta.
   - Setecientos nueve mil novecientos.
   - Novecientos cuarenta mil quinientos diez.
   - Quinientos mil seis.

4. Ordena los números de cada grupo. Usa el signo adecuado.

   De menor a mayor

   630.870, 603.780, 678.300, 360.087

   De mayor a menor

   345.610, 365.401, 346.510, 356.140

5. Calcula.
   - 7.456 + 1.765
   - 1.654 + 2.632 + 531
   - 64.736 + 8.246
   - 345 + 4.267 + 35.925
   - 3.712 − 965
   - 23.104 − 9.876
   - 82.903 − 6.598
   - 90.010 − 6.874

6. Multiplica.
   - 2.453 × 6
   - 7.369 × 28
   - 5.231 × 7
   - 8.548 × 39

7. Divide.
   - 4.284 : 6
   - 7.937 : 7
   - 6.459 : 8
   - 8.541 : 9

Problemas

8. Catalina tenía ahorrados 1.200 €. Hoy ha comprado una impresora por 295 € y ha pagado una factura de 315 €. ¿Cuánto dinero le queda?

9. Para celebrar su cumpleaños Silvia compró 3 bolsas de globos. Cada bolsa tenía 18 globos rojos y 7 globos verdes más que rojos. ¿Cuántos globos compró en total? ¿Cuántos globos rojos menos que verdes compró?

10. Mario ha cogido en su huerto 125 kilos de manzanas. Ha regalado 10 kilos a un vecino, y el resto lo ha envasado en bolsas de 5 kilos cada una. ¿Cuántas bolsas ha llenado?

11. Teresa compra 3 toallas iguales y un albornoz, y paga por todo 60 €. ¿Cuánto le ha costado cada toalla?

12. Lorena tiene 176 €, Luis tiene 50 € y su hermana Carla tiene la mitad que Lorena. ¿Cuánto dinero tienen entre los tres?

Interpretar gráficos de barras de tres características

Se ha revisado la vista a los alumnos y alumnas de 5.° y 6.° y se ha representado en un gráfico el número de estudiantes con cada color de ojos.

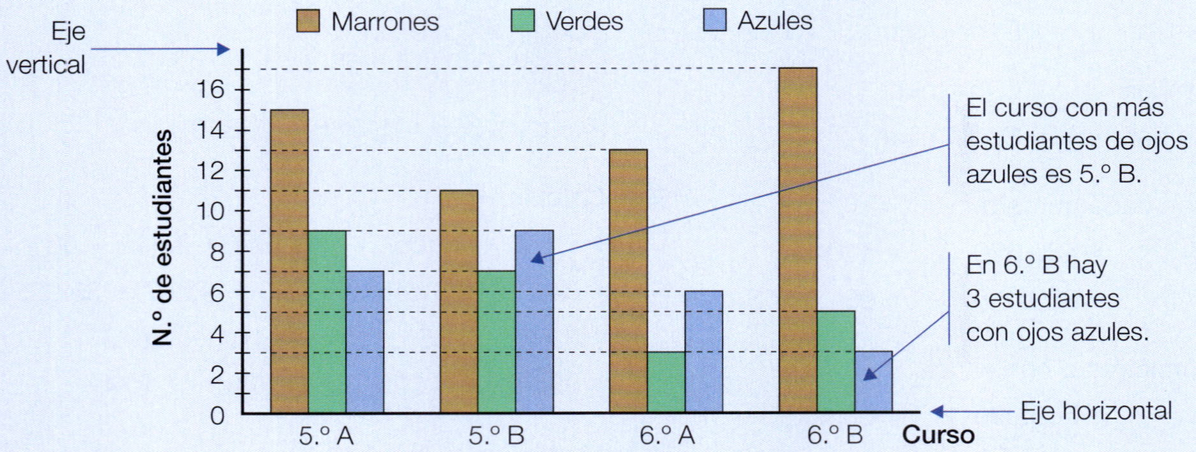

1 Observa el gráfico anterior y contesta.

- ¿Cuántos estudiantes con ojos verdes hay en cada curso?
- ¿En qué curso hay más estudiantes de ojos marrones? ¿Y menos?
- ¿En qué curso hay más estudiantes?

2 En el gráfico tienes el número de personas de cada edad que acudieron a la biblioteca esta semana. Obsérvalo y contesta.

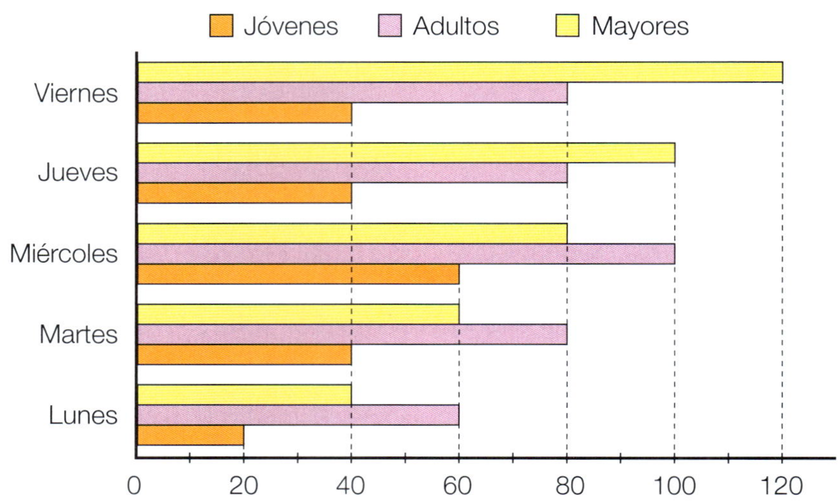

- ¿Qué día acudieron más jóvenes? ¿Y menos adultos?
- ¿Qué grupo fue el más numeroso el jueves?
- ¿En qué día fue mayor la diferencia entre el número de visitantes adultos y mayores?

Representar gráficos de barras de tres características

En el gráfico se quiere representar el número de helados de cada sabor vendidos en los últimos días.

Lunes:	*80 helados de fresa, 60 de chocolate y 100 de nata.*
Martes:	*100 helados de fresa, 40 de chocolate y 60 de nata.*
Miércoles:	*60 helados de fresa, 100 de chocolate y 80 de nata.*
Jueves:	*80 helados de cada tipo.*

1. Copia y completa el gráfico anterior en tu cuaderno. Después, contesta.
   - ¿Qué día se vendieron más helados de fresa? ¿Y menos de nata?
   - ¿Cuántos helados se vendieron el lunes?
   - ¿Qué días se vendieron más helados de fresa que de chocolate?

2. Expresa los datos del texto en la tabla en tu cuaderno y represéntalos después en el gráfico.

Luis hizo 24 fotos de paisajes, 18 de animales y 12 de plantas. Lola hizo de cada tema 6 fotos menos que Luis. Teresa hizo 12 fotos de paisajes, 6 más de animales y la mitad de fotos de plantas que de paisajes. Carlos hizo 2 fotos más de cada tipo que Teresa.

	Paisajes	Animales	Plantas
Luis			
Lola			
Teresa			
Carlos			

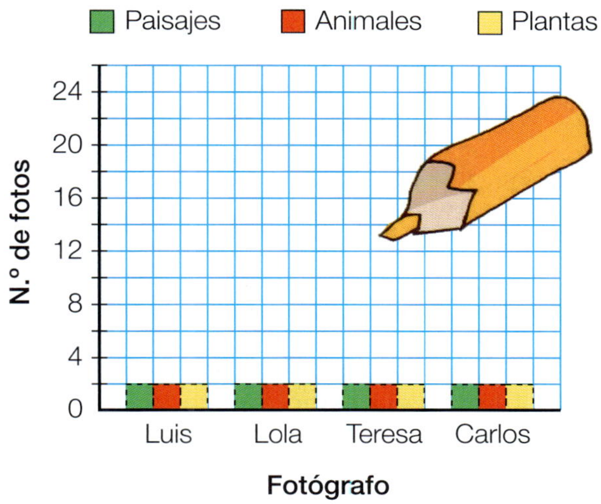

Antes de empezar

Cálculo mental

Suma 11, 21, 31...

36 → (+ 20) → 56 → (+ 1) → 57 (+ 21)

37 + 11 65 + 31
48 + 21 72 + 41

Suma 12, 13, 14...

72 → (+ 10) → 82 → (+ 4) → 86 (+ 14)

25 + 12 72 + 14
34 + 13 81 + 15

Resta 11, 21, 31...

36 → (− 20) → 16 → (− 1) → 15 (− 21)

68 − 11 76 − 31
45 − 21 93 − 41

Resta 12, 13, 14...

48 → (− 10) → 38 → (− 4) → 34 (− 14)

27 − 12 65 − 14
39 − 13 86 − 12

Un número, varias sumas y varias restas

Escribe el número 57 como:

a) Una suma en la que uno de los sumandos sea:
- 12
- 21
- 31
- 41

b) Una resta en la que el sustraendo sea:
- 11
- 12
- 13
- 14

Pequeños problemas

Calcula mentalmente

1. En el coro del colegio éramos 23 personas. Este año se han apuntado 13 más. ¿Cuántas personas forman ahora el coro?
2. En un autobús hay 35 viajeros. En la última parada se han bajado 21 viajeros y no ha subido nadie. ¿Cuántos viajeros hay ahora en el autobús?
3. En un almacén hay 72 cajas. Han traído 31 cajas más. ¿Cuántas cajas hay ahora en el almacén?

¿Qué sabes ya?

Propiedades de la multiplicación

Conmutativa: 28 × 10 = 10 × 28
280 280

Asociativa: (2 × 9) × 4 = 2 × (9 × 4)
18 × 4 = 2 × 36
72 72

1 **Aplica cada propiedad y comprueba que obtienes el mismo resultado.**
- 12 × 15
- 214 × 32
- 8 × (5 × 10)
- (9 × 4) × 3

Prueba de la división

Dividendo ► 4 2 3 | 5 ◄ divisor
2 3 8 4 ◄ cociente
resto ► 3

Una división está bien hecha si se cumple:
- resto $<$ divisor ► $3 < 5$
- divisor × cociente + resto = Dividendo
$5 \times 84 + 3 = 423$

2 **Calcula y haz la prueba de la división.**
- 856 : 6
- 6.105 : 8
- 34.298 : 5
- 439 : 7
- 7.587 : 9
- 91.362 : 6

¿Qué relación se cumple siempre en una división exacta? Explica por qué.

Letra que se asigna a cada DNI según el resto

0-T	1-R	2-W	3-A	4-G	5-M	6-Y	7-F
8-P	9-D	10-X	11-B	12-N	13-J	14-Z	15-S
16-Q	17-V	18-H	19-L	20-C	21-K	22-E	

2 División. Operaciones combinadas

Tiempo para leer

El documento nacional de identidad (DNI) es un documento exclusivo de cada persona en el que aparecen una serie de datos; por ejemplo, su nombre y fecha de nacimiento. Cada DNI tiene un número y una letra asociada que lo diferencian de todos los demás.

La letra que acompaña al número se obtiene dividiendo ese número entre 23. Al resto de la división, que estará entre el 0 y el 22, se le asigna una letra diferente como puedes ver en el cuadro que aparece arriba.

Por ejemplo, el número de DNI de Susana es 54.847.758; al dividirlo entre 23 da resto 3. Su letra asociada es la A.
En el DNI de Susana aparece 54.847.758-A.

Tiempo para hablar

- Averigua si estos DNI son correctos:

  43.786.923-Y   54.371.839-R
  04.578.623-J   22.557.218-Q

- Escribe dos números del DNI que tengan la misma letra. ¿Cómo lo has hecho? ¿Sabrías escribir algunos más?
- Inventa un método para asignar a cada número del carné una letra. ¿Qué ventajas crees que tiene respecto al método visto en esta página?

Divisiones con divisor de dos cifras

Se han apuntado a una excursión 945 personas. Viajan en autocares de 35 plazas cada uno. ¿Cuántos autocares han utilizado?

Divide 945 : 35

1.º Como 94 es mayor que 35, divide 94 entre 35.

9 : 3 = 3

Prueba el 3. ▶ 35 × 3 = 105; 105 > 94 ▶ Se pasa.

Prueba el 2. ▶ 35 × 2 = 70; 70 < 94 ▶ Vale el 2.

Escribe 2 en el cociente,
multiplica 35 × 2 = 70 y resta 94 − 70 = 24.

```
945 |35
24    2
```

2.º Baja el 5 y divide 245 entre 35.

24 : 3 = 8

Prueba el 8. ▶ 35 × 8 = 280;
280 > 245 ▶ Se pasa.

Prueba el 7. ▶ 35 × 7 = 245;
245 = 245 ▶ Vale el 7.

Escribe 7 en el cociente,
multiplica 35 × 7 = 245 y resta 245 − 245 = 0.

```
945 |35
245  27
 00
```

Han utilizado 27 autocares.

1 Divide en tu cuaderno.

- 319 : 82
- 596 : 53
- 925 : 37
- 2.573 : 48
- 6.384 : 76
- 8.489 : 69

PRESTA ATENCIÓN

Divide entre la primera cifra del divisor para saber por qué número del cociente tienes que empezar a probar.

2 Calcula. Después, haz la prueba.

- 4.513 : 24
- 5.712 : 68
- 8.268 : 39
- 9.345 : 72
- 31.457 : 56
- 79.203 : 83
- 29.560 : 47
- 64.125 : 95

3 Calcula el número que falta. Después, comprueba.

EJEMPLO

■ × 26 = 1.014

```
1014 |26
 234  39
  00
```

■ = 39

39 × 26 = 1.014

- ■ × 39 = 2.106
- ■ × 47 = 2.961
- ■ × 56 = 4.368
- 62 × ■ = 2.294
- 73 × ■ = 5.913
- 85 × ■ = 8.160

4 Calcula estas divisiones con ceros en el cociente.

- 4.761 : 23
- 5.238 : 58
- 7.705 : 64
- 24.587 : 49
- 68.025 : 75
- 73.902 : 89
- 42.103 : 14
- 38.192 : 36
- 67.513 : 27

RETO

Inventa una división que tenga dos ceros en el cociente y su resto sea 4. ¿Cómo lo has hecho?

5 Calcula y completa la tabla en tu cuaderno.

Dividendo	581	4.770			
divisor	34	45	58	62	73
cociente			97	140	208
resto			0	35	46

Problemas

6 Observa el dibujo y calcula.

Esteban quiere echar el aceite del depósito en bidones iguales.

- ¿Cuántos bidones azules puede llenar? ¿Cuántos litros le sobrarán?
- ¿Cuántos bidones naranjas puede llenar? ¿Cuántos litros le sobrarán?
- ¿Cuántos bidones de cada tipo llenaría si tuviera el doble de litros? ¿Cuántos litros le sobrarían?

7 Resuelve.

- Beatriz es azafata. Este mes ha hecho 18 veces el mismo trayecto y ha recorrido en total 5.436 km. ¿Cuántos kilómetros tiene el trayecto?
- Nuria compró para la oficina una mesa por 74 € y 14 estanterías iguales. Pagó en total 536 €. ¿Cuánto costaba cada estantería?

PENSAMIENTO

Observa las divisiones y contesta para cada pareja.

- ¿Qué término es igual en las dos divisiones?
- ¿Qué división tendrá un cociente mayor?

Calcula las divisiones y comprueba tus respuestas.

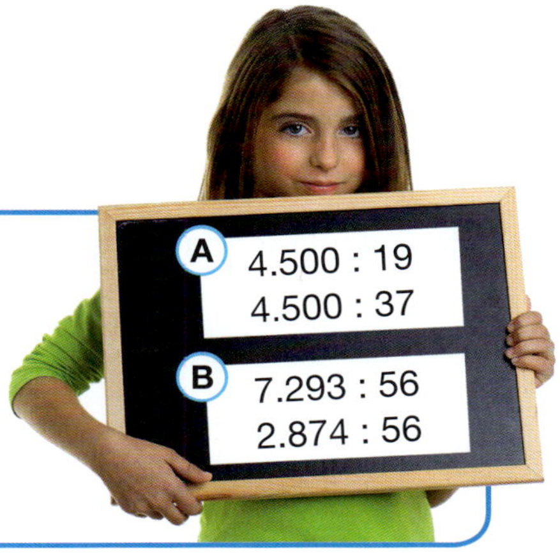

Divisiones con divisor de tres cifras

En una tahona han hecho hoy 15.408 barras de pan. Las colocan en grandes cestas, metiendo 237 barras en cada una. ¿Cuántas cestas han llenado hoy? ¿Les ha quedado alguna barra suelta?

Divide 15.408 : 237

1.º Como 154 es menor que 237, divide 1.540 entre 237.

Prueba el 7. ▶ 237 × 7 = 1.659; 1.659 > 1.540 ▶ Se pasa.

Prueba el 6. ▶ 237 × 6 = 1.422; 1.422 < 1.540 ▶ Vale el 6.

Escribe 6 en el cociente, multiplica 237 × 6 = 1.422 y resta 1.540 − 1.422 = 118.

```
1 5 4 0 8 | 2 3 7
  1 1 8     6
```

2.º Baja el 8 y divide 1.188 entre 237.

Prueba el 5. ▶ 237 × 5 = 1.185; 1.185 < 1.188 ▶ Vale el 5.

Escribe 5 en el cociente, multiplica 237 × 5 = 1.185 y resta 1.188 − 1.185 = 3.

```
1 5 4 0 8 | 2 3 7
  1 1 8 8   6 5
    0 0 3
```

Hoy han llenado 65 cestas y han quedado 3 barras sueltas.

1 Divide en tu cuaderno y haz la prueba.

- 6.943 : 245
- 8.162 : 573
- 31.356 : 468
- 74.924 : 619
- 175.086 : 374
- 264.375 : 826
- 421.358 : 693
- 821.860 : 754

2 Calcula en cada operación el término desconocido.

- 349 × 280 = ■
- ■ × 516 = 69.144
- 497 × ■ = 249.494
- 74.052 : 396 = ■
- ■ : 724 = 670
- 257.088 : ■ = 832

3 Calcula y completa en tu cuaderno.

534.924 —(: 127)→ … —(: 234)→ …

406 —(× 48)→ … —(: 348)→ …

8.710 —(: 65)→ … —(+ 692)→ … —(× 108)→ … —(− 851)→ … —(: 593)→ …

4 Calcula y completa la tabla en tu cuaderno.

Dividendo	244.260	23.869			
divisor	345	268	427	613	734
cociente			263	190	305
resto			0	65	261

Problemas

5 Observa el dibujo y calcula.

- Una camioneta puede llevar una carga máxima de 11.050 kg. ¿Cuántas cajas de baldosas puede cargar?
- Un camión puede llevar una carga de 14.464 kg. ¿Cuántas bolsas de 8 sacos de arena puede cargar?
- Una furgoneta admite un peso de 9.000 kg. Se han cargado ya 127 cajas de azulejos. ¿Cuántas cajas más se pueden cargar?

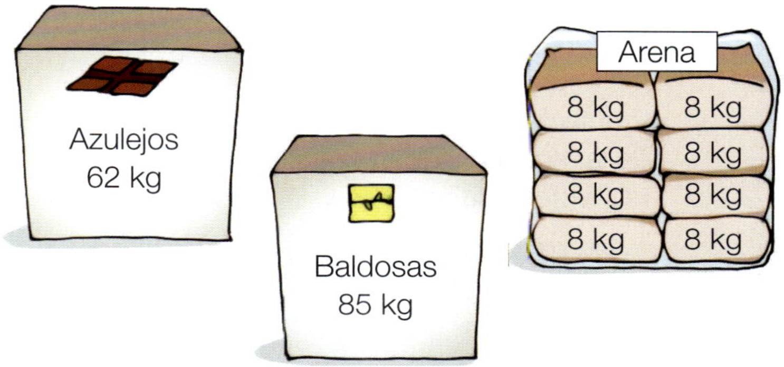

6 Resuelve.

- Un grupo de personas ha pagado 20.580 € por realizar un safari fotográfico. El precio por persona es de 735 €. ¿Cuántas personas han realizado el safari?
- Los colegios de una ciudad usaron el año pasado 47.450 kg de carne en sus comedores. Cada día se usó la misma cantidad de carne. ¿Cuántos kilos de carne usaron cada día?
- Ana ha comprado un coche de 13.000 €. Al principio ha entregado 7.300 € y el resto lo paga en varios plazos de 475 € cada uno. ¿Cuántos plazos tiene que pagar?

PENSAMIENTO

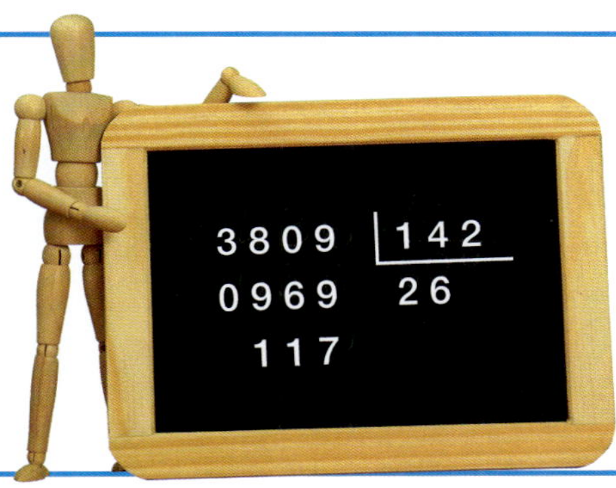

Observa la división, piensa y contesta.

- ¿Qué número restarías al dividendo para obtener una división exacta?
- ¿Qué número sumarías al dividendo para obtener una división exacta?

Calcula las divisiones y comprueba tu respuesta.

Propiedad distributiva de la multiplicación

En una calle del vivero, Eloísa ha colocado 3 filas de macetas con flores. En cada fila hay 9 lilas y 7 petunias.

- ¿Cuántas macetas con flores ha colocado en total?

Propiedad distributiva de la multiplicación respecto de la suma

$$3 \times (9 + 7) = 3 \times 9 + 3 \times 7$$
$$3 \times 16 = 27 + 21$$
$$48 = 48$$

En total ha colocado 48 macetas.

- ¿Cuántas lilas más que petunias ha colocado?

Propiedad distributiva de la multiplicación respecto de la resta

$$3 \times (9 - 7) = 3 \times 9 - 3 \times 7$$
$$3 \times 2 = 27 - 21$$
$$6 = 6$$

Hay 6 lilas más que petunias.

Propiedad distributiva de la multiplicación respecto de la suma y de la resta

Si se multiplica un número por una suma o una resta, se obtiene el mismo resultado que si se multiplica dicho número por cada uno de los términos de la operación y, después, se suman o se restan los productos obtenidos.

1 Aplica la propiedad distributiva y comprueba que se obtiene el mismo resultado.

PRESTA ATENCIÓN

El paréntesis también puede ser el primer factor.

EJEMPLO

$$(7 + 5) \times 3 = 7 \times 3 + 5 \times 3$$
$$12 \times 3 = 21 + 15$$
$$36 = 36$$

- $2 \times (7 + 8)$
- $4 \times (6 + 5)$
- $(9 + 4) \times 5$
- $(8 + 3) \times 7$
- $6 \times (5 - 2)$
- $8 \times (9 - 6)$
- $(7 - 3) \times 9$
- $(8 - 5) \times 3$

2 Observa y calcula en tu cuaderno de dos formas.

- ¿Cuántos caramelos hay en total en la caja?

  $2 \times (\ldots + \ldots) = \ldots$ $\qquad$ $2 \times \ldots + \ldots \times \ldots = \ldots$

- ¿Cuántos caramelos hay de fresa más que de limón?

  $2 \times (\ldots - \ldots) = \ldots$ $\qquad$ $\ldots \times \ldots - \ldots \times \ldots = \ldots$

3 Observa el ejemplo y calcula de la misma forma.

EJEMPLO

7×35

$7 \times (30 + 5) = 7 \times 30 + 7 \times 5 =$

$= 210 + 35 = 245$

- 4×82
- 6×91
- 8×27
- 5×36
- 7×54
- 9×38

RETO

¿Cómo aplicarías la propiedad distributiva respecto de la resta para calcular 6×29?

4 Aplica la propiedad distributiva al revés y calcula.

HAZLO ASÍ

$3 \times 4 + 3 \times 5$

1.º Escribe los signos y el paréntesis. ▶ …× (… + …)

2.º Escribe el factor que se repite. ▶ 3 × (… + …)

3.º Escribe los términos del paréntesis. ▶ 3 × (4 + 5)

$3 \times 4 + 3 \times 5 = 3 \times (4 + 5) = 3 \times 9 = 27$

- $2 \times 6 + 2 \times 9$
- $7 \times 4 + 7 \times 3$
- $4 \times 5 + 4 \times 8$
- $6 \times 9 - 6 \times 2$
- $5 \times 8 - 5 \times 4$
- $9 \times 6 - 9 \times 3$

Problemas

5 Lee y resuelve de dos formas.

- Concha es pastelera. Ha preparado 3 bandejas con 38 pasteles de crema y 54 de chocolate cada una. ¿Cuántos pasteles ha preparado Concha?
- La profesora ha comprado 2 cajas de 50 lápices cada una y ha repartido 24 lápices de cada caja. ¿Cuántos lápices quedan en total en las cajas?

CREATIVIDAD

Inventa el problema y escribe la solución.

Carla ha resuelto correctamente un problema con esta operación:

$3 \times (5 + 4)$

En el problema se habla de una cuerda con globos rojos y azules.

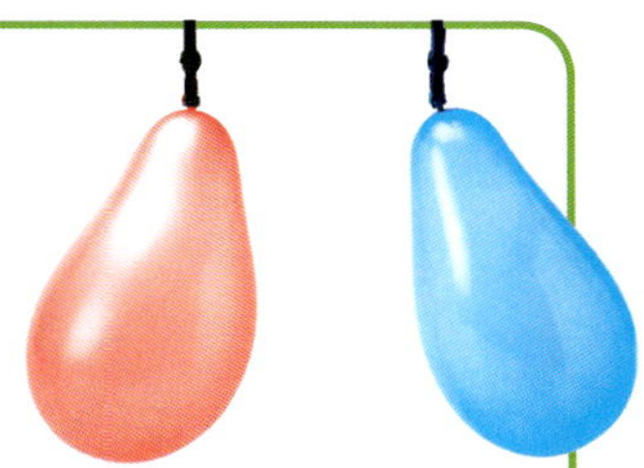

Operaciones combinadas

Ahmed está calculando expresiones con varias operaciones.
Fíjate en que algunas de ellas tienen paréntesis y otras no.

$10 - 3 \times 2 + 1$ $\quad$ $10 - 3 \times (2 + 1)$

$4 \times 3 + 10 - 4 : 2$ $\quad$ $4 \times 3 + (10 - 4) : 2$

Para resolverlas, es necesario calcular las operaciones en este orden:

1.° Las operaciones que hay dentro de los paréntesis.

2.° Las multiplicaciones y las divisiones en el orden en que aparecen.

3.° Las sumas y restas en el orden en que aparecen.

$10 - 3 \times 2 + 1 = 10 - 6 + 1 = 4 + 1 = 5$

$10 - 3 \times (2 + 1) = 10 - 3 \times 3 = 10 - 9 = 1$

$4 \times 3 + 10 - 4 : 2 = 12 + 10 - 2 = 22 - 2 = 20$

$4 \times 3 + (10 - 4) : 2 = 4 \times 3 + 6 : 2 = 12 + 3 = 15$

Al resolver operaciones combinadas, primero calculamos los paréntesis, después las multiplicaciones y las divisiones y, por último, las sumas y restas.

1 Piensa qué operación debes hacer primero y calcula como en el ejemplo.

EJEMPLO

$3 \times 5 - (1 + 8)$

$3 \times 5 - 9$

$15 - 9$

6

- $20 - 5 \times 2$
- $17 - (6 + 4)$
- $(5 + 3) \times 8$
- $7 \times 5 + 9$
- $7 + 5 \times 9$
- $(9 + 6) : 3 - 2$
- $8 - 3 + 8 : 2$
- $9 - (2 + 6) : 4 - 3$
- $3 \times 5 - (7 + 5) : 6$
- $9 - 16 : 8 + 1$
- $12 - 6 : 3 + 5 \times 3$
- $4 \times (3 + 5) - 12 : 6$
- $8 + 3 \times 2 - 9 : 3 + 1$
- $(9 - 4) : 5 + 7 \times 2 - 21 : 3$
- $10 + (18 : 3) \times 2 - (5 + 1)$

2 Fíjate en estos cálculos y escribe de forma correcta los que estén mal resueltos.

- $2 + 2 \times 3 = 4 \times 3 = 12$
- $8 - 3 + 2 = 5 + 2 = 7$
- $9 - (6 + 2) = 9 - 4 = 5$
- $2 \times (7 - 4) = 14 - 4 = 10$
- $3 \times 4 + 6 = 3 \times 10 = 30$
- $3 \times (7 - 2) = 3 \times 5 = 15$
- $(4 + 1) \times 3 - 2 = 5 \times 3 - 2 = 5 \times 1 = 5$
- $3 + 2 \times (7 - 7) = 3 + 2 \times 0 = 3 + 2 = 5$

Problemas

3 **Resuelve el problema en tu cuaderno de dos formas, utilizando cada vez una de las expresiones indicadas.**

- En una excursión, Iván hace por la mañana 65 fotos, pero borra 14 que no le gustan. Por la tarde, hace 32 fotos y borra 8. ¿Cuántas fotos nuevas tiene hoy en la cámara?

mañana, tarde: ▢ − ▢ + ▢ − ▢ = ▢

hace, borra: ▢ + ▢ − (▢ + ▢) = ▢

4 **Elige la expresión que resuelve cada problema. Después, calcúlala y contesta la pregunta.**

- En un plato había 40 castañas. Alba y Óscar han comido 5 castañas cada uno. ¿Cuántas castañas quedan?
- Pablo tenía en la hucha 40 €. Sacó un billete de 5 € y metió una moneda de 2 €. ¿Cuánto dinero tiene ahora?
- Mónica tenía un collar con 40 bolitas. Se ha roto y ha perdido 5 bolitas rojas y 2 verdes. ¿Cuántas bolitas le quedan a Mónica?

5 **Resuelve cada problema. Después, escribe en una sola expresión todas las operaciones.**

- Ana compró 2 mochilas iguales de 47 €. Pagó con un billete de 100 €. ¿Cuánto dinero le devolvieron?
- Javier tenía 98 cromos. Compró 8 sobres de 5 cromos cada uno. ¿Cuántos cromos tiene ahora?
- Luis lleva 26 € para merendar. Ha comprado un menú de 6 € y un helado de 2 €. ¿Cuánto dinero le queda?
- Laura tiene 12 pilas para los 4 mandos de un juego. Cada mando lleva 2 pilas. ¿Cuántas pilas le sobran?

PENSAMIENTO

Piensa y completa en tu cuaderno.

Escribe cada número en su lugar para que las dos expresiones sean ciertas.

1 2 3 4 5 6

- ▢ − (▢ + ▢) = 2
- (▢ − ▢) × ▢ = 10

COMPRUEBO MI PROGRESO

1 Calcula. Después, fíjate en si la división es exacta o entera y haz la prueba.

- 2.498 : 36
- 8.321 : 52
- 48.645 : 69
- 96.954 : 78
- 7.258 : 285
- 9.367 : 493
- 36.120 : 516
- 68.100 : 327

2 Calcula cada división y completa la tabla en tu cuaderno.

6.495 : 67   9.182 : 45   7.324 : 183   35.868 : 294

Dividendo	divisor	cociente	resto

3 Calcula el término desconocido.

- 86 × 203 = □
- □ × 95 = 43.795
- 374 × □ = 38.148
- 42.276 : 78 = □
- □ : 67 = 528
- 34.017 : □ = 493

4 Averigua el dividendo de cada división.

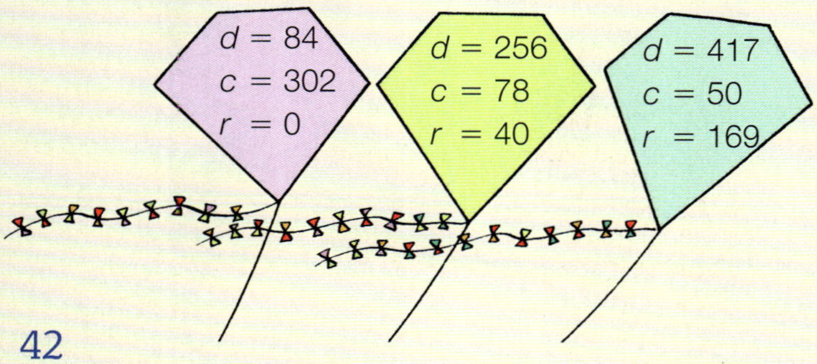

5 Aplica la propiedad distributiva y calcula.

- 5 × (3 + 9)
- 4 × (20 + 5)
- 6 × (7 − 1)
- 50 × (8 − 6)
- (8 + 7) × 4
- (3 + 27) × 3
- (9 − 5) × 20
- (6 − 1) × 40

6 Aplica al revés la propiedad distributiva y calcula.

EJEMPLO

2 × 3 + 2 × 7 = 2 × (3 + 7) = 20

- 2 × 5 + 2 × 8
- 5 × 8 + 5 × 4
- 6 × 7 + 6 × 9
- 3 × 9 − 3 × 5
- 4 × 6 − 4 × 3
- 8 × 5 − 8 × 2

7 Explica con tus palabras cómo se calcula una serie de operaciones combinadas con paréntesis y sin paréntesis.

8 Calcula.

Primero, piensa en qué orden tienes que realizar las operaciones.

- 7 − 6 + 5
- 3 + 4 × 8
- 9 − (2 + 4)
- (8 − 3) × 7
- 10 : (8 − 3) + 7
- 9 × 4 − 5 × 6
- (6 + 2) × (9 − 7)
- 9 + 10 : 5 − 3 × 2
- (12 − 4 + 6) : 2 − 5
- 9 × 2 − 15 : 3 + 5

9 Lee, escribe la expresión numérica correspondiente y calcula.

- A 7 le sumo 3 y luego le resto 4.
- A la suma de 7 y 3 le resto 4.
- La suma de 5 y 3 la multiplico por 2.
- A 5 le sumo el doble de 3.
- Divido 12 entre 3, después le sumo el producto de 5 y 4.
- Divido 18 entre la suma de 4 y 2 y al resultado le resto 1.

Problemas

10 **Elige la expresión adecuada y calcula cuántos refrescos, zumos y batidos tiene Lidia.**

Lidia tiene en su tienda:

- 8 cajas con 24 refrescos de naranja y 12 de limón en cada una.
- 24 batidos de fresa y 8 paquetes de 12 batidos de vainilla cada uno.
- 12 cajas de 8 zumos cada caja. Pero había 24 caducados y los ha tirado.

$\square + \square \times \square$

$\square \times \square - \square$

$(\square + \square) \times \square$

11 **Observa el dibujo y calcula.**

Ana, Ramón y Eva lanzan tres dardos cada uno a la diana.

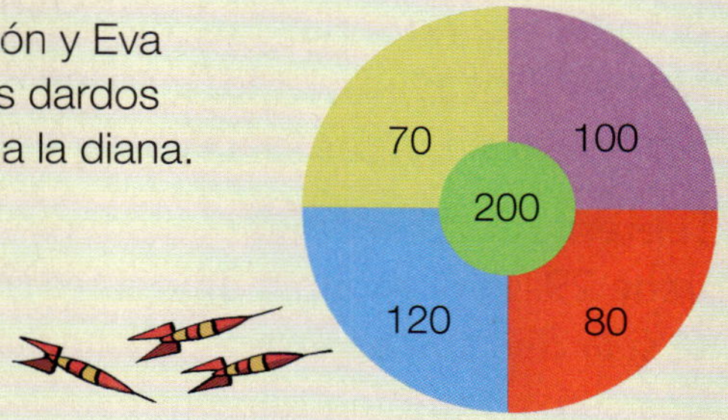

- Ana ha conseguido 320 puntos. Dos dardos han caído en la zona azul. ¿En qué zona ha caído el tercer dardo?
- Ramón ha conseguido 240 puntos. Los tres dardos han caído en la misma zona. ¿En qué zona han caído?
- Eva ha conseguido 340 puntos. Un dardo ha caído en la zona verde y los otros dos en otra zona. ¿En cuál?

12 **Piensa y calcula.**

Un grupo de 92 niños y niñas van a ir tres días a una granja escuela para hacer un curso. Los responsables están organizando el alojamiento y el comedor.

- Pueden dormir en cabañas de 6 plazas todas ellas, o bien en 4 cabañas de 8 plazas y el resto en cabañas de 6. ¿Qué opción elegirán? ¿Por qué? ¿Sobrará alguna cama?
- Hay un comedor con mesas de 18 plazas y otro comedor con mesas de 23. ¿Qué comedor elegirán? ¿Por qué? ¿Quedará alguna mesa sin completar?
- Si al final 2 niños no van, ¿qué opción de cabañas y de comedor será la mejor?

¿CÓMO LO HE HECHO? Responde en tu cuaderno.

- ¿Sé calcular divisiones con divisor de dos cifras?
- ¿Sé calcular divisiones con divisor de tres cifras?
- ¿Aplico la propiedad distributiva de la multiplicación?
- ¿Calculo operaciones combinadas con y sin paréntesis?

Pon una nota a tu trabajo en esta unidad.

SABER HACER

Hallar el día de la semana en el que naciste

Seguro que te han contado cosas del día en el que naciste, pero tal vez no sepas qué día de la semana era.
No es difícil averiguarlo, aunque debes tener en cuenta que febrero es un mes especial y su número de días varía cada año.

Febrero suele tener 28 días, pero si el año es bisiesto tiene 29. Para saber si un año es bisiesto lo dividimos entre 4 y, si la división es exacta, entonces es bisiesto, pero, si acaba en dos ceros, también tiene que ser exacta su división entre 400.

Para hallar qué día de la semana fue el 6 de febrero de 2004:

- Calcula los días que han pasado desde el comienzo del año: 37 días (31 + 6).
- Resta 1 al año de la fecha, divide entre 4 y anota el cociente:
  2.004 − 1 = 2.003 y 2.003 : 4 ▶ Cociente: 500.
- Suma al año de la fecha los días que han pasado del año y el cociente anterior:
  2.004 + 37 + 500 = 2.541.
- Divide el resultado entre 7 y busca el resto en esta tabla:

0	1	2	3	4	5	6
viernes	sábado	domingo	lunes	martes	miércoles	jueves

2.541 : 7 ▶ Cociente: 363 y resto: 0.
Como el resto es 0, el 6 de febrero de 2004 fue viernes.

1. Responde a estas preguntas. Busca información si la necesitas.
   - ¿Cuántos días tiene cada uno de los meses del año? Construye una tabla con todos los meses y el número de días que tiene cada uno.
   - ¿Qué es un año bisiesto? ¿Por qué se divide entre 4 para saber si un año es bisiesto? ¿Cuántos días tiene febrero en un año bisiesto?

2. Calcula qué día de la semana naciste y en qué día de la semana caerá tu cumpleaños dentro de 5 años. ¿Es el mismo día de la semana?

3. Calcula en qué día de la semana ocurrió:
   - La invención de la bombilla (19 – octubre – 1879).
   - La llegada del ser humano a la Luna (20 – julio – 1969).

4. Averigua, con tu compañero o compañera, en qué año vuestros cumpleaños serán el mismo día de la semana que fue el día de vuestro nacimiento.

Juega con las operaciones combinadas

Material: Dos barajas de tarjetas numéricas del 0 al 9, lápiz y papel.

Número de jugadores: 5

Reglas del juego:

Se barajan las tarjetas de las barajas y se sitúan en un solo montón. Por turnos, cada participante elige, sin mirar, una tarjeta y la coloca a la vista de todos.

Los jugadores tienen un minuto para, utilizando las cinco cifras obtenidas y las cuatro operaciones básicas, escribir en su papel una operación combinada cuyo resultado sea 100 o el número más aproximado posible.

Se pueden formar números de dos cifras, tres cifras…

Reciben 1 punto los jugadores que han obtenido exactamente 100. En caso de que ninguno lo haya obtenido, recibe 1 punto el que más se haya aproximado.

Ganador: Gana el jugador o jugadora que consiga primero 6 puntos.

1. **Escribe una operación combinada en la que, utilizando todas estas cifras, obtengas como resultado 100 o un número lo más próximo posible.**

   Recuerda que puedes formar números de dos cifras, tres cifras…

Retos matemáticos

Los koalas

Una cría de koala se come todas las hojas de un eucalipto en 10 horas. Los koalas adultos comen el doble de rápido que las crías. ¿En cuántas horas se comerán los tres koalas, el padre, la madre y la cría, las hojas de un eucalipto?

Frase perfecta

Completa la siguiente frase para que sea cierta:

En esta frase, aunque no lo parezca, hay … vocales.

Solución de problemas

Relacionar enunciado y resolución

¿Qué resolución corresponde a cada problema? Escribe su solución.

A. A Julia le faltan 19 cromos de fútbol para tener el triple que Sara. Sara tiene 20 cromos. ¿Cuántos cromos tiene Julia?

B. Begoña tenía 3 bandejas con 20 pasteles cada una. Ayer cocinó 19 pasteles más. ¿Cuántos pasteles tiene ahora?

C. Luis tiene 20 € y su hermano 19 €. Su hermana tiene el triple de dinero que los dos juntos. ¿Cuántos euros tiene su hermana?

1. $20 + 19 = 39$
   $3 \times 39 = 117$

2. $3 \times 20 = 60$
   $60 + 19 = 79$

3. $3 \times 20 = 60$
   $60 - 19 = 41$

▶ El problema A se resuelve con los cálculos del cartel 3.

Solución: Julia tiene 41 cromos.

Escribe tú en tu cuaderno la resolución y la solución de los problemas B y C.

1 Asocia en tu cuaderno cada problema con su resolución y escribe su solución.

A. Carlos tenía 84 rosales. Una plaga hizo que cortase 26 y, después, plantó 35. ¿Cuántos rosales tiene ahora?

B. En un club hay 84 socios. De ellos, 26 son hombres, 35 son mujeres y el resto, niños. ¿Cuántos socios son niños?

C. En la tienda hay 84 bolsas de chuches, cada una con 35 caramelos y 26 nubes. ¿Cuántos caramelos más que nubes hay en total?

1. $26 + 35 = 61$
   $84 - 61 = 23$

2. $84 - 26 = 58$
   $58 + 35 = 93$

3. $35 - 26 = 9$
   $84 \times 9 = 756$

1 Descompón cada número.

- 5.216.007
- 8.093.602
- 23.709.580
- 60.140.037
- 304.200.090
- 715.607.254

2 Escribe el valor en unidades de las cifras 2 en cada número.

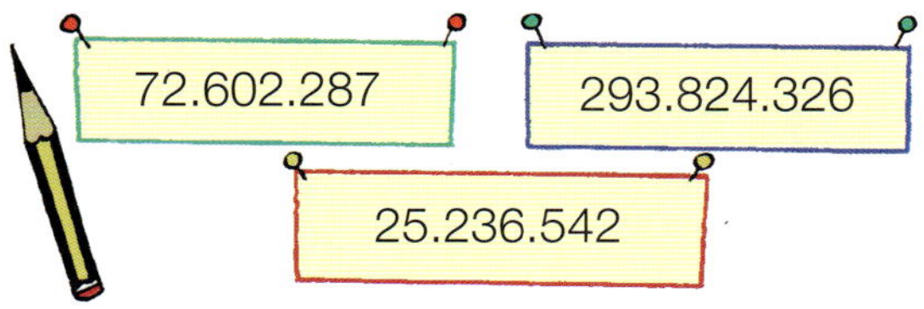

3 Ordena de mayor a menor los números de cada saco.

4 Aproxima estos números al mayor de sus órdenes.

- 78.941
- 3.079.369
- 12.675
- 7.824.013
- 647.258
- 43.555.889
- 123.099
- 87.120.800

5 Piensa y escribe.

- Un número de 5 cifras cuya aproximación al millar sea 24.000.
- Un número de 7 cifras iguales cuya aproximación al millón sea 7.000.000.

6 Completa para que las dos expresiones representen el mismo número.

MC□L□V ▶ 1.954

$\overline{\square}$XDC□□X ▶ 9.810

7 Escribe en forma de producto y calcula su valor.

- 3^6
- 4^5
- 5^4
- 6^3
- 7^2

Problemas

8 Un autocar sale de la estación con 46 personas. En una parada se bajan 15 personas y suben 8. ¿Cuántas personas continúan en el autobús?

9 Quique ha cortado varias cuerdas para hacer un columpio y ha hecho montones según su longitud. Al final, le ha sobrado un trocito de 24 cm.

¿Cuántos centímetros de cuerda tenía Quique al principio?

10 En un juego de ordenador, Pablo consiguió 34 puntos, Cristina consiguió el doble que Pablo y Leonor, el triple que Cristina. ¿Cuántos puntos consiguieron en total los tres?

11 Lola quiere comprar un estuche de 18 € y 4 libros a 16 € cada uno. Tiene 75 €. ¿Cuánto dinero le falta para poder comprarlo todo?

12 En una carrera popular han participado 84 niños y niñas, 57 jóvenes y 23 adultos. Han entregado dos dorsales con el mismo número a cada uno. ¿Cuántos dorsales han entregado en total en la carrera?

Cálculo mental

Suma 9, 19, 29...

53 → (+ 20) 73 → (− 1) 72 (+ 19)

32 + 9 74 + 29
46 + 19 85 + 39

Suma 18, 17, 16...

45 → (+ 20) 65 → (− 2) 63 (+ 18)

26 + 18 67 + 16
35 + 17 93 + 15

Resta 9, 19, 29...

67 → (− 20) 47 → (+ 1) 48 (− 19)

35 − 9 76 − 29
57 − 19 84 − 39

Resta 18, 17, 16...

45 → (− 20) 25 → (+ 3) 28 (− 17)

24 − 18 55 − 16
43 − 17 62 − 15

Un número, varias sumas y varias restas

Escribe el número 46 como:

a) Una suma en la que uno de los sumandos sea:
- 9
- 29
- 16
- 17

b) Una resta en la que el sustraendo sea:
- 11
- 13
- 29
- 18

Pequeños problemas

Calcula mentalmente

1. Marcos tiene 232 € y le faltan 16 € para comprar el teléfono móvil que le gusta. ¿Cuánto cuesta el teléfono?
2. En un colegio se han comprado 44 sillas para Educación Infantil y 29 para Primaria. ¿Cuántas sillas se han comprado en total?
3. En un gimnasio en el que hay 56 personas apuntadas se han dado de baja 29. ¿Cuántas personas continúan en el gimnasio?

¿Qué sabes ya?

División exacta

Una división es exacta si su resto es 0.

En una división exacta se cumple que:

$$D = d \times c$$

```
365 | 5
 15   73
  0
```

$365 = 5 \times 73$

División entera

Una división es entera si su resto es distinto de 0.

En una división entera se cumple que:

$r < d$ $D = d \times c + r$

```
267 | 8
 27   33
  3
```

$3 < 8$

$267 = 8 \times 33 + 3$

1. Haz las siguientes divisiones y escribe si son exactas o enteras.
   - 256 : 8
   - 322 : 3
   - 2.232 : 12
   - 1.936 : 11

2. Escribe dos divisiones exactas con cada grupo de números.
   - 9 7 63
   - 50 350 7
   - 12 15 180

Número de ejemplares por caja de libros

Tipo de libro	Número de ejemplares
Diccionarios	2 por caja
Guías de viaje	3 por caja
Novelas	5 por caja
Tebeos	10 por caja

3 Múltiplos y divisores

Tiempo para leer

Los libros recorren un largo camino hasta llegar a las librerías donde tú los puedes ver y comprar.

Primero es necesario escribirlos, de lo que se encargan escritores y escritoras, después en una editorial se revisan y se les añaden ilustraciones, luego se imprimen y encuadernan en las imprentas.

En las imprentas, se empaquetan en cajas y se trasladan a las distribuidoras, desde las que se reparten a las librerías.

En cada librería se hacen los pedidos de cada tipo de libros que necesitan, pero siempre tienen en cuenta que la distribuidora servirá los libros en cajas completas.

Tiempo para hablar

- ¿Cuántos diccionarios vendrán en 6 cajas? ¿Y novelas en 4 cajas?
- Si pedimos 9 guías de viajes, ¿cuántas cajas nos traerán? Y, si pedimos 30 tebeos, ¿cuántas cajas recibiremos?
- ¿Se pueden pedir 7 diccionarios? ¿Y 10 novelas?
- En una librería han pedido 6 libros. ¿Qué tipo de libro puede ser?
- Explica cómo podemos calcular el número de libros que recibiremos dependiendo de las cajas de cada tipo que nos envíen.

Múltiplos de un número

Cristina va a sacar dinero a un cajero automático. En la pantalla aparece que solo puede sacar cantidades que sean múltiplos de 50. ¿Qué cantidades puede sacar Cristina?

Para calcular los **múltiplos** de 50, se multiplica 50 por los números naturales: 0, 1, 2, 3…

Números naturales	0	1	2	3	4
Múltiplos de 50	50 × 0 0	50 × 1 50	50 × 2 100	50 × 3 150	50 × 4 200

Cristina puede sacar 50, 100, 150, 200… euros.

Los múltiplos de un número se obtienen multiplicando ese número por los números naturales: 0, 1, 2, 3, 4…

1 Calcula y explica cómo lo has hecho.

- Los tres primeros múltiplos de 4.
- Los cinco primeros múltiplos de 2.
- Los ocho primeros múltiplos de 3.
- Los siete primeros múltiplos de 8.
- Los nueve primeros múltiplos de 5.
- Los doce primeros múltiplos de 6.

2 Divide y contesta razonando tu respuesta.

HAZLO ASÍ

¿Es 45 múltiplo de 5?

45 : 5 → cociente 9, resto 0

Como la división 45 : 5 es exacta, 45 es múltiplo de 5.

¿Es 45 múltiplo de 6?

45 : 6 → cociente 7, resto 3

Como la división 45 : 6 no es exacta, 45 no es múltiplo de 6.

- ¿Es 42 múltiplo de 3? ¿Y de 5?
- ¿Es 56 múltiplo de 5? ¿Y de 7?
- ¿Es 180 múltiplo de 3? ¿Y de 4?
- ¿Es 210 múltiplo de 7? ¿Y de 8?

3 Piensa y escribe.

- Los múltiplos de 2 mayores que 11 y menores que 25.
- Los múltiplos de 3 mayores que 11 y menores que 25.

Problemas

4 Observa el dinero que hay en cada hucha y calcula.

Ⓐ 36 €

Ⓑ 75 €

Ⓒ 80 €

Ⓓ 90 €

- ¿Se puede cambiar el dinero que hay en la hucha Ⓐ en monedas de 2 € sin que sobre nada? ¿Por qué?
- ¿Se puede cambiar el dinero que hay en la hucha Ⓑ en monedas de 2 € sin que sobre nada? ¿Y en billetes de 5 €? ¿Por qué?
- La hucha Ⓒ es de Susana. ¿Puede cambiar su dinero en billetes de 10 € sin que le sobre nada? ¿Y de 50 €?
- La hucha Ⓓ es de Gustavo. Ha cambiado su dinero por billetes todos iguales y no le ha sobrado nada. ¿De cuánto era cada billete? ¿Hay una única solución?

5 Resuelve.

- Tona está haciendo una colección de cromos. Los cromos vienen en sobres con 5 cromos cada uno. ¿Podrá comprar Tona 32 cromos? ¿Y 40 cromos?
- Una máquina de venta de refrescos solo admite monedas de 1 € y 2 €, y billetes de 5 € y 10 €. Si pagamos un refresco que vale 2 € con un billete de 10 €, ¿de cuantas maneras posibles nos puede dar el cambio si las monedas o billetes que nos devuelva tienen que ser todos iguales?
- Los panecillos para perritos calientes vienen en bolsas de 4 unidades, y las salchichas en paquetes de 5. ¿Cuántas bolsas de panecillos y paquetes de salchichas tengo que comprar, como mínimo, para que no me sobren ni panecillos ni salchichas?

RETO

¿Crees que puede haber algún número que no tenga múltiplos?

PENSAMIENTO

Calcula y escribe.

- El menor número que sea múltiplo de 3 y de 4.
- ¿Podrías escribir el mayor múltiplo de 3? ¿Y el de 4? Explica por qué.

Divisores de un número

En el colegio tienen 18 pósteres. En cada clase quieren colgar el mismo número de pósteres y que no sobre ninguno.

- Si se ponen 3 pósteres en cada clase:

$$\begin{array}{r|l} 18 & 3 \\ \hline 0 & 6 \end{array}$$

La división es exacta. No sobra ningún póster.
Se pueden poner 3 pósteres en cada clase.
El número 3 es **divisor** de 18.

- Si se ponen 4 pósteres en cada clase:

$$\begin{array}{r|l} 18 & 4 \\ \hline 2 & 4 \end{array}$$

La división es entera. Sobran 2 pósteres.
No se pueden poner 4 pósteres en cada clase.
El número 4 no es divisor de 18.

La división 18 : 3 es exacta
- 3 es divisor de 18.
- 18 es múltiplo de 3.

Si la división *a* : *b* es exacta, entonces *b* es divisor de *a* y *a* es múltiplo de *b*.

1 Calcula y contesta.

- ¿Es 7 divisor de 70? ¿Y de 75?
- ¿Es 9 divisor de 89? ¿Y de 90?
- ¿Es 8 divisor de 56? ¿Y de 84?
- ¿Es 6 divisor de 102? ¿Y de 114?

2 Completa en tu cuaderno cada oración con la palabra *múltiplo* o *divisor*.

15 : 3 = 5	24 : 2 = 12	42 : 7 = 6	18 : 6 = 3
3 es … de 15.	2 es … de 24.	42 es … de 7.	18 es … de 6.
15 es … de 3.	24 es … de 2.	7 es … de 42.	6 es … de 18.

3 Observa los números del recuadro. Calcula y escribe en tu cuaderno.

1 2 3 4 5 6 7 8 9 10

- Divisores de 4 ▸ …
- Divisores de 6 ▸ …
- Divisores de 8 ▸ …

- ¿Qué números son divisores de 4 y de 6?
- ¿Qué números son divisores de 2, 6 y 8?

4 Lee y escribe en tu cuaderno las frases correctas.

- Cualquier número es divisor de 1.
- El 1 es divisor de cualquier número.
- El 2 es divisor de cualquier número.
- El 3 no tiene divisores.
- Cualquier número es divisor de sí mismo.

RETO

¿Crees que puede haber algún número que no tenga divisores?

Problemas

5 Observa el número de flores de cada clase que hay en una floristería y calcula.

30 margaritas

14 rosas

45 claveles

- Raquel coloca las rosas en jarrones con el mismo número de rosas sin que sobre ninguna. ¿Cuántas rosas puede poner en cada jarrón? ¿Cuántos jarrones utiliza?
- Luis quiere repartir las margaritas en cestas con el mismo número de margaritas en cada una, sin que sobren. No quiere poner más de 4 margaritas en cada cesta. ¿Cuántas margaritas puede poner por cesta? ¿Cuántas cestas utilizará?
- Con los claveles ha hecho ramos con menos de 10 claveles, y todos con igual número. ¿Cuántos claveles puede tener cada ramo? ¿Cuántos ramos se forman?
- Cada gladiolo vale 2 €. Les han encargado una cesta de gladiolos que tenga más de 15 gladiolos y que no cueste más de 40 €. Además, quieren que esa cesta se pueda dividir en dos ramos con el mismo número de gladiolos cada uno. ¿Cuántos gladiolos puede poner en la cesta?

CREATIVIDAD

Juega con tu compañero o compañera.

Partimos del número 18. Tira un dado tres veces y anota el resultado. Por cada divisor de 18 que te haya salido obtienes un punto. Después, pasa el turno.

- Si en el dado te ha salido un 3, un 4 y un 6, ¿cuántos puntos has obtenido?
- Inventa otro juego en el que uses los divisores de un número.

Criterios de divisibilidad

Hoy la profesora ha escrito en la pizarra varios números para trabajar la divisibilidad en clase.

- ¿Es 52 múltiplo de 2?

  La división 52 : 2 es exacta, luego 52 es múltiplo de 2.

  También se dice que 52 es **divisible** por 2.

  Fíjate en que 52 es un número par.

- ¿Es 63 divisible por 3?

  La división 63 : 3 es exacta, luego 63 es divisible por 3.

  Fíjate en que la suma de sus cifras, 6 + 3 = 9, es múltiplo de 3.

- ¿Es 90 divisible por 5? ¿Y 85?

  Las divisiones 90 : 5 y 85 : 5 son exactas, luego 85 y 90 son divisibles por 5. Fíjate en que sus últimas cifras son 0 o 5.

- Un número es divisible por 2 si es un número par.
- Un número es divisible por 3 si la suma de sus cifras es un múltiplo de 3.
- Un número es divisible por 5 si su última cifra es 0 o 5.

1 Contesta razonando tu respuesta.

- Si un número es divisible por 2, ¿puede ser su última cifra 3?
- La suma de las cifras de un número es igual a 6. ¿Es un número divisible por 3?
- ¿Qué valores puede tener la última cifra de un número divisible por 5?
- Un número tiene como última cifra 0. ¿Por qué números es divisible siempre?

2 Observa los números y averigua si son divisibles por 2, por 3 o por 5.

96 82 135 60 375 490

EJEMPLO

- 96 es par ▶ 96 es divisible por 2.
- 9 + 6 = 15; 15 es múltiplo de 3 ▶ 96 es divisible por 3.
- 96 no acaba en 0 o en 5 ▶ 96 no es divisible por 5.

3 En cada caso, escribe cinco números.

- Menores que 50 y divisibles por 2.
- Menores que 60 y divisibles por 3.
- Mayores que 30 y menores que 80 y que sean divisibles por 5.

4 **Escribe los doce primeros múltiplos de 10. Después, contesta razonando tus respuestas.**

- ¿En qué cifra acaban todos?
- ¿Cómo puedes saber si un número es divisible por 10?
- Si un número es divisible por 10, ¿es divisible por 2 y 5?
- Si un número es divisible por 2, ¿es divisible por 10?

5 **Escribe tres frases usando en todas ellas los números 12, 3 y 4 y una de estas tres palabras: *múltiplo*, *divisor* y *divisible*.**

EJEMPLO El número 12 es divisible por…

RETO

Escribe varios múltiplos de 9 y de 4. ¿Podrías deducir el criterio de divisibilidad por esos números? Inténtalo y luego comprueba tu respuesta buscando la información.

Problemas

6 **Resuelve.**

- Andrea va al banco a cambiar dinero por monedas de 2 € y le dan una bolsa con todas las monedas. ¿Puede tener la bolsa 485 €? ¿Y 484 €? ¿Por qué?
- Marcos recibe un pedido de latas. Las latas vienen en *packs* de 3. ¿Puede recibir Marcos 125 latas? ¿Y 204 latas? ¿Por qué?
- Una lavadora cuesta 750 €. ¿Se podría pagar solo con billetes de 5 €? ¿Y con billetes de 10 €? ¿Por qué?
- Sonia tiene menos de 120 fotos en su cámara. ¿Cuál es el mayor número de fotos que puede tener si ese número es divisible por 2 y por 3 a la vez? ¿Cuál es el menor número que puede tener?
- En una carretera donde se va a realizar una carrera ciclista, aparece una señal informativa cada 5 km. ¿Aparecerá una señal en el kilómetro 126? ¿Y en el kilómetro 135? ¿Por qué?

PENSAMIENTO

Piensa y contesta.

- ¿Cuál es el mayor número de dos cifras, todas diferentes, que es divisible por 2?
- ¿Cuál es el menor número de cuatro cifras, todas diferentes, que es divisible por 5?
- ¿Cuál es el mayor número de seis cifras, todas diferentes, que es múltiplo de 3?

Cálculo de todos los divisores de un número

Amalia ha comprado 8 matas de tomate para plantar a partes iguales en maceteros sin que le sobre ninguna. ¿Cuántas matas puede poner en cada macetero?

Para averiguarlo, calcula todos los divisores de 8 siguiendo estos pasos:

1.º Divide 8 entre los números naturales 1, 2, 3, 4… De cada división exacta obtienes dos divisores: el divisor y el cociente.

2.º Deja de dividir cuando el cociente sea igual o menor que el divisor.

8 : 1	8 : 2	8 : 3	
resto 0, cociente 8	resto 0, cociente 4	resto 2, cociente 2	← Como $2 < 3$ deja de dividir.
1 y 8	2 y 4	No hay divisores.	

Los **divisores** de 8 son 1, 2, 4 y 8.

En cada macetero puede poner 1, 2, 4 u 8 matas de tomate.

1 Calcula todos los divisores de cada número y contesta.

4 6

- ¿Es el 1 un divisor de 4? ¿Y de 6?
- ¿Qué divisores tienen 4 y 6 en común?

12 15

- ¿Es el 1 un divisor de 12? ¿Y de 15?
- ¿Qué divisores tienen 12 y 15 en común?

2 Resuelve.

- La profesora de gimnasia quiere hacer, con sus 20 alumnos y alumnas, equipos con el mismo número de personas y sin que quede ninguna sola. ¿Cuántas personas puede poner en cada equipo?
- Susana quiere poner 18 fotos en su álbum. En cada página quiere poner el mismo número de fotos sin que le sobre ninguna. ¿Cuántas fotos puede poner en cada página?
- Pablo tiene que enviar 30 libros. Quiere hacer paquetes con el mismo número de libros sin que sobre ninguno. ¿Cuántos libros puede poner en cada paquete? ¿Cuántas cajas necesitará en cada caso?
- Marta tiene 24 rosquillas. Desea envasarlas en bolsas con el mismo número de rosquillas sin que quede ninguna. ¿Cuántas rosquillas puede poner en cada bolsa? ¿Cuántas bolsas usará en cada caso?

Números primos y compuestos

Vanesa está haciendo los deberes y ha calculado todos los divisores de 11 y de 14.

Los divisores de 11 son dos: 1 y 11.

Los divisores de 14 son cuatro: 1, 2, 7 y 14.

El número 11 es un número **primo** porque solo tiene dos divisores: 1 y él mismo.

El número 14 es un número **compuesto** porque tiene más de dos divisores.

Un número es primo si solo tiene dos divisores: 1 y él mismo.
Un número es compuesto si tiene más de dos divisores.

1 Calcula todos los divisores de cada número y averigua si es primo o compuesto.

- 8
- 9
- 10
- 12
- 19
- 21
- 24
- 30
- 31
- 37

2 ¿Qué números primos hay del 2 al 30? Lee y averígualo.

HAZLO ASÍ

1.° Escribe la serie de números del 2 al 30. Como el 2 es primo, rodéalo. Empieza en 2, cuenta de 2 en 2 y tacha los múltiplos de 2.

2.° El 3 es primo, rodéalo. Empieza en 3, cuenta de 3 en 3 y tacha los múltiplos de 3 que no estén tachados.

3.° El 5 es primo, rodéalo. Empieza en 5, cuenta de 5 en 5 y tacha los múltiplos de 5 que no estén tachados.

4.° Los números no tachados son primos, rodéalos.

2	3	4	5	6
7	8	9	10	11
12	13	14	15	16
17	18	19	20	21
22	23	24	25	26
27	28	29	30	

3 Con el método de la actividad 2, halla los números primos que son menores que 60.

4 Piensa y escribe verdadero o falso razonando tu respuesta.

- Un número cuya última cifra es cero no es un número primo.
- Cualquier número que termina en 1 es un número primo.
- Un número impar puede ser compuesto.
- Un número cuya última cifra es par es un número compuesto.

COMPRUEBO MI PROGRESO

1 **Contesta.**

- ¿Cómo calcularías los diez primeros múltiplos de 5? Escríbelos.
- ¿Cómo calcularías los diez primeros múltiplos de 8? Escríbelos.

2 **Contesta de forma razonada.**

- ¿Es 789 múltiplo de 4? ¿Es 4 divisor de 789?
- ¿Es 774 múltiplo de 6? ¿Es 6 divisor de 774?

3 **Completa en tu cuaderno.**

18 : 3 = 6

3 y 6 son … de 18.

18 es … de 3 y de 6.

24 : 4 = 6

24 es … de 4 y de 6.

4 y 6 son … de 24.

4 **Piensa y contesta.**

¿Hay algún número que sea múltiplo de sí mismo? ¿Y divisor de cualquier número?

5 **Piensa y contesta.**

- Escribe los diez primeros múltiplos de 3 y de 4. ¿Hay algún número que sea múltiplo de 3 y de 4 a la vez? De esos múltiplos comunes, ¿cuál es el menor?
- Escribe los cinco primeros múltiplos de 2, 3 y 6. ¿Hay algún número que sea múltiplo de los tres a la vez? De todos esos múltiplos comunes, ¿cuál es el menor?

6 **Calcula todos los divisores de cada número y contesta.**

10 17 43

12 21 26

¿Qué números son primos? ¿Por qué?

7 **Calcula en tu cuaderno los divisores de los números de cada grupo. Después, rodea los divisores comunes a todos.**

9 y 12

8, 12 y 14

8 y 9

- De los divisores comunes de 9 y 12, ¿cuál es el mayor?
- ¿Y de los divisores comunes de 8, 12 y 14? ¿Y de los divisores de 8 y 9?

8 **Explica con un ejemplo qué significan las palabras *múltiplo*, *divisor* y *divisible*.**

9 **Averigua si cada número es divisible por 2, por 3 y por 5.**

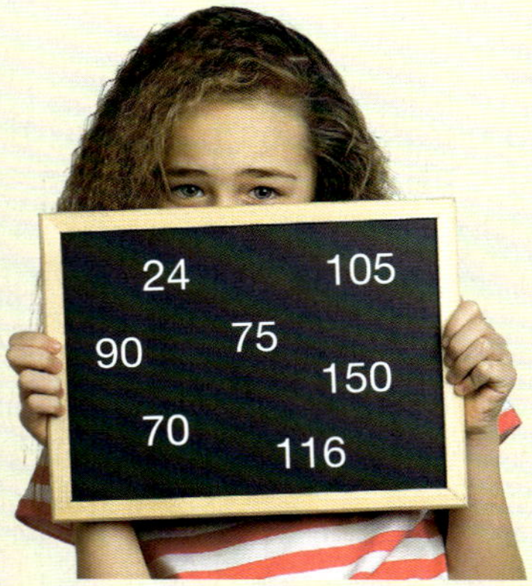

10 **Busca y escribe.**

- Los números menores que 60 que son divisibles por 2 y por 3.
- Los números comprendidos entre 40 y 100 que son divisibles por 2 y por 5.
- Los números menores que 60 que son divisibles por 3 y por 5.
- Los números menores que 80 que son divisibles por 2, por 3 y por 5.

11 **Piensa y contesta.**

Si un número es divisible por 8, ¿es también divisible por 2? ¿Y por 4? Pon ejemplos.

Problemas

12 Fíjate en las unidades que contiene cada paquete y contesta.

- ¿Se pueden comprar 65 rotuladores justos? ¿Y 96 pilas? ¿Y 100 pinturas? ¿Cuántos paquetes hay que comprar en cada caso para conseguir ese número?
- ¿Cuántos rotuladores, pilas y pinturas se pueden comprar? Escribe tres posibles respuestas de cada producto.

13 Lee y resuelve.

- Gerardo tiene que empaquetar 24 cafeteras en cajas, todas con igual número de cafeteras, sin que sobre ninguna. ¿De cuántas formas lo puede hacer Gerardo?
- Un cuento tiene entre 100 y 110 páginas. Si las cuentas de 2 en 2, no sobra ninguna, y, si las cuentas de 3 en 3, tampoco. ¿Cuántas páginas puede tener el cuento?
- Sonia tiene 120 flores. Quiere hacer ramos que tengan igual número de flores y deben ser menos de 10 ramos. Si no debe sobrar ninguna flor, ¿cómo puede hacer los ramos?

14 Resuelve.

Dos pilotos salen juntos de la línea de salida y recorren un circuito. El piloto *A* tarda 10 minutos en dar una vuelta y el piloto *B*, 8 minutos.

- Escribe los tiempos de los doce primeros pasos por la pancarta de salida de cada piloto. ¿En qué minutos, desde el comienzo de la carrera, coinciden ambos en la salida?
- ¿Cuántas vueltas ha dado cada piloto cuando coinciden por primera vez?
- El piloto *B* se retiró sin llegar a completar la vuelta decimotercera. ¿En qué minuto se retiró? Escribe varias respuestas posibles.

¿CÓMO LO HE HECHO? **Responde en tu cuaderno.**

- ¿Reconozco múltiplos y divisores de un número?
- ¿Conozco y aplico los criterios de divisibilidad?
- ¿Calculo todos los divisores de un número?
- ¿Sé averiguar cuándo un número es primo o compuesto?

Pon una nota a tu trabajo en esta unidad.

Descifrar códigos secretos

En la librería de Mónica y en muchos otros comercios es posible pagar con tarjeta. A la hora de hacer esos pagos es muy importante que los datos viajen de forma segura para evitar fraudes. Para ello se utilizan códigos que hagan muy difícil descifrar esas informaciones. En ellos se usan a menudo los números primos.

Observa este método, más sencillo que los de las compras, en el que usaremos los números primos para trabajar con códigos secretos.

- A cada letra del alfabeto le asociamos un número de dos cifras. A la letra A le asignamos el 10, a la B, el 11 y así sucesivamente.
- Para que los números asociados no sean todos consecutivos y hacer la clave más difícil, a la hora de escribir el mensaje, si el número correspondiente a la letra es primo, se deja como está, y, si es compuesto, se le suma un número fijo, por ejemplo, 30.
- Es conveniente, para cifrar y descifrar mensajes, utilizar una tabla con las equivalencias entre números y letras.

1. ¿Qué números son primos entre el 10 y el 36?

2. Construye una tabla con el alfabeto y el número asociado a cada letra tal y como se indica en el texto.
   Esa tabla se usará para cifrar mensajes. Después, construye la tabla que se debe usar para descifrar los mensajes secretos escritos con este método.

3. Con el método anterior, cifra esta frase:

   LAS MATES SON DIVERTIDAS

   LAS ▼ 514029 MATES ▼ 5240...

4. Utiliza la tabla de descifrado para leer este mensaje:

   5644584544426055 5155 174029
   1344294248455840 1355

5. Inventa con tu compañero o compañera otro método, diferente al visto, para escribir mensajes secretos utilizando los números primos y explicad sus ventajas e inconvenientes.

Juega con múltiplos y divisores

Material: Tablero cuadriculado.
Un dado y un rotulador.

Número de jugadores: 4

Reglas del juego:

Se escriben con un rotulador los números del 1 al 36 en las cuadrículas del tablero, un número en cada cuadrícula.

Se tira el dado dos veces, se multiplican los dos números obtenidos y se tacha el resultado.

Por turnos, cada participante irá tachando un número de la tabla que sea múltiplo o divisor del último número tachado.

Ganador: Gana el último jugador o jugadora que pueda tachar un número.

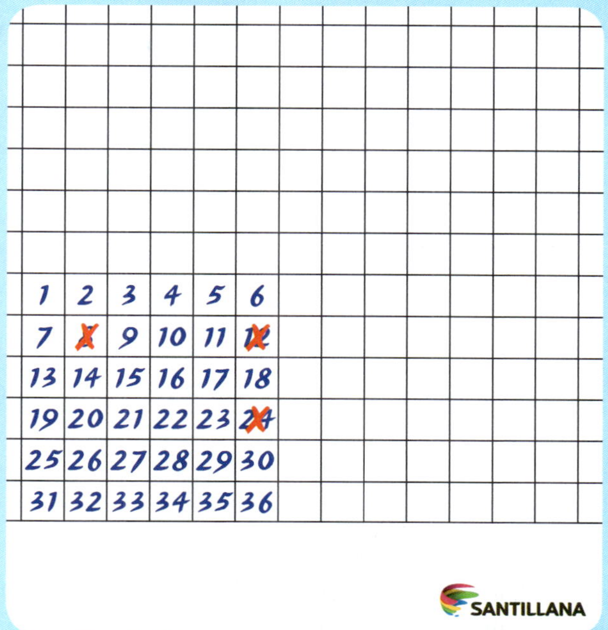

1 Tu compañero o compañera ha tachado el número 20. ¿Qué números puedes tachar?

Retos matemáticos

El nenúfar

Un nenúfar duplica su extensión cada día y cubre un lago en 15 días. ¿Cuántos días tarda en cubrir la mitad del lago?

Coches y motos

En un taller se cambiaron los neumáticos a 40 vehículos, entre coches y motos.

En total se pusieron 100 ruedas.

¿A cuántos coches y a cuántas motos cambiaron los neumáticos?

Solución de problemas

Sacar conclusiones de un enunciado

Luisa tenía en su tienda 120 videojuegos de segunda mano. Los puso a la venta agrupándolos en lotes de 3. Cada lote lo vendía a 24 €. El lunes vendió 8 lotes, el martes 3 más y el miércoles 2 menos que el lunes.

¿Qué frases de las siguientes son correctas?

A. El lunes obtuvo 24 € por los lotes.
B. El miércoles fue el día que menos vendió.
C. El martes obtuvo 264 € por los lotes.
D. El jueves le quedaban menos de la mitad de los lotes.

▶ Fíjate en la frase A. El lunes vendió 8 lotes. Cada uno valía 24 €. Obtuvo, por tanto, 192 € por los lotes del lunes. La frase A es falsa.

El lunes vendió 8 lotes, el martes 11 lotes y el miércoles 6 lotes. Fue el día que menos vendió. La frase B es verdadera.

Averigua qué ocurre con el resto de frases.

Lee el enunciado, piensa y escribe en tu cuaderno las frases correctas.

1. Mario es más alto que Juan, pero menos que Sara. Pedro es más alto que Mario, pero no es el más alto. Juan es más alto que Laura.

A. Sara es más alta que Juan.
B. Pedro es más bajo que Juan.
C. Laura es la más baja.
D. Mario es más alto que Laura.
E. Laura es más baja que Pedro.
F. Juan es más bajo que Pedro.

2. Un grupo de amigos y amigas ha ido de viaje. Han usado 7 coches de 5 plazas cada uno, pero en 4 de ellos quedaron 2 plazas libres.

A. Fueron 35 personas al viaje.
B. Quedaron 14 plazas libres.
C. Fueron 3 coches completos.
D. Fueron 27 personas al viaje.
E. Iban más coches completos que con plazas libres.

1 Descompón cada número.
- 35.902.070
- 403.128.600
- 80.560.001
- 910.030.058

2 Escribe el valor en unidades de las cifras 3 en cada número.
- 237.850.300
- 703.402.013
- 359.132.008
- 920.363.537

3 Calcula.
- 89.657 + 5.723
- 3.406 × 59
- 427.518 + 6.946
- 871 × 263
- 598 + 2.365 + 79
- 592 × 480
- 23.405 − 18.629
- 2.647 × 700
- 617.038 − 39.245
- 3.085 × 904

4 Aplica la propiedad distributiva y calcula.
- 9 × (14 − 8)
- (25 + 7) × 6
- 50 × (17 + 3)
- (16 − 9) × 40

5 Divide y haz la prueba.
- 5.279 : 64
- 18.743 : 382
- 7.622 : 37
- 209.402 : 679

6 Completa la tabla en tu cuaderno.

Dividendo	divisor	cociente	resto
	76	94	0
	82	503	45
	345	168	0
	491	270	106

7 Suprime el mismo número de ceros en el dividendo y en el divisor y calcula.
- 226.200 : 5.800
- 236.640 : 4.930
- 345.240 : 2.740
- 254.600 : 2.680

Problemas

8 Miguel ha comprado 7 juegos de la consola por 180 €. Todos los juegos tenían el mismo precio y cada 5 juegos regalaban uno. ¿Cuánto cuesta cada juego?

9 En una fábrica envasan cada día 3.200 bandejas grandes de tomates y 4.108 pequeñas. ¿Cuántos tomates envasan cada día en total?

10 En un almacén han recibido 68 cajas con 25 libros cada una. Han llenado ya 14 baldas de una estantería colocando 85 libros en cada balda. ¿Cuántos libros les quedan por colocar? ¿Cuántas baldas más llenarán?

11 Ana ha obtenido 460 puntos en un juego, Javi el triple que ella y Olga la mitad que él. ¿Cuántos puntos ha sacado Olga más que Ana?

12 Ester hace conjuntos de un collar y una pulsera con bolitas de colores. Tiene 465 bolitas y utiliza 24 bolitas en cada collar y 12 en cada pulsera. ¿Cuántos conjuntos de collar y pulsera puede hacer? ¿Cuántas bolitas le sobrarán?

13 Pablo ha comprado varias jardineras iguales. Ha entregado para pagar 4 billetes de 50 € y le han devuelto 38 €. ¿Cuántas jardineras ha comprado?

Relacionar gráficos de barras con tablas y otros gráficos

En un concesionario de coches han representado en un gráfico de barras las ventas de tres modelos según el color.
También han anotado los datos en una tabla.

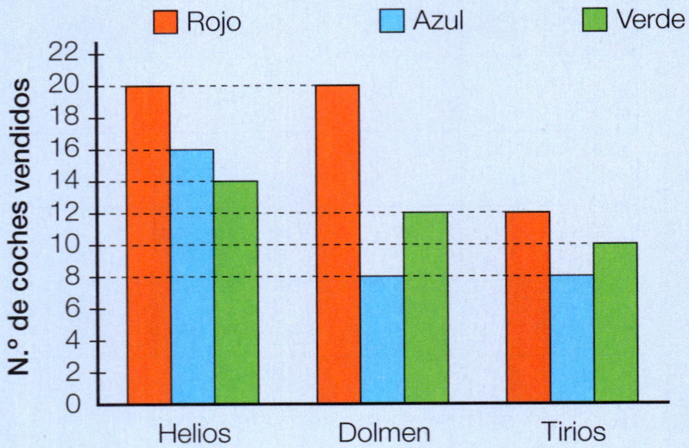

	Rojo	Azul	Verde
Helios	20	16	
Dolmen	20		
Tirios			

Copia y completa la tabla en tu cuaderno.

1 Representa en tu cuaderno, en un gráfico de barras de una característica, el número total de coches vendidos de cada modelo.

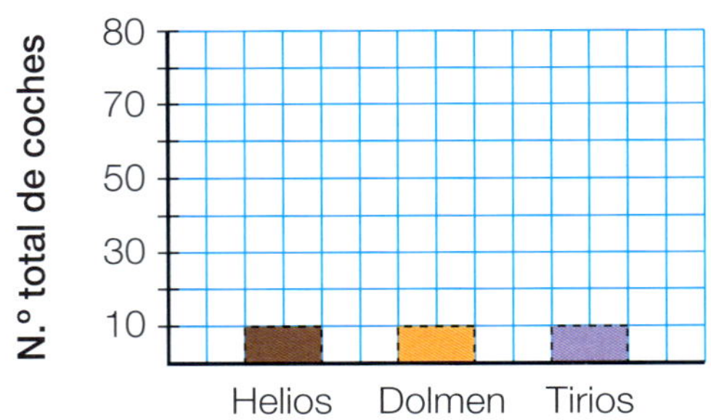

2 Representa, en un gráfico de barras de tres características, los estudiantes de este año que tienen cada color de pelo.

Año pasado

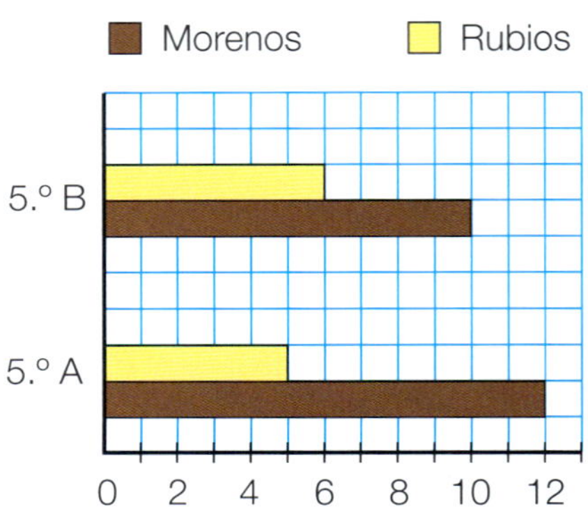

Han venido 4 pelirrojos a 5.º A y 2 a 5.º B, y 2 rubios a cada una de las clases.

Este año

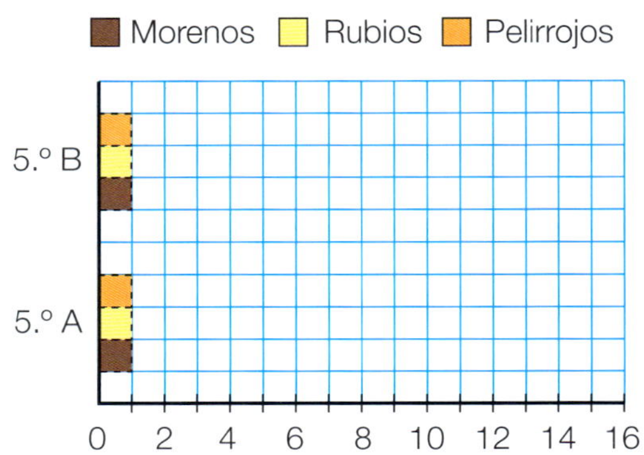

Realizar un proyecto con gráficos de barras

Vamos a realizar un proyecto usando los gráficos de barras. Seguiremos estos pasos:

1.° Realizar el recuento de los datos y anotarlos en la tabla.

2.° Representarlos en un gráfico de barras de tres características.

3.° Responder a varias preguntas y plantear otras a los compañeros.

1 Pregunta a tus compañeros y compañeras cuántas veces hacen deporte a la semana ellos y sus hermanos y hermanas. Anótalas bien, haz el recuento y completa la tabla. No olvides incluir tus datos.

	Alumnos	Alumnas	Hermanos	Hermanas
Menos de 2 veces				
Entre 2 y 4 veces				
Más de 4 veces				

2 Representa en tu cuaderno los datos en un gráfico de barras de tres características.

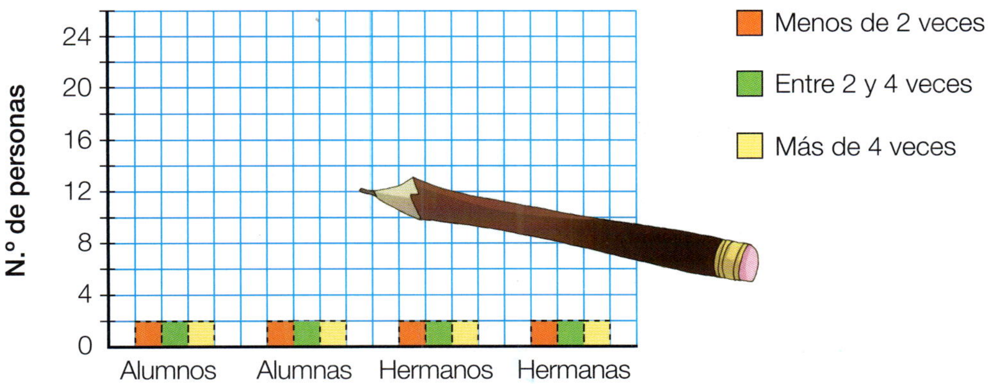

3 Fíjate en el gráfico que has representado y contesta.

- De las personas que hacen deporte más de 4 veces, ¿cuál es el grupo más numeroso?
- Entre las alumnas, ¿qué grupo es el más numeroso?
- Entre los hermanos, ¿qué grupo es el menos numeroso?
- ¿Cuántas personas hacen deporte menos de 2 veces a la semana?
- ¿Cuántas hacen deporte más de 4 veces?

4 Inventa otras preguntas similares a las de la actividad 3 y plantéalas a tus compañeros y compañeras. Comprueba que puedan responderse usando el gráfico.

Cálculo mental

Suma 101, 201, 301…

+ 301

263 → 563 → 564
+ 300 + 1

154 + 101 496 + 301
273 + 201 679 + 201

Suma 102, 103, 104…

+ 103

481 → 581 → 584
+ 100 + 3

234 + 102 536 + 104
715 + 103 638 + 103

Resta 101, 201, 301…

− 201

476 → 276 → 275
− 200 − 1

358 − 101 504 − 201
723 − 401 937 − 601

Resta 102, 103, 104…

− 104

529 → 429 → 425
− 100 − 4

263 − 102 458 − 103
745 − 103 839 − 104

Un número, varias sumas y varias restas

Escribe el número 436 como:

- Una suma en la que un sumando sea 103.
- Una resta en la que el sustraendo sea 102.

Pequeños problemas

Calcula mentalmente

1. Para un teatro de marionetas se han vendido 125 entradas de adultos y 201 de niños. ¿Cuántas entradas han vendido en total?

2. Ayer montaron en la noria 269 personas. Hoy han montado 103 personas más. ¿Cuántas personas han montado hoy en la noria?
3. Una furgoneta de reparto lleva 856 kg de melones. En la primera tienda en la que ha parado ha dejado 104 kg. ¿Cuántos kilos quedan en la furgoneta?

¿Qué sabes ya?

Clasificación de polígonos

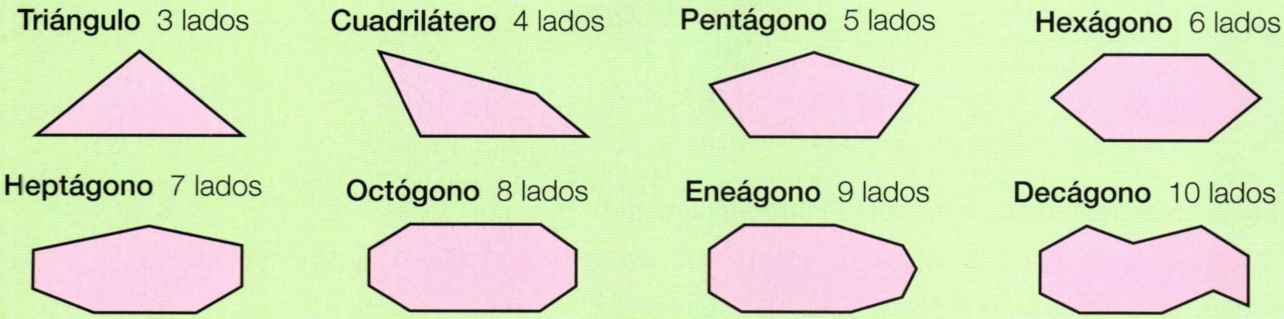

1. Cuenta el número de lados y clasifica los polígonos.

4 Figuras planas y cuerpos geométricos

Tiempo para leer

Las señales de tráfico se clasifican en varios grupos según su función. Hay señales de advertencia de peligro, de prohibición, de obligación y de información. Cada tipo de señal tiene una forma.

Las señales de peligro son de forma triangular con borde rojo y fondo blanco. Las de prohibición son circulares con borde rojo y fondo blanco. También son circulares las señales de obligación, aunque con borde blanco y fondo azul. Las señales de información son cuadradas o rectangulares y pueden tener fondo azul, blanco o verde.

Tiempo para hablar

- Si yendo por la carretera vemos una señal de tráfico de color verde, ¿de qué tipo es? ¿Cuál es su forma?
- Si en el autobús escolar alguien dice que ha visto una señal de tráfico de color azul, ¿puede ser una señal triangular? ¿Podría esa señal ser un cuadrilátero?
- ¿Conoces alguna señal que tenga más de cuatro lados?
- Inventa y dibuja una señal y explica qué significa.

Prismas y pirámides: elementos

Observa los elementos de un prisma y de una pirámide.

Prisma

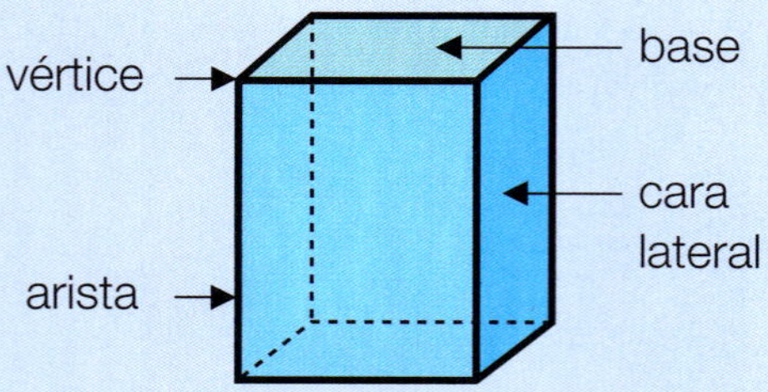

- 6 caras:
  - 2 bases.
  - 4 caras laterales.
- 8 vértices.
- 12 aristas.

Pirámide

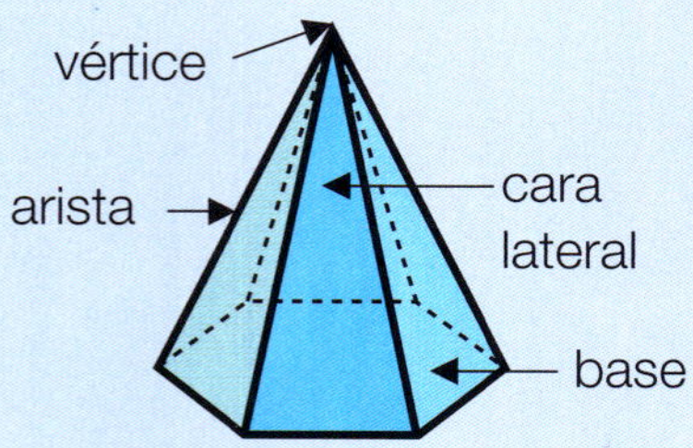

- 7 caras:
  - 1 base.
  - 6 caras laterales.
- 7 vértices.
- 12 aristas.

Los elementos de los prismas y las pirámides son: bases, caras laterales, vértices y aristas.

1 Completa la ficha para cada cuerpo.

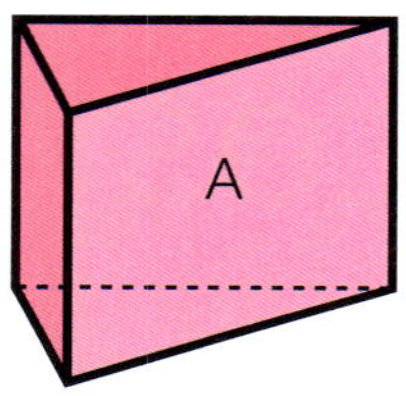

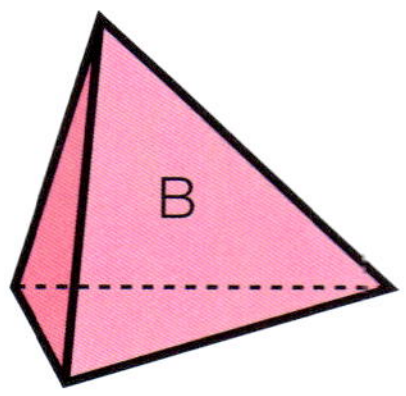

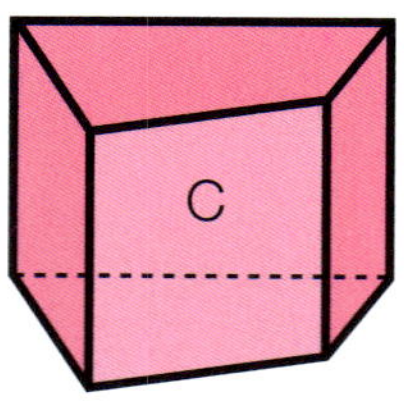

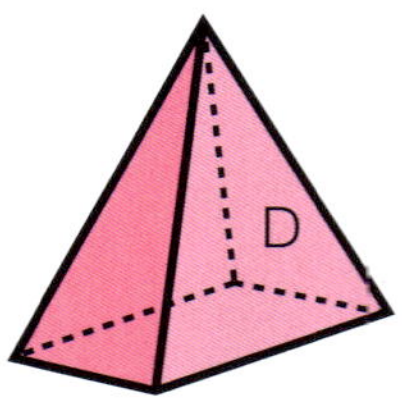

Nombre:
Polígono de las bases:
Polígono de las caras laterales:
Número de bases:
Número de caras laterales:
Número de caras:
Número de vértices:
Número de aristas:

2 Observa este cuerpo geométrico y contesta.

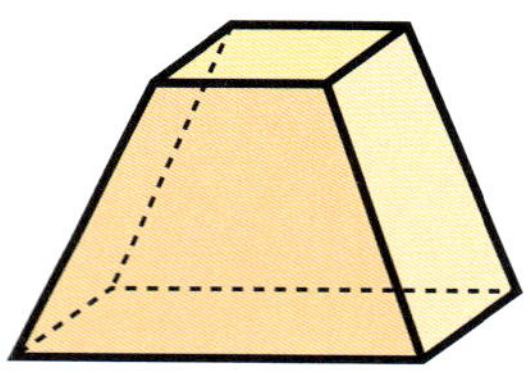

- ¿Cuántas bases tiene? ¿Son iguales? ¿Cuántas caras tiene? ¿Y aristas? ¿Y vértices?
- ¿Es un prisma? ¿Y una pirámide? ¿Por qué?

Cuerpos redondos

Hay cuerpos geométricos que no están limitados por polígonos.

Los cuerpos geométricos con superficies curvas se llaman **cuerpos redondos**.

El **cilindro**, el **cono** y la **esfera** son cuerpos redondos. Fíjate en sus elementos.

Cilindro

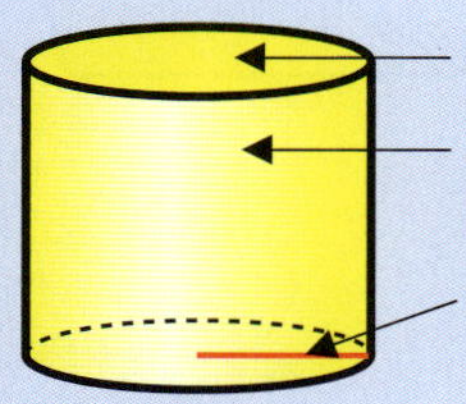

- 2 bases circulares.
- 1 superficie lateral curva.

Cono

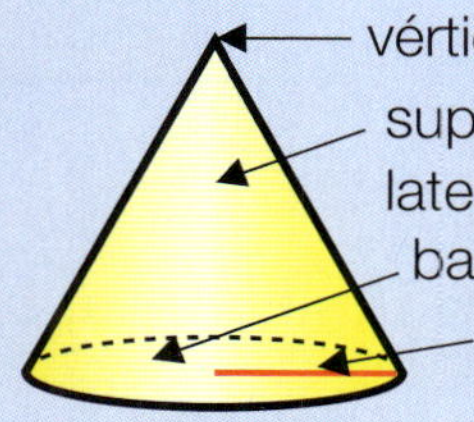

- 1 base circular.
- 1 superficie lateral curva.

Esfera

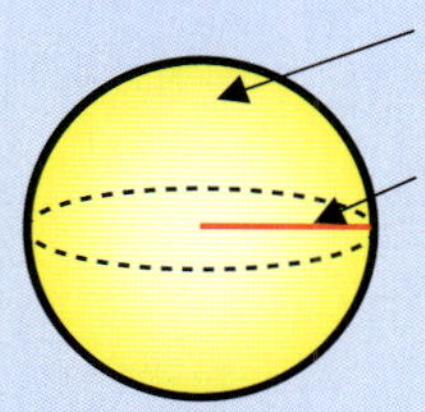

- 1 superficie curva.

1 Observa y contesta.

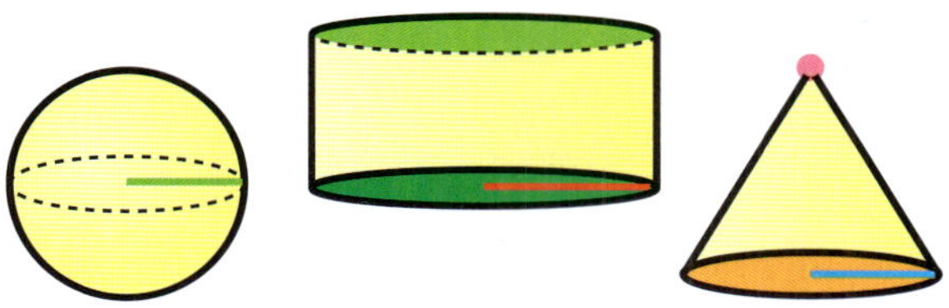

- ¿De qué color está pintado el radio del cilindro? ¿Y el cel cono? ¿Y el de la esfera?
- ¿Qué color tienen las bases del cilindro? ¿Y la base del cono?
- ¿De qué color está pintado el vértice del cono?

2 Copia en tu cuaderno solo las oraciones que sean verdaderas.

- El cilindro tiene dos bases y el cono tiene una base.
- El cilindro no tiene vértices.
- Las bases de un cilindro son dos polígonos iguales.
- La base de un cono es un círculo y el cono tiene un único vértice.
- La esfera tiene una base y no tiene vértices.

3 Piensa y contesta.

¿Con cuál de estas figuras puedes formar un cilindro? ¿Y un cono?

Clasificación de triángulos

Según sean sus lados, los triángulos se clasifican en:

Equiláteros
3 lados iguales.

Isósceles
2 lados iguales.

Escalenos
3 lados desiguales.

Según sean sus ángulos, los triángulos se clasifican en:

Rectángulos
1 ángulo recto.

Acutángulos
3 ángulos agudos.

Obtusángulos
1 ángulo obtuso.

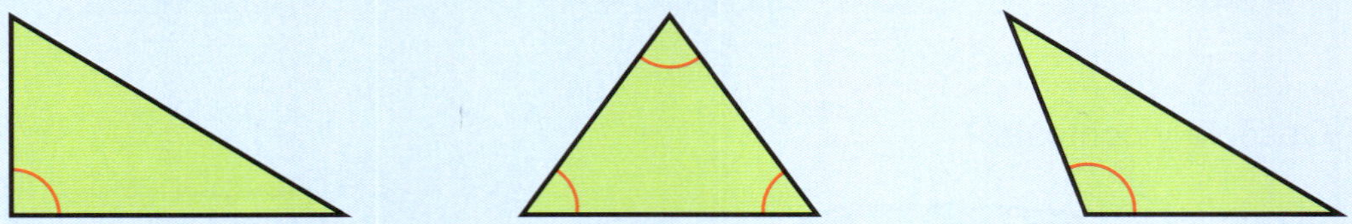

1. Clasifica cada triángulo según sus lados y según sus ángulos.

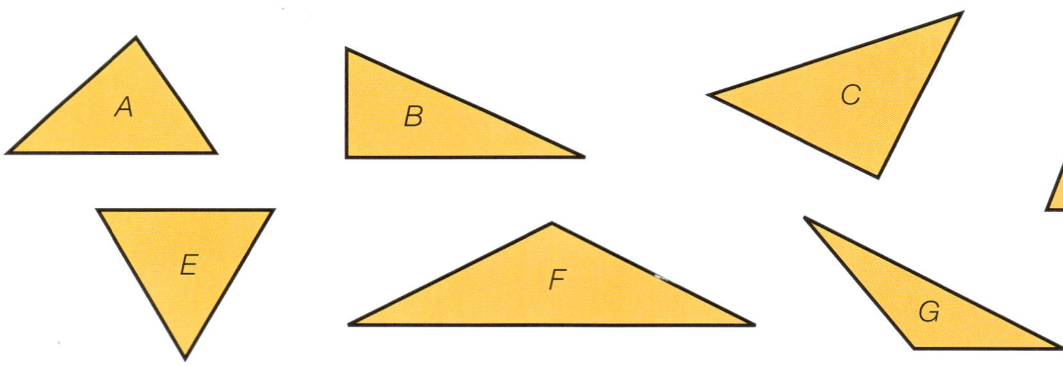

2. Lee la descripción de cada triángulo y clasifícalo según uno de los criterios.
   - Tiene dos lados de longitud 9 cm y otro lado de longitud 15 cm.
   - Tiene un ángulo de 40°, otro de 50° y otro de 90°.
   - Tiene tres ángulos que miden 30°, 20° y 130°, respectivamente.
   - Sus lados miden 7 cm, 8 cm y 13 cm.
   - Tiene un ángulo de 50°, otro de 70° y otro de 60°.

3 Piensa y escribe cuáles de estos triángulos existen.

- Acutángulo y escaleno.
- Rectángulo e isósceles.
- Acutángulo y equilátero.
- Obtusángulo y equilátero.
- Obtusángulo e isósceles.
- Rectángulo y equilátero.

4 Dibuja estos triángulos y clasifícalos por los dos criterios.

HAZLO ASÍ

Trazar un triángulo dados un ángulo y dos lados

Para dibujar un triángulo que tiene un ángulo igual a 35° y los lados que forman ese ángulo miden 3 cm y 4 cm, sigue estos pasos:

1.° Dibuja el ángulo de 35° y llama *A* al vértice.

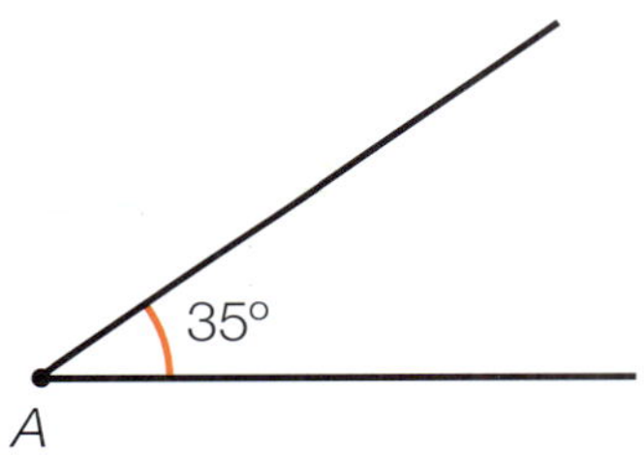

2.° Marca en un lado un segmento *AB* de 3 cm, y en el otro lado, un segmento *AC* de 4 cm.

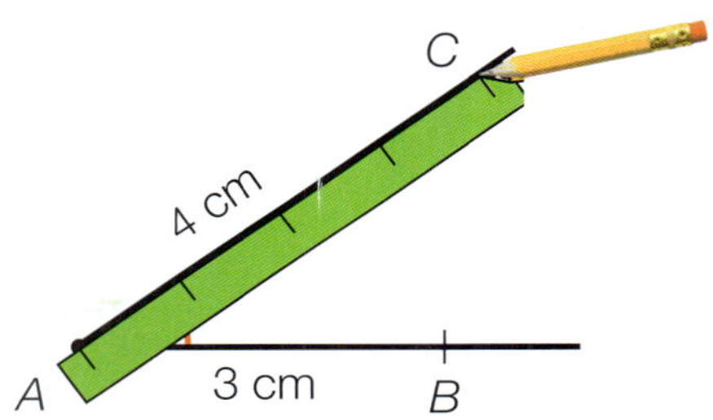

3.° Une los puntos *B* y *C* y colorea el triángulo.

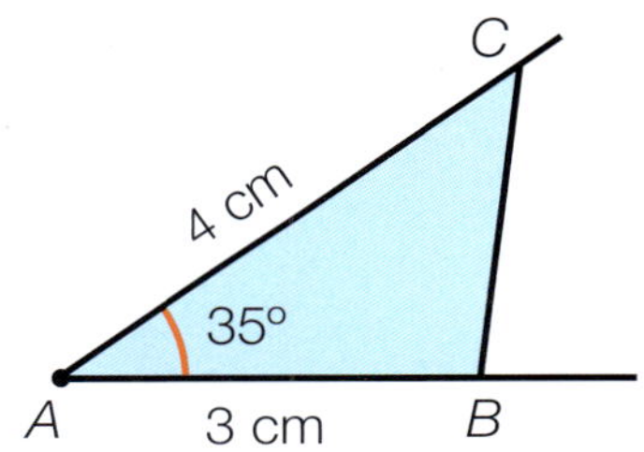

- Un ángulo mide 120° y sus lados miden 3 cm y 5 cm.
- Un ángulo mide 90° y sus lados miden 3 cm y 4 cm.
- Un ángulo mide 60° y sus lados miden 5 cm y 5 cm.
  ¿Cuánto miden sus otros dos ángulos? ¿Y el otro lado?
  ¿Cómo es este triángulo?

CREATIVIDAD

Piensa y contesta.

¿Cuántos triángulos se pueden formar con 9 palillos iguales?

Permitido

No permitido

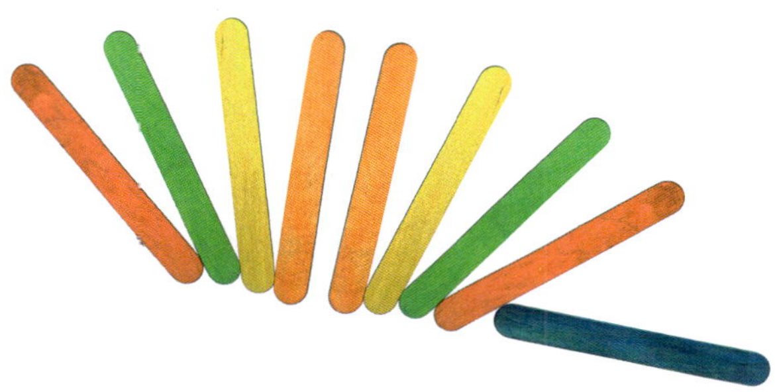

Clasificación de cuadriláteros y paralelogramos

Según sean sus lados, los **cuadriláteros** se clasifican en:

Trapezoides
Sin lados paralelos.

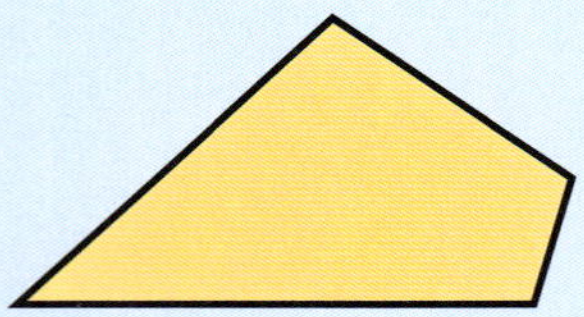

Trapecios
Dos lados paralelos.

Paralelogramos
Lados paralelos dos a dos.

Según sean sus lados y sus ángulos, los **paralelogramos** se clasifican en:

Cuadrados

- 4 lados iguales.
- 4 ángulos rectos.

Rectángulos

- Lados iguales dos a dos.
- 4 ángulos rectos.

Rombos

- 4 lados iguales.
- Ángulos iguales dos a dos.

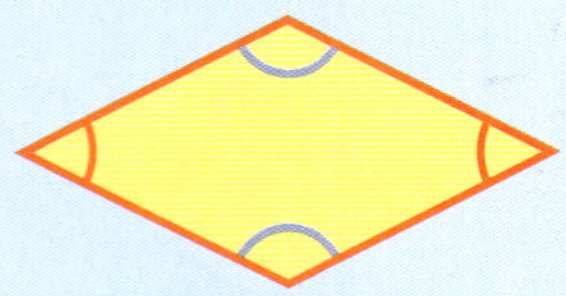

Romboides

- Lados y ángulos iguales dos a dos.

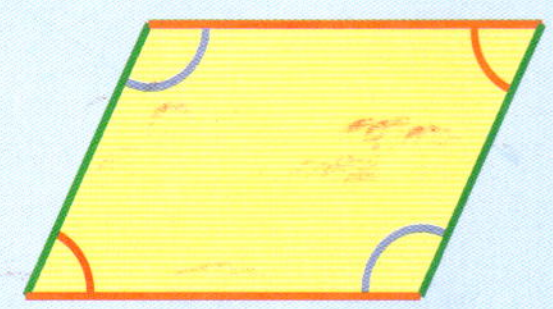

1 Clasifica estos cuadriláteros. Después, clasifica los que sean paralelogramos.

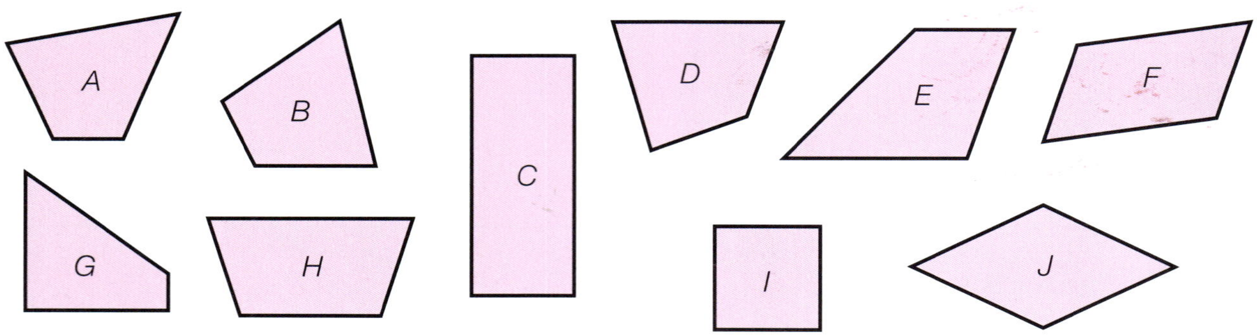

2 Lee la descripción de cada paralelogramo y clasifícalo.

- Tiene cuatro lados de longitud 8 cm, dos ángulos de 50° y dos de 130°.
- Tiene cuatro lados de 10 cm y cuatro ángulos de 90°.
- Tiene dos lados de 6 cm y otros dos de 9 cm y cuatro ángulos de 90°.
- Tiene dos lados de 5 cm y otros dos de 7 cm, dos ángulos de 140° y otros dos de 40°.
- Tiene cuatro lados iguales y cuatro ángulos iguales.

3 **Piensa y contesta. Justifica tu respuesta.**

- Todo paralelogramo, ¿es un cuadrilátero?
- Todo cuadrilátero, ¿es un paralelogramo?

4 **Lee y dibuja cada figura.**

HAZLO ASÍ

Trazar un rectángulo dados sus lados

Para dibujar un rectángulo cuyos lados miden 5 cm y 2 cm, sigue estos pasos:

1.º Dibuja con la escuadra un ángulo de 90º y marca un segmento *AB* de 5 cm en uno de los lados, y en el otro, un segmento *AD* de 2 cm de longitud.

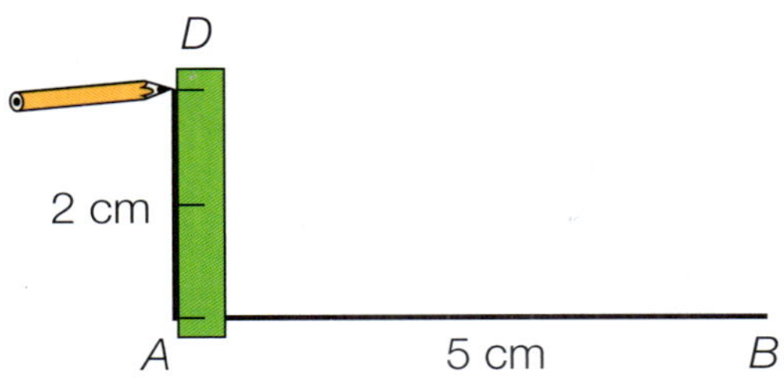

2.º Abre el compás 5 cm, pincha en el punto *D* y traza un arco.

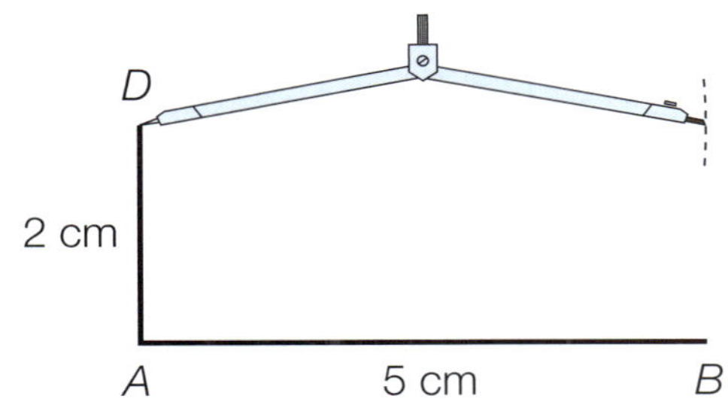

3.º Abre el compás 2 cm, pincha en el punto *B* y traza un arco. Se corta con el arco anterior en el punto *C*.

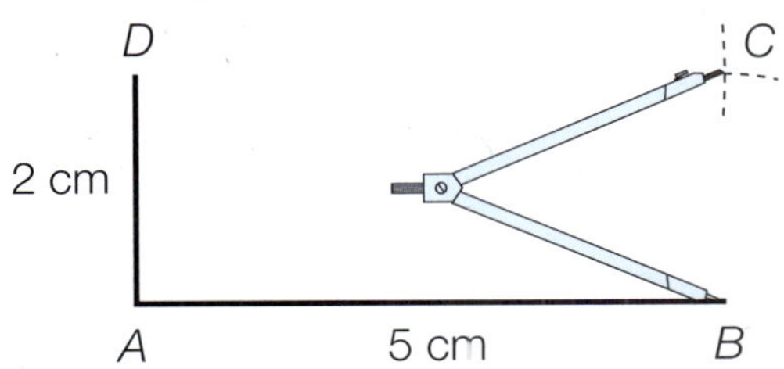

4.º Une los puntos *A* y *B* con *C* para trazar los lados del rectángulo. Después, colorea el interior.

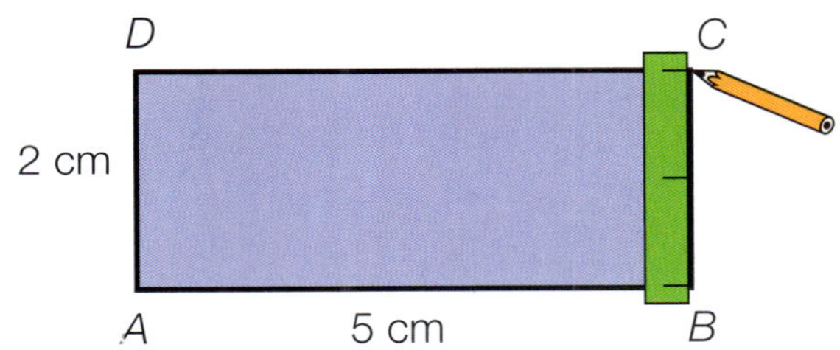

- Dibuja un rectángulo cuyos lados midan 2 cm y 7 cm.
- ¿Cómo dibujarías un cuadrado de 5 cm de lado? Trázalo.

CREATIVIDAD

Piensa y dibuja en una hoja de papel cuadriculado.

- Un rectángulo y traza en él una línea que lo divida en:
  - Un rectángulo y un cuadrado.
  - Dos rectángulos.
  - Dos trapecios.
  - Un triángulo y un trapecio.

Circunferencia y círculo

La **circunferencia** es una línea curva cerrada, y el **círculo** es una figura plana limitada por una circunferencia.

Los elementos de la circunferencia y el círculo son:

- **Centro.** Es el punto que está a igual distancia de cualquier punto de la circunferencia.
- **Radio.** Es el segmento que une el centro con cualquier punto de la circunferencia.
- **Diámetro.** Es el segmento que une dos puntos de la circunferencia y pasa por el centro.
- **Cuerda.** Es el segmento que une dos puntos de la circunferencia.
- **Arco.** Es la parte de circunferencia comprendida entre dos puntos de esta.

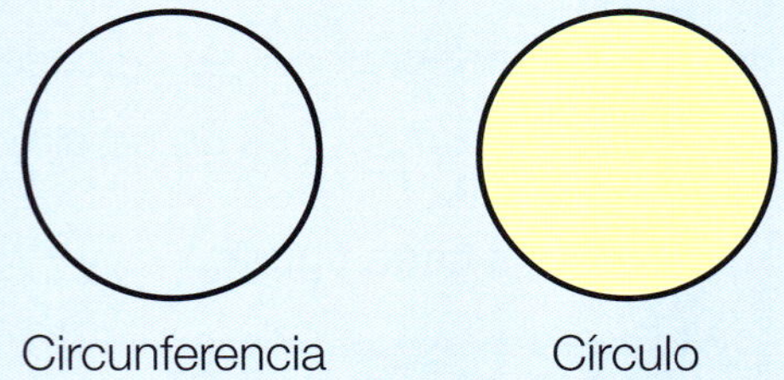

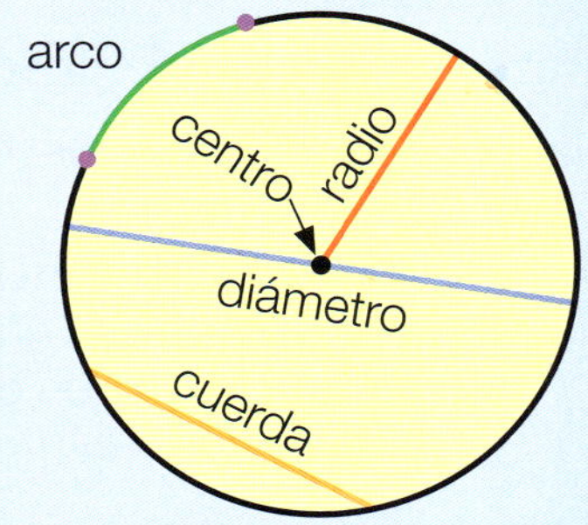

1 Traza una circunferencia de 4 cm de radio y dibuja.

Dos radios. Dos cuerdas. Dos diámetros. Dos arcos.

- ¿Cuánto mide cada radio que has trazado? ¿Miden todos los radios igual?
- ¿Cuánto mide cada diámetro? ¿Miden todos igual?
- ¿Cuánto mide cada cuerda? ¿Miden todas igual?

2 Piensa y contesta. Razona tu respuesta.

- Cualquier diámetro, ¿es una cuerda?
- Cualquier cuerda, ¿es un diámetro?

3 Explica cómo puedes trazar cada figura y dibújala en tu cuaderno.

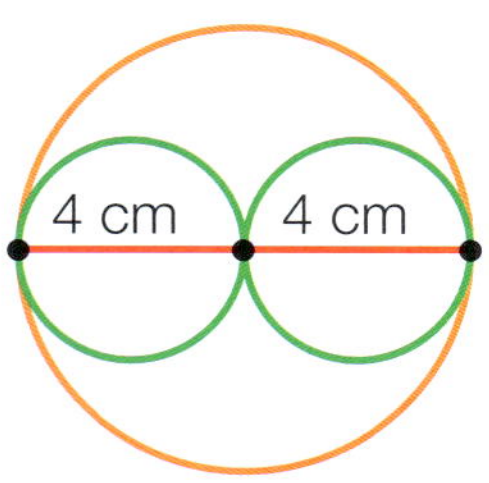

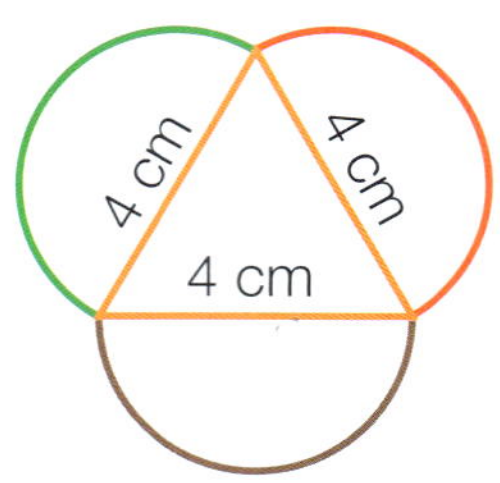

PENSAMIENTO

Observa el dibujo que ha hecho Marta y contesta.

Marta ha dibujado una cuerda y ha coloreado de rojo y morado, respectivamente, los dos arcos que se forman.

¿Qué cuerda tendría que dibujar Marta para que los dos arcos fueran iguales? ¿Sabes cómo se llaman esos arcos?

Posiciones relativas de rectas y circunferencia 4

Una recta puede tener las siguientes posiciones respecto a una circunferencia.

Exterior

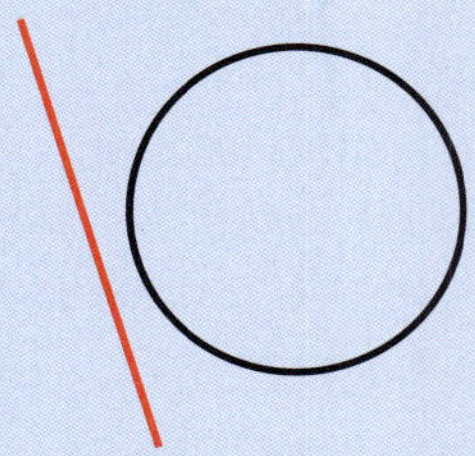

No tienen ningún punto en comun.

Tangente

Tienen un punto en común.

Secante

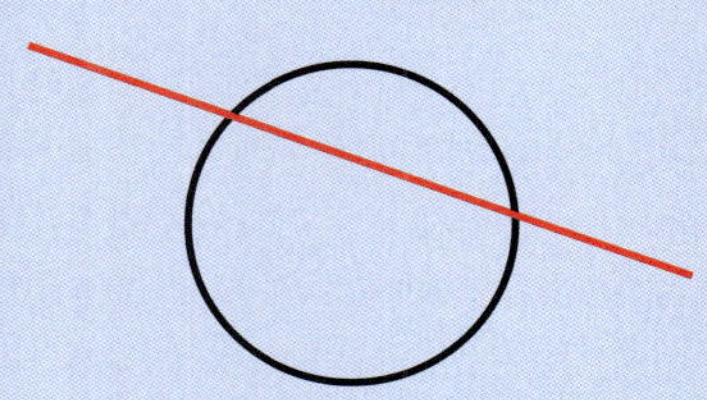

Tienen dos puntos en común.

Una recta es exterior, tangente o secante a una circunferencia.

1 Observa las figuras y completa en tu cuaderno.

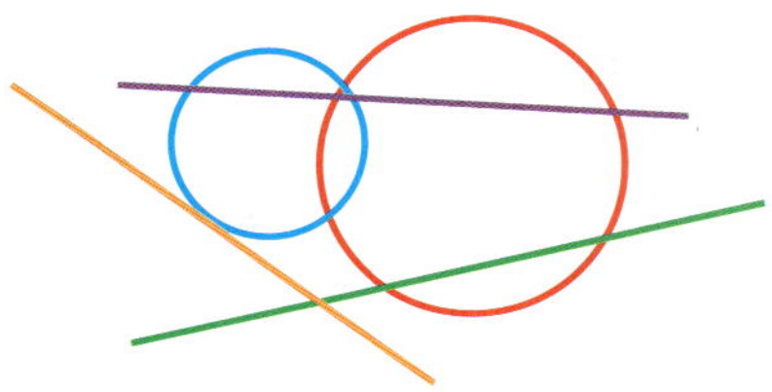

- La recta naranja es … a la circunferencia azul y es … a la circunferencia roja.
- La recta verde es … a la circunferencia … y es … a la circunferencia …
- La recta morada es …

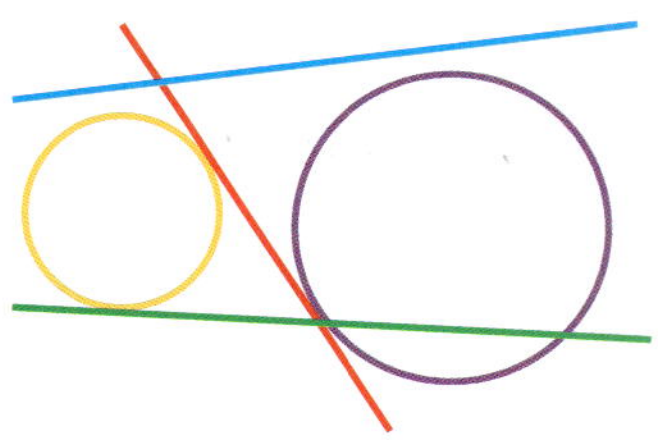

- La recta azul es … a la circunferencia morada y es … a la circunferencia naranja.
- La recta verde es … a la circunferencia … y es … a la circunferencia …
- La recta roja es …

2 Piensa y dibuja.

- Dos circunferencias distintas y una recta que sea tangente a una de ellas y secante a la otra.
- Dos circunferencias distintas y una recta que sea secante a las dos.
- Dos circunferencias iguales y dos rectas paralelas que sean secantes a las dos.
- Dos circunferencias iguales y tres rectas diferentes que sean secantes a las dos.

3 Haz un dibujo utilizando circunferencias y distintas rectas. Después, descríbelo a tu compañero o compañera para que lo reproduzca sin verlo. Usa todas las posiciones que has visto en esta página.

Simetría y traslación

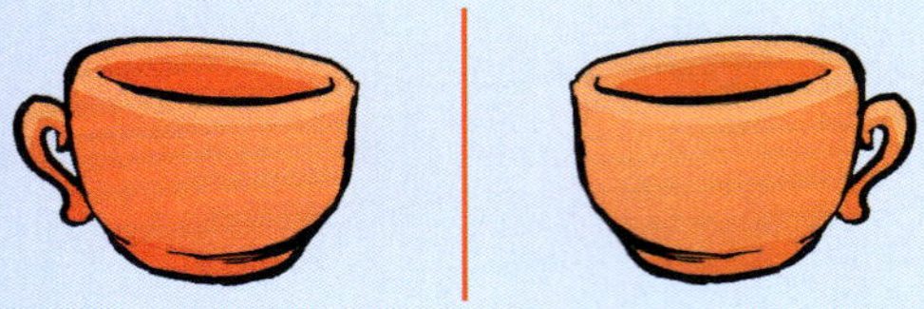

Si doblas por la recta roja, las dos tazas coinciden. Es una **simetría**. La recta roja es el **eje de simetría** y las tazas son simétricas.

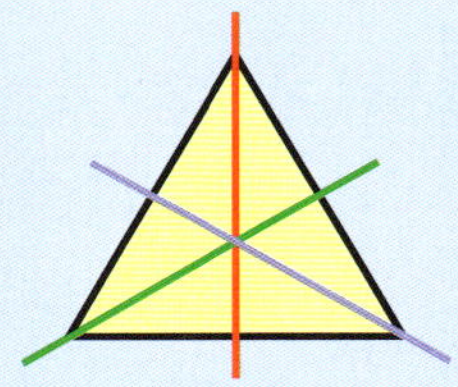

Si doblas por cualquiera de las tres rectas de color, las dos partes de la figura coinciden. Las tres rectas son **ejes de simetría** de la figura.

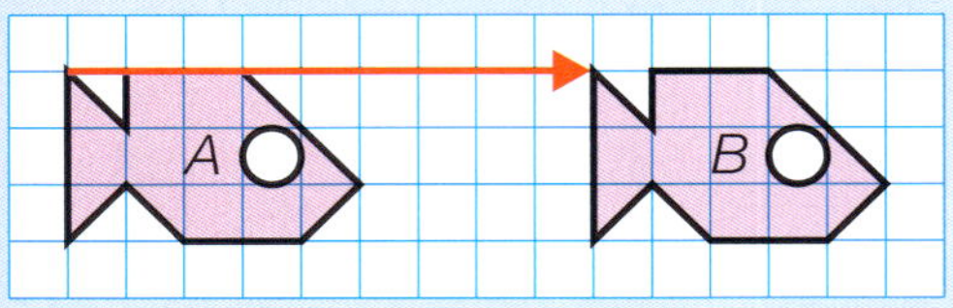

Si mueves la figura *A* 9 cuadritos a la derecha, obtienes la figura *B*. Has hecho una **traslación**.

1 Averigua qué figuras no son simétricas respecto a la recta roja y explica por qué.

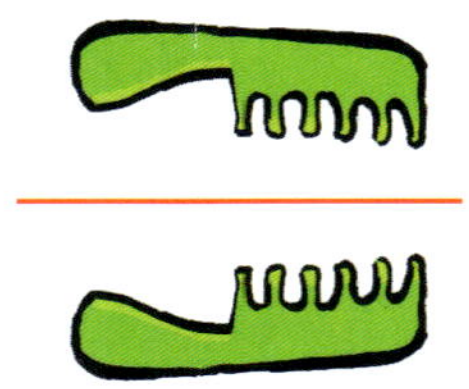

2 Calca las figuras y repasa solamente las rectas que sean ejes de simetría.

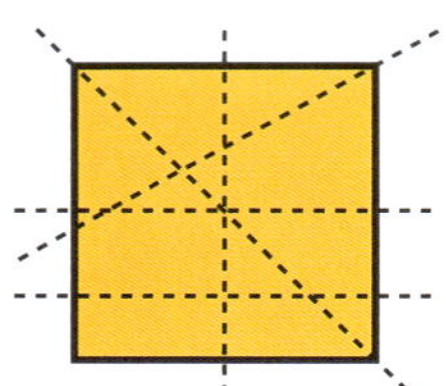

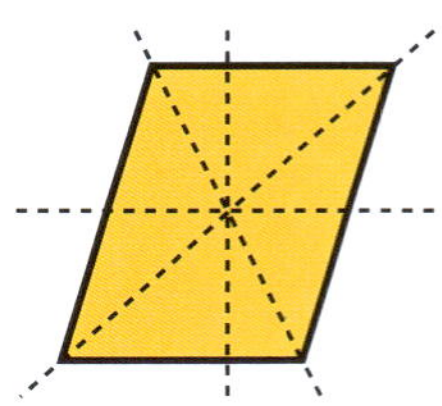

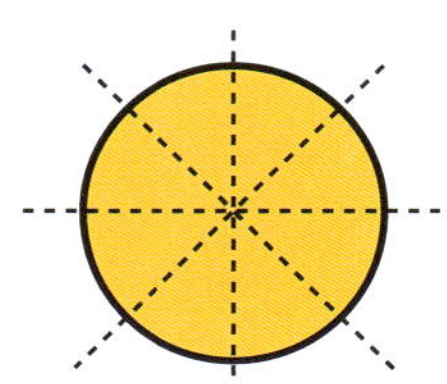

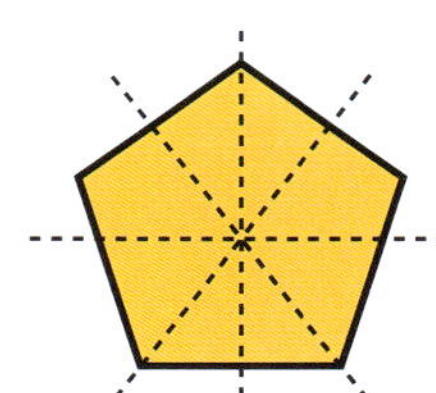

- ¿Cuántos ejes de simetría tiene el romboide?
- ¿Podrías dibujar en el círculo más rectas que sean ejes de simetría?

3 Calca y traza en tu cuaderno.

- La figura simétrica de la figura morada respecto al eje rojo.

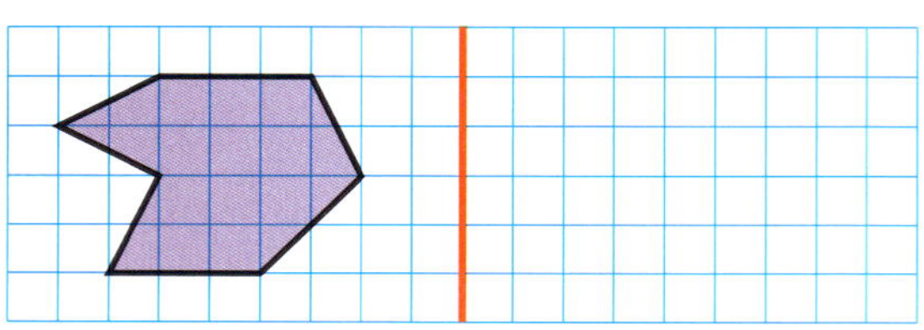

- La figura que se obtiene al trasladar la figura naranja 9 cuadritos a la izquierda.

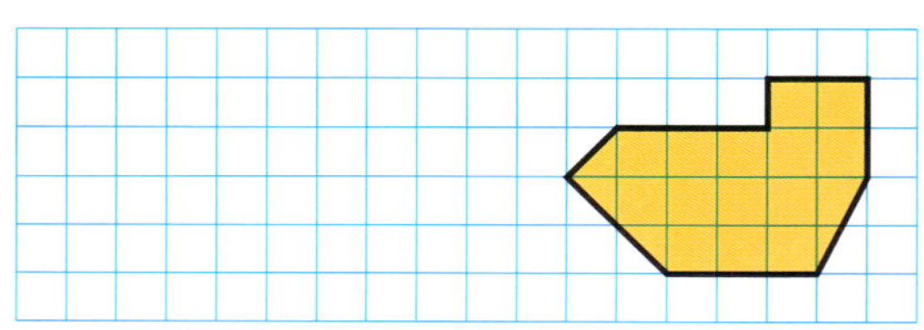

Introducción a la semejanza. Escalas

Silvia tenía en la cuadrícula pequeña la figura verde y la ha reproducido en la cuadrícula grande.

Las dos figuras tienen la misma forma pero distinto tamaño.
Son **figuras semejantes**.

Silvia ha hecho una **semejanza**.

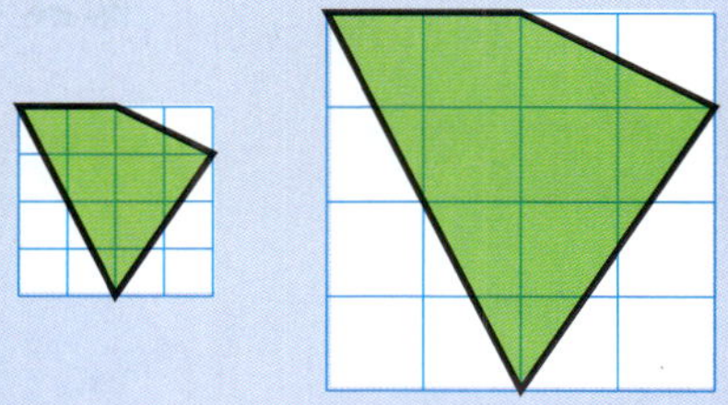

1 Copia las cuadrículas 2 y 3 y reproduce la figura naranja en ellas.

Figura 1

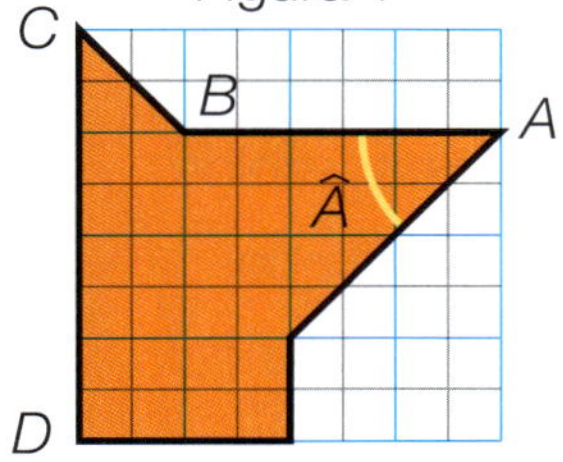

Figura 2

Figura 3

PRESTA ATENCIÓN

Cuando reproducimos una figura con la misma forma y distinto tamaño, decimos que la dibujamos a escala.

2 Mide en cada figura de la actividad 1 y contesta.

- ¿Cuánto mide el segmento *AB* en la figura 1? ¿Y en la figura 2? ¿Qué relación encuentras entre las dos medidas?
- ¿Qué relación encuentras entre las medidas del segmento *CD* en las figuras 1 y 3?
- ¿Cuánto mide el ángulo $\widehat{A}$ en la figura 1? ¿Y en la figura 2? ¿Y en la figura 3? ¿Es igual el ángulo $\widehat{A}$ en las tres figuras?

PENSAMIENTO

Piensa y contesta.

Los dos triángulos de la derecha son semejantes.

- ¿Cuánto medirá el lado mayor del triángulo morado? ¿Cómo lo has hallado? Dibuja un triángulo con esas medidas y comprueba tu respuesta.
- ¿Qué relación hay entre los perímetros de los dos triángulos? ¿Por qué?

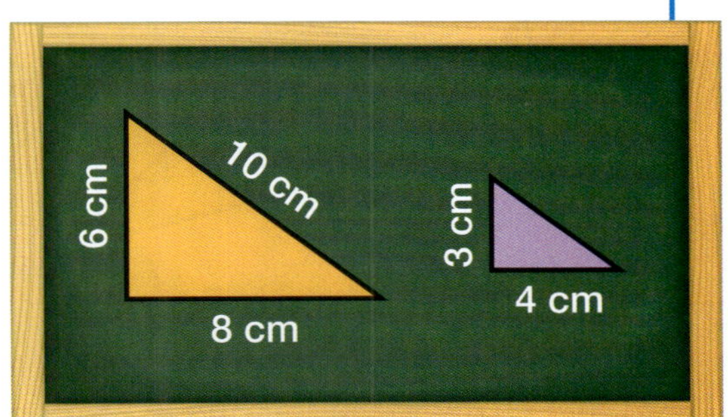

COMPRUEBO MI PROGRESO

1 Escribe el nombre de los elementos coloreados en cada cuerpo.

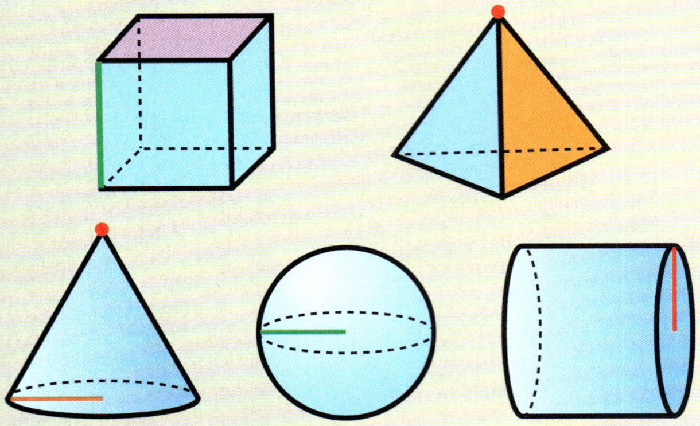

2 Escribe el nombre de cada cuerpo. Después, cuenta el número de elementos indicados y escríbelo.

a)
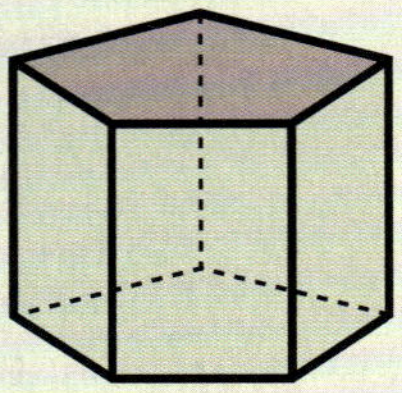
Caras laterales

b)
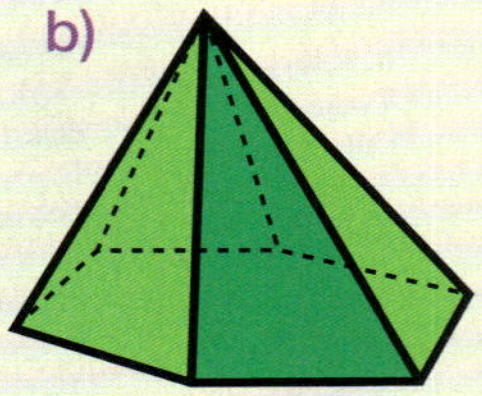
Caras laterales

c)
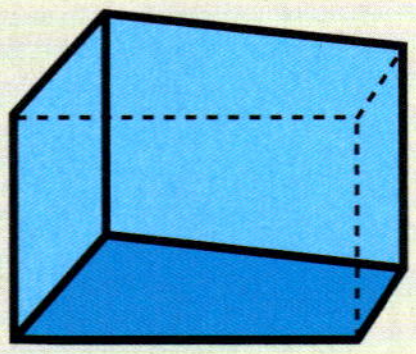
Vértices

d)
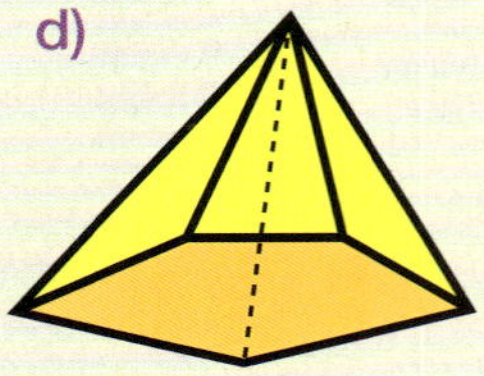
Aristas

3 Clasifica según sus lados y ángulos.

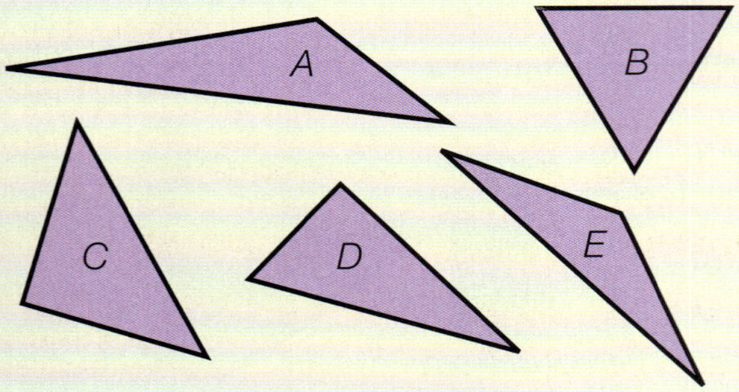

4 Traza un triángulo que tiene un ángulo de 110° y los lados que lo forman miden 5 cm y 6 cm.

5 Clasifica estos cuadriláteros. Después, clasifica los que sean paralelogramos.

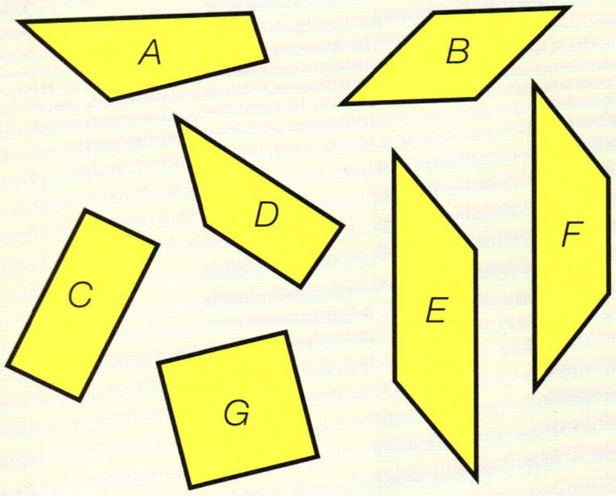

6 Piensa y contesta qué similitud y qué diferencia hay en cada caso.

- Entre un trapecio y un trapezoide.
- Entre un cuadrado y un rombo.
- Entre un cuadrado y un rectángulo.
- Entre un rectángulo y un romboide.

7 Dibuja una circunferencia de 4 cm de radio y marca en ella un radio, un diámetro, una cuerda y un arco.

8 Observa y escribe cómo es cada recta respecto a cada circunferencia.

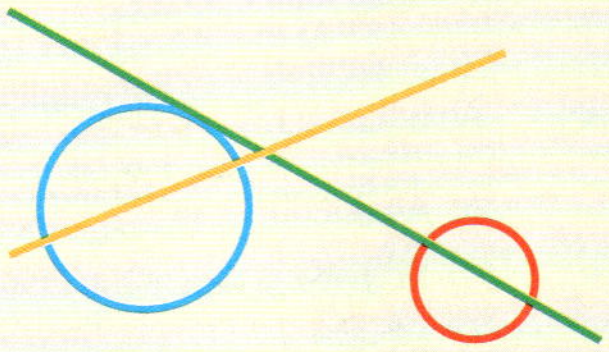

9 Copia y traza la figura simétrica respecto al eje rojo.

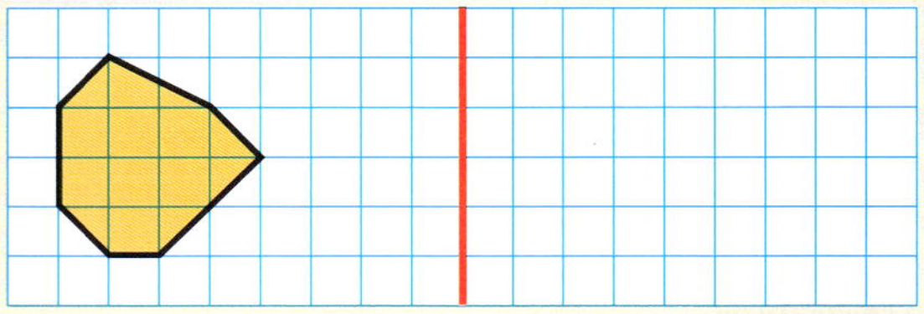

10 Razona qué triángulo es semejante al triángulo rojo.

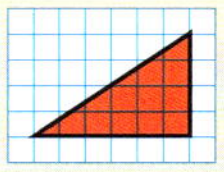

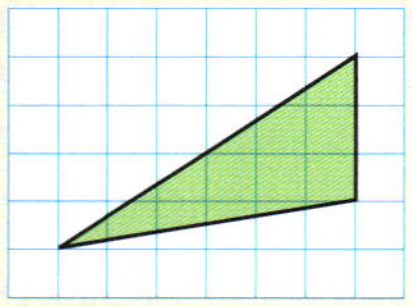

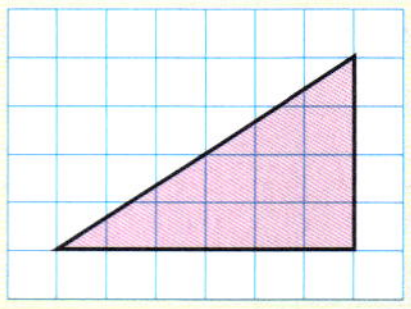

Problemas

11 ¿Con qué figuras puedes construir un cuerpo geométrico? ¿Cuál?

12 Copia esta figura y dibuja otra de igual forma y en la que cada lado sea tres veces más largo.

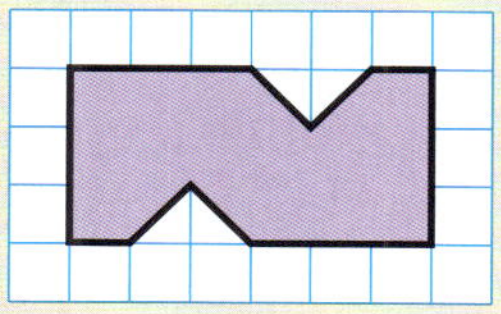

13 Piensa y resuelve.

Mónica ha hecho una fotocopia reducida de un romboide de lados 8 cm y 10 cm. Cada lado en la fotocopia será la mitad del lado original. ¿Cuánto miden los lados en la fotocopia? ¿Qué relación hay entre los perímetros?

14 Observa y contesta.

Los barcos usan banderas para transmitir mensajes. Estas son algunas banderas que representan letras del alfabeto.

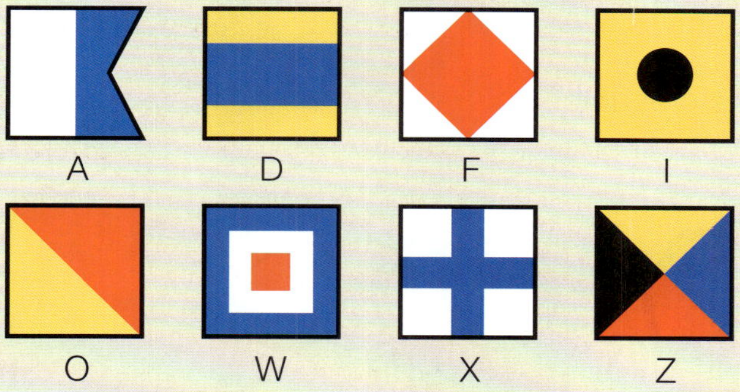

- Describe cada bandera usando términos geométricos (triángulo, rectángulo, paralelogramo…).
- Teniendo en cuenta la forma y los colores, ¿qué banderas tienen algún eje de simetría? ¿Cuántos son? Cópialas en tu cuaderno y dibújalos.
- Diseña una bandera usando figuras planas.

¿CÓMO LO HE HECHO? Responde en tu cuaderno.

- ¿Reconozco los prismas, las pirámides y los cuerpos redondos?
- ¿Identifico las clases de triángulos y cuadriláteros?
- ¿Reconozco los elementos de una circunferencia?
- ¿Sé dibujar una figura simétrica, trasladada y semejante a otra?

Pon una nota a tu trabajo en esta unidad.

SABER HACER

Analizar logotipos

Un ejemplo de que encontramos matemáticas a nuestro alrededor con más frecuencia de la que imaginamos lo tenemos en la publicidad.

Muchas organizaciones y empresas diseñan logotipos que las identifican para poder ser reconocidas con una imagen, y no solo por su nombre.

Aparte de representar a la marca transmitiendo alguna característica que la identifique, lo más importante es buscar la sencillez en el diseño del logotipo para que de ese modo resulte fácil reconocer y recordar la marca.

Por eso, la mayoría de los logotipos están formados por figuras planas o figuras obtenidas a partir de ellas.

En esta página trabajarás con distintos logotipos y aplicarás todo lo que has aprendido en la unidad.

1 Observa estos logotipos y responde a las preguntas.

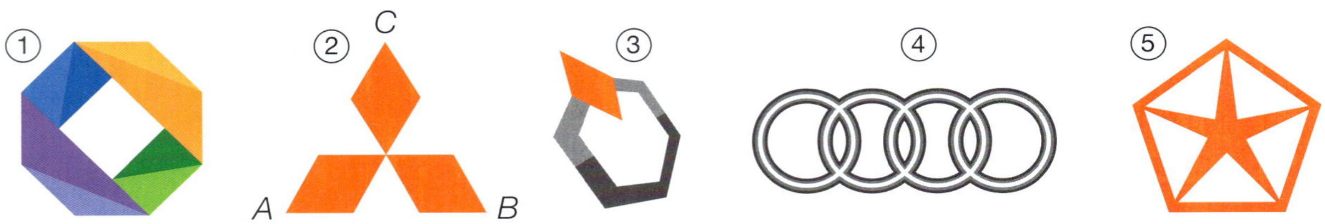

- ¿Qué figuras planas se han utilizado para formar cada logotipo?
- ¿Qué cuadrilátero se ha utilizado para formar el logotipo 2?
- ¿Qué figura se forma al unir los vértices *A*, *B* y *C* de ese logotipo?

2 ¿Es simétrico el logotipo 3? ¿Y el 4? En caso afirmativo, calca en tu cuaderno y traza dos ejes de simetría.

3 Describe el logotipo de la derecha fijándote en las figuras rosas que lo forman y clasificando cada una de ellas. Averigua en qué acontecimiento deportivo se utilizó.

4 Dibuja con tu compañero o compañera un logotipo formado por figuras geométricas que represente a vuestro colegio. ¿Con qué figuras lo habéis construido?

Juega con los polígonos

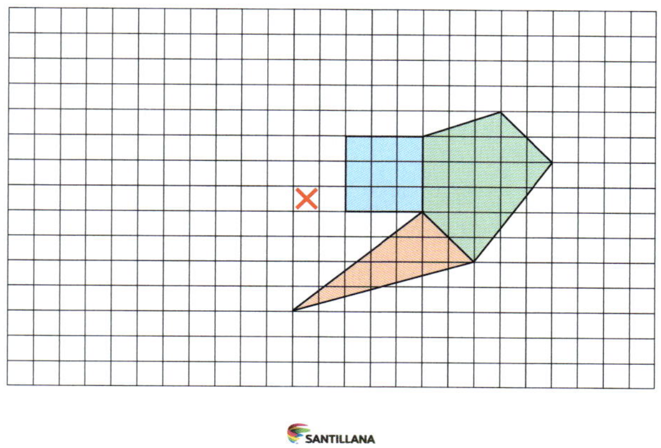

Material: Tablero cuadriculado, un dado y un rotulador.

Número de jugadores: 4

Reglas del juego:

Se marca una cruz en cualquiera de los cuadraditos centrales del tablero.

Por turnos, cada participante tira el dado. Si le sale:

- 1 o 2, pasa el turno al otro jugador o jugadora.
- Otro número, dibuja sobre el tablero un polígono de los lados que indique el dado.

Al dibujar el polígono hay que tener en cuenta que:

- Los vértices deben coincidir con alguno de los vértices de la cuadrícula.
- Tendrá al menos un lado en común con alguno de los polígonos que ya están en el tablero.
- No podrá superponerse con ningún polígono anterior.

Ganador: Pierde el jugador o jugadora que no puede dibujar por falta de espacio o cuyo polígono toca el cuadro marcado con la cruz.

1 ¿Cuántos lados podrá tener, como máximo, la figura que se forma juntando los polígonos de todos los jugadores al finalizar la primera ronda? ¿Y como mínimo?

Retos matemáticos

Pintando un cubo

¿Cuál es el mínimo número de colores necesario para pintar las caras de un cubo de forma que dos caras contiguas no tengan el mismo color?

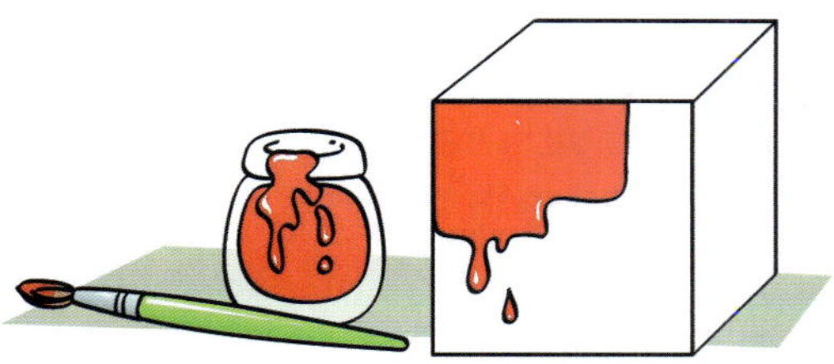

El mayor producto

Utilizando las cifras 1, 2, 3, 4, 5 y 6, y sin repetirlas, escribe dos números de tres cifras cuyo producto sea lo mayor posible.

Solución de problemas

Completar enunciados

Completa este problema.

Un camión transporta 75 ▢ de refrescos que contienen ▢ botellas cada una y ▢ cajas con 8 ▢ cada una. Deja ▢ cajas grandes y 12 cajas ▢ en una tienda. ¿Cuántas ▢ quedan en el camión?

▶ Para poder completar bien el problema es necesario leerlo entero algunas veces. Hay huecos que tienen varias respuestas posibles.
Este es uno de los posibles problemas:

Un camión transporta 75 cajas de refrescos que contienen 15 botellas cada una y 20 cajas con 8 botellas cada una. Deja 40 cajas grandes y 12 cajas pequeñas en una tienda. ¿Cuántas botellas quedan en el camión?

Completa tú el problema de otra forma y resuélvelo.

Completa en tu cuaderno cada problema y resuélvelo.

1. Un atleta para entrenar corre cada día 12 ▢ por la mañana y ▢ kilómetros por la tarde. Esta semana ha decidido entrenar más y correr ▢ kilómetros por la mañana y 6 ▢ por la tarde. Ha corrido todos los días menos el ▢. ¿Cuántos ▢ ha recorrido en total esta semana por las ▢ más que por las ▢?

2. Un veterinario atendió ayer a 20 mascotas. ▢ décimo de ellas fueron tortugas y ▢ décimos fueron gatos. La mayor parte de las mascotas, ▢ décimos, fueron perros y el resto pájaros. ¿Qué ▢ de las mascotas fueron pájaros? ¿A cuántas ▢ de cada tipo atendió?

3. Pilar y Laura partieron una pizza en 7 trozos iguales. Pilar comió 3 ▢ de la pizza y Laura comió el resto, un trozo más que Pilar. La pizza les costó 14 ▢. ¿Qué parte comió ▢? ¿Cuántos ▢ costó la parte que comió cada una?

REPASO ACUMULATIVO

1 Escribe con cifras. Después, ordena los números de mayor a menor.

- Tres millones ciento dos mil veinte.
- Ciento quince millones cuatrocientos noventa mil seiscientos tres.
- Quince millones doscientos mil dos.
- Trescientos millones cinco mil setecientos cuarenta y ocho.

2 Escribe con letras.

- 8.016.401
- 40.070.637
- 290.470.060
- 9.208.013
- 39.145.970
- 600.070.001

3 Aproxima.

- A las centenas de millar: 946.715, 12.989.741, 38.474.120.
- A las unidades de millón: 8.900.125, 39.078.456, 74.888.111.

4 Calcula.

- $14 - 9 + 3$
- $6 \times (8 - 5)$
- $(12 : 4) \times 3$
- $3 \times (6 - 4) + 1$
- $12 + 7 + 2 \times 4$
- $7 + 20 - 9 \times 3$
- $6 \times 7 - 2 \times 4$
- $8 - (1 + 5)$
- $(9 - 3) - (3 - 1)$
- $7 - 2 \times 6 : 3$

5 Halla.

- Los diez primeros múltiplos de 8.
- Los divisores de 30 y de 42.

6 Piensa y contesta. Pon ejemplos para justificar tu respuesta.

- Un número, ¿puede ser múltiplo de 3 y divisible por 5?
- Un número, ¿puede ser múltiplo de 5 y divisor de 5?
- Un número, ¿puede ser primo y múltiplo de 3?

Problemas

7 En el colegio están reciclando.

¿Cuántos objetos han recogido aproximadamente?

8 En un juego, Tona consiguió 160 puntos, María el doble que ella y Juana 49 puntos más que María. ¿Cuántos puntos consiguieron en total?

9 Una furgoneta lleva 49 cajas con 15 paquetes de 8 zumos cada una. Reparte 27 cajas. ¿Cuántos zumos reparte? ¿Cuántos paquetes quedan en la furgoneta?

10 En una tienda han pagado 603 € por 9 pantalones iguales. Cada pantalón lo venderán 21 € más caro. ¿Qué beneficio obtendrán si venden todos los pantalones menos uno?

11 Rosa quiere repartir 36 pasteles en bandejas, de forma que haya el mismo número de pasteles en cada una y no sobre ninguno. ¿De cuántas formas puede hacerlo?

12 En una fábrica de harina han recibido hoy 264.000 kg de trigo traídos en camiones. Por la mañana llegaron 15 camiones, por la tarde 6 camiones y por la noche 4 camiones menos que por la mañana. ¿Cuántos kilogramos de trigo transportó cada camión si todos llevaban la misma cantidad? ¿Cuántos kilogramos llegaron por la mañana más que por la noche?

COOPERAMOS

Números y polígonos con bombones

1. Organizad la clase en grupos de cuatro personas.
2. Preparad una hoja de papel cuadriculado que compartiréis. Escribid vuestro nombre en la parte superior, cada miembro de un color diferente. Necesitaréis también un lápiz y una regla.

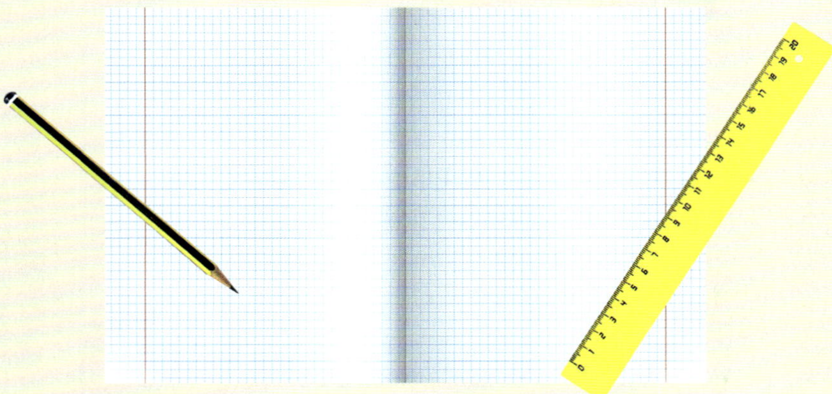

3. Observad esta imagen y el texto que la acompaña. Haced una puesta en común de la situación para comprobar que lo habéis entendido correctamente.

Imaginad que llegáis a una fiesta con unos minutos de adelanto.

¡Llegar temprano a las citas es signo de buena educación!

Os encontráis sobre la mesa esta caja de bombones abierta. Decidís esperar a que llegue todo el mundo para probarlos. Observando la caja, empezáis a pensar en matemáticas…

4. Por turnos, realizad los ejercicios de la página siguiente.
   - El compañero o compañera que realice el primer ejercicio anotará el número 1 con el color escogido para su nombre y leerá en voz alta el enunciado.
   - Propondrá al equipo una estrategia de resolución y la llevará a cabo si a todos les parece adecuada.
   - El resto del equipo supervisará la realización del ejercicio y harán sus propuestas.

   Al terminar la actividad, el folio pasará al siguiente miembro del equipo hasta terminar los ejercicios.

EJERCICIOS

1. ¿Cómo podrías expresar el número de bombones que hay en la caja en forma de potencia?

2. Los bombones se han repartido entre un grupo de chicas y chicos. No ha quedado ninguno en la caja, y todos han recibido el mismo número de bombones. ¿Cuántas personas pueden formar el grupo? ¿Hay más de una solución? ¿Cuántos bombones recibirán en cada caso?

3. Representa en la hoja de cuadritos los espacios en los que están los bombones. Considera que en cada cuadrito de tu hoja hay colocado un bombón, y cuenta el número de filas y columnas que tiene la caja. Señala un punto en el centro de cada cuadrito.

   Después, utiliza colores diferentes para trazar dos tipos de triángulos y tres tipos de cuadriláteros. Los vértices de estos polígonos tienen que ser alguno de los puntos que has señalado en los cuadritos. Escribe sus nombres.

   ¿Qué tipos de triángulos faltan? ¿Cuáles son sus características?

4. Vuelve a dibujar la cuadrícula que has dibujado en el ejercicio anterior. Numera ordenadamente los bombones, escribe un número del 1 al 36 en cada cuadrito.

   Después, colorea cada cuadrito como indica la nota de la derecha.

   ¿Cuántos bombones están rellenos de frutos secos?

Bombones con números primos
Rellenos de frutos secos
Color azul

Bombones con números compuestos
Rellenos de mermelada
Color rojo

5. **TIEMPO PARA HABLAR.** Al finalizar los ejercicios, observad el folio y comentad las dificultades con las que os habéis encontrado. Comentad con el resto de equipos la resolución de cada actividad y corregid los posibles errores.

¿CÓMO LO HEMOS HECHO?

Responde en tu cuaderno.

- ¿Nos hemos sentido ayudados por los demás?
- ¿Hemos colaborado con respeto y tolerancia?
- ¿Hemos realizado las tareas de modo ágil y a tiempo?

Piensa. Di si ha ido mal, regular, bien o muy bien.

1 Descompón cada número y escribe cómo se lee.

- 3.725.090
- 36.489.900
- 234.008.120
- 7.051.006
- 90.450.721
- 701.030.050

2 Escribe con cifras.

- Siete millones trescientos cuarenta y ocho mil setecientos cincuenta y nueve.
- Ochenta y tres millones veintisiete mil cuatrocientos.
- Setenta millones ciento ochenta mil cincuenta y cuatro.
- Cuatrocientos doce millones doscientos quince mil ochenta y tres.

3 Escribe con números romanos.

- 45
- 69
- 145
- 540
- 1.670
- 3.210

4 Calcula.

- 2.345 × 631
- 1.329 × 680
- 5^3
- 9 : 3 − 2 + 3
- 62.977 : 512
- 70.922 : 394
- 7^2
- 15 : 5 + 3 × 2
- 5 × (3 + 6)
- 7 × 4 + 3 × 6
- 14 − 4 × (8 − 5)
- (8 − 2) : 2 − 1
- (8 + 4) × 7
- 8 + 2 − 5 − 3
- 6 × (10 − 8) − 9
- (4 + 8) : 4 − 3
- 9 × (11 − 5)
- 9 − 2 × 4 − 1
- (7 − 4) × 5 − 6
- (10 − 4) − 4 : 2
- (7 − 2) × 6
- 9 − 6 : 3 + 2
- (9 − 3) : 6 + 7
- 14 : 7 × 2 − (6 − 2)

5 Estima las siguientes operaciones.

- 4.258 + 3.199
- 8.825 − 3.444
- 67 × 4
- 3.725 + 694
- 6.714 − 598
- 136 × 7
- 6.701 + 87
- 3.317 − 62
- 594 × 6

6 Inventa y escribe una suma y una resta cuya estimación a los millares sea 5.000.

7 Copia los números en tu cuaderno y rodea.

- Los números divisibles por 2.
- Los números divisibles por 3.
- Los números divisibles por 5.

8 Clasifica cada figura.

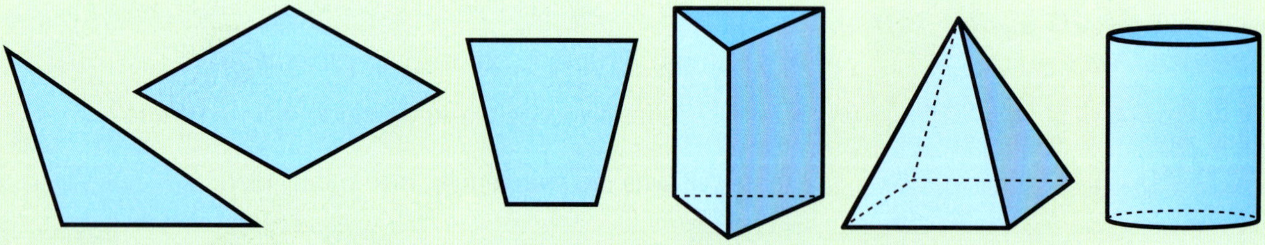

Problemas

9 Resuelve.

- En una encuesta hecha a 1.500 personas sobre su destino de vacaciones preferido, la mitad eligió la montaña, un tercio la playa y el resto el campo. ¿Cuántas personas eligieron cada destino?
- Un nogal produjo 677 kg de nueces. Se desecharon 47 kg por tener defectos y, del resto, la mitad se envasó en bolsas de 15 kg cada una.
  - ¿Cuántas bolsas de nueces se obtuvieron?
  - ¿Cuántos kilos de nueces de los producidos por el nogal no se envasaron?
- En una fábrica de dulces se trabaja los 365 días del año. El año pasado se produjeron en ella 27.375 bollos de chocolate, 32.120 de crema y 21.535 bizcochos. ¿Cuántos dulces produjo la fábrica cada día si su producción es todos los días la misma?
- Una tienda ha vendido 328 rotuladores de 4 € y 1.674 bolígrafos de 2 €. ¿Cuánto han recaudado por cada artículo aproximadamente? ¿Cuánto han recaudado aproximadamente por la venta en total?
- Pedro tiene 6 años; su hermana, el doble que él, y su madre el doble de la suma de los años de los dos. ¿Cuántos años tiene la madre de Pedro más que él?
- A una competición deportiva se han apuntado 52 chicos y chicas. Se quiere hacer grupos con el mismo número de participantes sin que sobre ninguno.
  - ¿De cuántas personas pueden ser los grupos?
  - ¿De cuántas personas tienen que ser los grupos si deciden que tienen que tener más de 5 participantes cada grupo y que tiene que haber más de un grupo? ¿Cuántos grupos se podrían formar?
  - Responde a las preguntas anteriores si se hubieran apuntado 2 personas menos.

10 **Inventa problemas que se resuelvan con las operaciones que se indican. Después, resuélvelos.**

- Suma y resta.
- Suma y multiplicación.
- Suma y división.
- Resta y división.

Antes de empezar

Cálculo mental

Suma 99, 199, 299...

+ 199

457 → 657 → 656

+ 200   − 1

364 + 99	746 + 299
527 + 499	832 + 899

Suma 98, 97, 96...

+ 98

325 → 425 → 423

+ 100   − 2

458 + 97	539 + 96
724 + 96	943 + 98

Resta 99, 199, 299...

− 299

517 → 217 → 218

− 300   + 1

365 − 99	482 − 199
514 − 399	627 − 599

Resta 98, 97, 96...

− 97

362 → 262 → 265

− 100   + 3

165 − 98	231 − 97
573 − 96	792 − 98

Un número, varias sumas y varias restas

Escribe el número 384 como el resultado de:

- Una suma en la que uno de los sumandos es 97.
- Una resta en la que el sustraendo es 98.

Pequeños problemas

Calcula mentalmente

1. En una tienda de ropa, esta mañana han vendido prendas por valor de 346 €, y por la tarde por 199 €. ¿Cuánto han recaudado hoy?
2. En un colegio de Infantil y Primaria hay 245 alumnos y alumnas. De ellos, 98 son de Infantil. ¿Cuántos alumnos y alumnas hay en Primaria?
3. En una viña se recogieron ayer 468 kg de uvas. Hoy se han recogido 399 kg. ¿Cuántos kilos de uvas se han recogido entre los dos días?

¿Qué sabes ya?

Interpretación de fracciones

Observa la parte roja de cada figura.

 ▶ $\frac{4}{9}$

 ▶ $\frac{3}{8}$

1 Escribe la fracción que representa la parte de figura de cada color.

2 Copia en tu cuaderno cada figura y colorea la fracción indicada.

$\frac{3}{4}$ ▶ 

$\frac{5}{6}$ ▶ 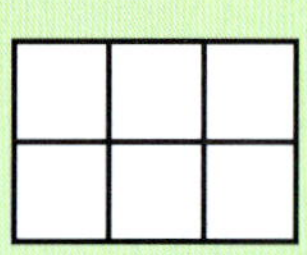

Lectura de fracciones

$\frac{1}{2}$ ▶ un medio $\frac{2}{3}$ ▶ dos tercios $\frac{3}{4}$ ▶ tres cuartos

$\frac{3}{5}$ ▶ tres quintos $\frac{6}{7}$ ▶ seis séptimos

$\frac{5}{8}$ ▶ cinco octavos $\frac{7}{10}$ ▶ siete décimos

3 Escribe cómo se lee cada fracción.

- $\frac{1}{4}$
- $\frac{2}{5}$
- $\frac{4}{6}$
- $\frac{3}{8}$
- $\frac{7}{9}$
- $\frac{8}{10}$

4 Escribe con cifras.

- Un tercio.
- Cuatro séptimos.
- Dos décimos.

5 Fracciones. Comparación de fracciones

Tiempo para leer

El dióxido de carbono es un gas que retiene el calor que el Sol proyecta sobre la Tierra manteniendo la temperatura de nuestro planeta. Antes, los bosques, las selvas y, en general, las plantas regulaban de forma óptima la cantidad de ese gas en la atmósfera, eliminando parte de él con la fotosíntesis.

Sin embargo, en los últimos años, se está produciendo una acumulación excesiva de este gas, lo que provoca un sobrecalentamiento de la Tierra y puede producir el deshielo de los polos, el aumento del nivel del mar, el crecimiento de las zonas desérticas…

Por esto, la labor de las plantas para evitar esa acumulación es vital. No podríamos sobrevivir sin ellas.

Tiempo para hablar

- Se cree que en el siglo XIX el dióxido de carbono en la atmósfera no superaba las 280 ppm (partes por millón), es decir, la fracción de dióxido en la atmósfera era $\frac{280}{1.000.000}$. De cada millón de litros de aire, 280 eran de dióxido de carbono. ¿Cuál es el numerador de esa fracción? ¿Y el denominador?
- En la actualidad, la fracción que representa el dióxido de carbono en la atmósfera es $\frac{380}{1.000.000}$. ¿Qué significa esta fracción?
- ¿Qué término tienen en común estas dos fracciones? ¿Cuál de las dos fracciones crees que es mayor? ¿Por qué?

Fracciones

Silvia va a servir la tarta de cumpleaños.
La ha partido en 15 partes iguales.
Fíjate en que 9 de esas partes tienen fresas.
¿Qué fracción de la tarta tiene fresas?

9 partes de 15 partes iguales ▶ $\frac{9}{15}$

Tienen fresas $\frac{9}{15}$ de la tarta.

Recuerda cómo se llaman y qué significan los dos términos de una fracción.

$\frac{9}{15}$ ← numerador / ← denominador

- **Denominador:** partes iguales en las que se divide la unidad. La tarta está dividida en 15 partes iguales.
- **Numerador:** partes iguales que se toman de la unidad. Tienen fresas 9 de esas partes.

Observa que el denominador de la fracción es mayor que 10.
Para leer fracciones con el denominador mayor que 10, se lee el número del numerador y, después, el número del denominador añadiéndole la terminación *-avos*.

$\frac{9}{15}$ ▶ nueve quinceavos

1 Escribe la fracción que expresa la parte coloreada de cada figura y cómo se lee. Después, contesta.

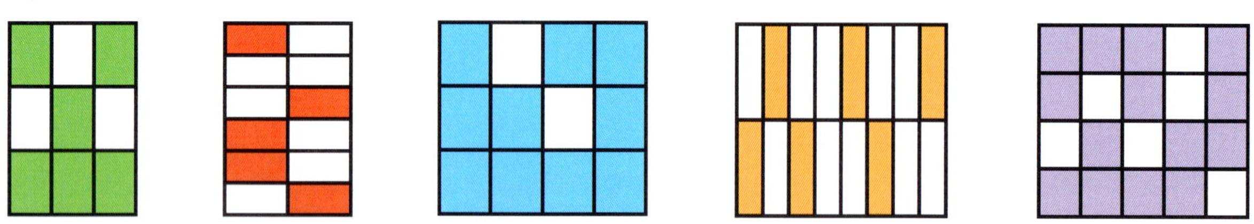

- ¿Qué fracciones tienen el mismo numerador? ¿Y el mismo denominador?

2 Escribe con cifras en tu cuaderno las siguientes fracciones.

- Cuatro octavos.
- Diez catorceavos.
- Dos quintos.
- Seis décimos.
- Dos veinticincoavos.
- Un treceavo.
- Nueve doceavos.
- Quince treintaiseisavos.
- Doce ochentaidosavos.

3 Escribe cómo se lee cada fracción.

- $\frac{5}{6}$ - $\frac{4}{9}$ - $\frac{7}{11}$ - $\frac{8}{15}$ - $\frac{10}{17}$ - $\frac{6}{20}$ - $\frac{14}{28}$ - $\frac{23}{32}$

4 Escribe en cada caso dos fracciones.
Después, escribe cómo se leen.

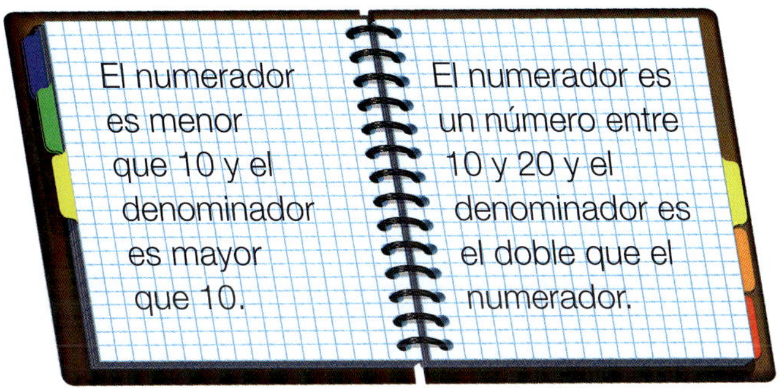

5 Escribe en tu cuaderno qué fracción de la figura está pintada de cada color. Después, piensa y contesta.

- ¿Qué término coincide en las cuatro fracciones? ¿Por qué?
- ¿Con qué número coincide la suma de los numeradores? ¿Por qué?

6 Copia en tu cuaderno, colorea y contesta.

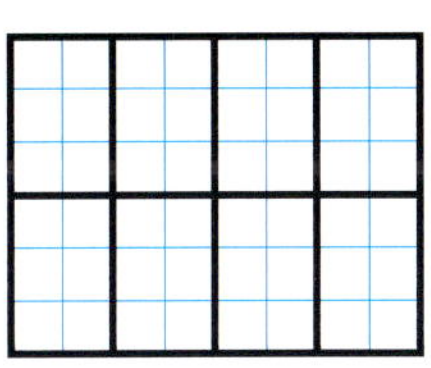

$\frac{3}{8}$ de la figura son rojos,
$\frac{4}{8}$ son azules y el resto es verde.

- ¿Qué fracción de la figura es verde?

RETO

Teresa ha comido los $\frac{3}{5}$ de un bollo. ¿Qué fracción representa el bollo entero? ¿Qué fracción le ha sobrado?

PENSAMIENTO

Observa las figuras y contesta.

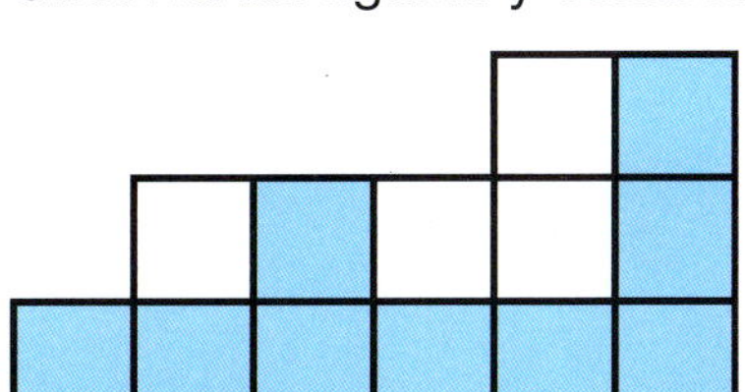

- ¿Qué fracción de la figura está coloreada en cada caso?
- ¿Cómo has calculado la fracción en la figura azul? ¿Y en la figura roja?

Comparación de fracciones con la unidad

Carmela vende empanadas en porciones. Cada empanada la parte en 6 partes iguales, es decir, en 6 sextos.

Fíjate en cuánta empanada tiene de cada tipo.

Bonito

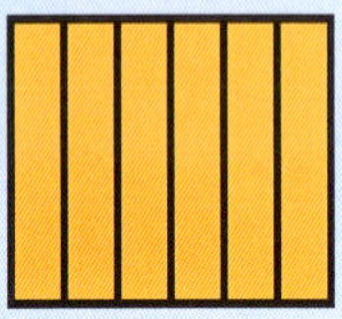

$\frac{6}{6} = 1$

Tiene 1 empanada.

$\frac{6}{6} = 1$ porque $6 = 6$

Carne

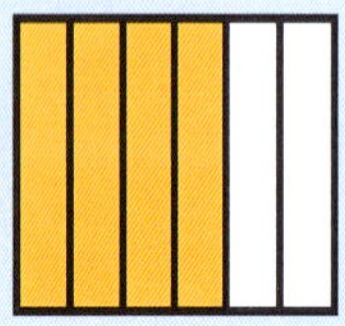

$\frac{4}{6} < 1$

Tiene menos de 1 empanada.

$\frac{4}{6} < 1$ porque $4 < 6$

Verdura

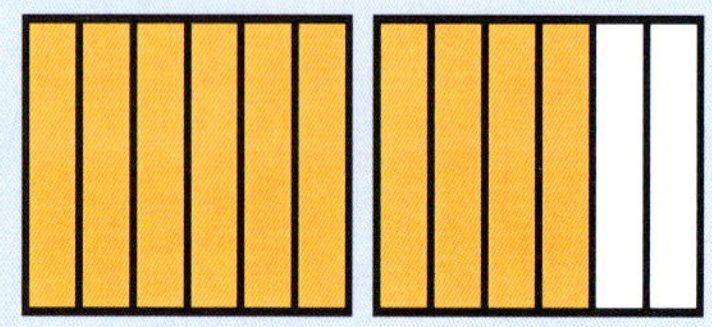

$\frac{10}{6} > 1$

Tiene más de 1 empanada.

$\frac{10}{6} > 1$ porque $10 > 6$

- Una fracción es igual a la unidad si su numerador y su denominador son iguales.
- Una fracción es menor que la unidad si el numerador es menor que el denominador.
- Una fracción es mayor que la unidad si el numerador es mayor que el denominador.

1 Escribe en tu cuaderno la fracción coloreada en cada figura y compárala con la unidad.

… ◯ 1 porque …

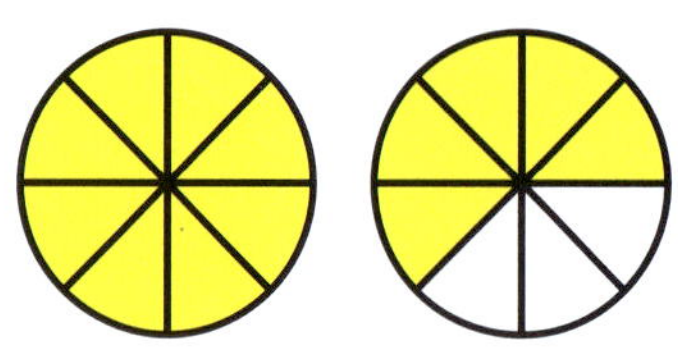

… ◯ 1 porque …

… ◯ 1 porque …

2 Calca la figura en tu cuaderno y representa cada fracción. Después, compárala con la unidad.

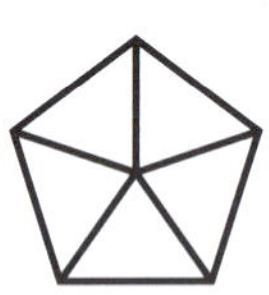

- $\frac{3}{5}$
- $\frac{9}{5}$
- $\frac{5}{5}$
- $\frac{4}{5}$

3 Compara y escribe el signo correspondiente.

$\frac{3}{7}$ ◯ 1 $\frac{6}{5}$ ◯ 1 $\frac{9}{9}$ ◯ 1 $\frac{9}{15}$ ◯ 1 $\frac{11}{11}$ ◯ 1 $\frac{13}{10}$ ◯ 1 $\frac{24}{24}$ ◯ 1

4 Copia y completa en cada fracción el número que falta para que la desigualdad sea cierta.

- $\frac{2}{\square} < 1$
- $\frac{8}{\square} > 1$
- $\frac{7}{\square} = 1$
- $\frac{\square}{6} < 1$
- $\frac{\square}{10} > 1$

5 Lee y aprende. Después, copia las fracciones y clasifícalas.

APRENDE

Una **fracción** es **propia** si es menor que la unidad.

Una **fracción** es **impropia** si es mayor que la unidad.

$\frac{7}{7}$ $\frac{3}{10}$ $\frac{9}{2}$ $\frac{4}{9}$ $\frac{6}{8}$ $\frac{10}{3}$ $\frac{11}{11}$ $\frac{5}{4}$ $\frac{9}{9}$

6 Relaciona cada frase con su dibujo.

A. Seis sextos de tarta es una tarta.

B. Siete sextos de tarta son una tarta y un sexto de tarta.

C. Doce sextos de tarta son dos tartas.

D. Ocho sextos de tarta son una tarta y dos sextos de tarta.

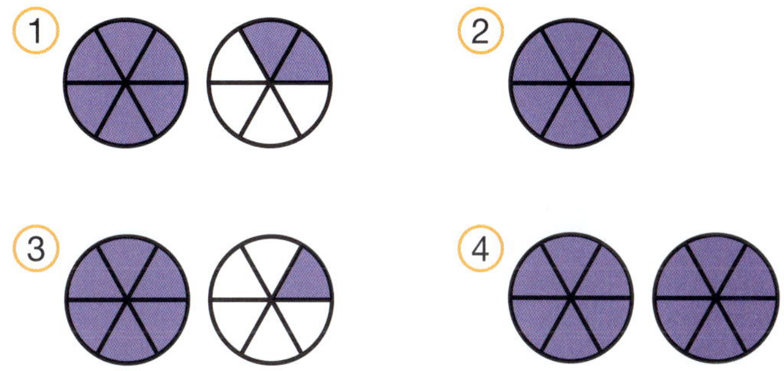

7 Escribe la fracción asociada y compárala con la unidad.

EJEMPLO

Marta ha pintado dos quintos de una pared. ▶ $\frac{2}{5} < 1$

- Laura ha comido los tres cuartos de su bocadillo.
- Sonia ha hecho zumo con cinco medias naranjas.
- Pedro ha llenado las ocho partes de su caja de minerales.
- Angie ha puesto los cinco sextos de las piezas de un puzle.

Problemas

8 Resuelve.

Lucía, Jaime y Andrea han comprado 2 chocolatinas para cada uno. Cada chocolatina está dividida en 10 partes iguales. Lucía se ha comido siete décimos, Jaime diez décimos y Andrea doce décimos.

- ¿Quién ha comido más chocolatina? ¿Y menos?
- ¿Quién ha comido más de una chocolatina?
- ¿Quién ha comido una chocolatina? ¿Y menos de una?

PENSAMIENTO

Lee y contesta.

Begoña y su hermana Alba tienen cada una un vaso de leche. Begoña dice que ha bebido tres cuartos de su vaso y Alba dice que ha bebido cinco cuartos del suyo. ¿Quién se equivoca? ¿Por qué?

Comparación de fracciones

Observa en cada pareja la fracción que representa la parte coloreada.

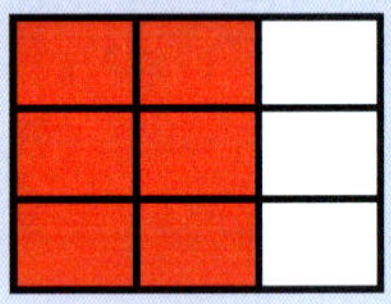

$\frac{6}{9}$

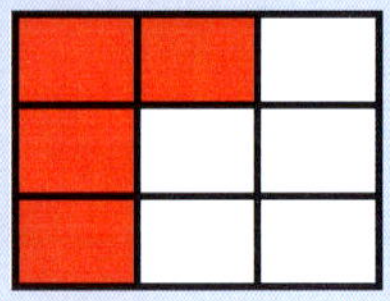

$\frac{4}{9}$

Tiene más parte coloreada la primera figura.

$$\frac{6}{9} > \frac{4}{9}$$

Fíjate:

- 9 = 9 ▶ Los denominadores son iguales.
- 6 > 4 ▶ Es mayor la fracción que tiene el numerador mayor.

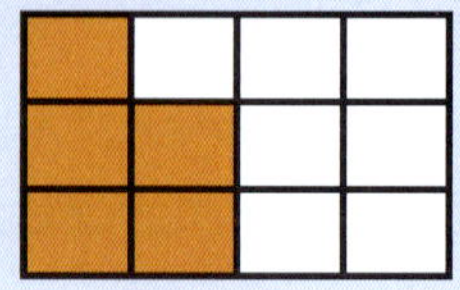

$\frac{5}{12}$

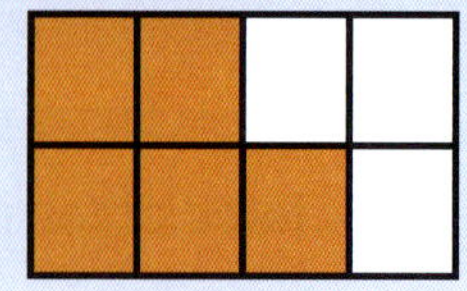

$\frac{5}{8}$

Tiene más parte coloreada la segunda figura.

$$\frac{5}{8} > \frac{5}{12}$$

Fíjate:

- 5 = 5 ▶ Los numeradores son iguales.
- 12 > 8 ▶ Es mayor la fracción que tiene el denominador menor.

- Cuando dos o más fracciones tienen igual denominador, es mayor la que tiene el numerador mayor.
- Cuando dos o más fracciones tienen igual numerador, es mayor la que tiene el denominador menor.

1 Escribe la fracción que representa la parte coloreada de cada figura. Después, contesta y rodea la fracción mayor de cada pareja.

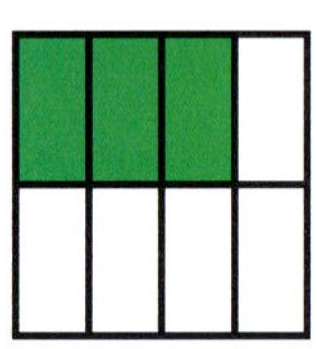

- ¿Son iguales los denominadores?

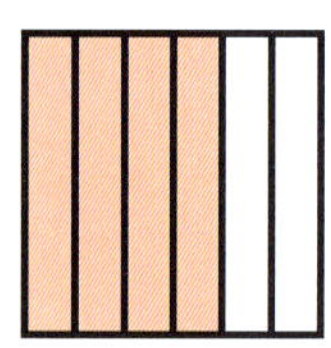

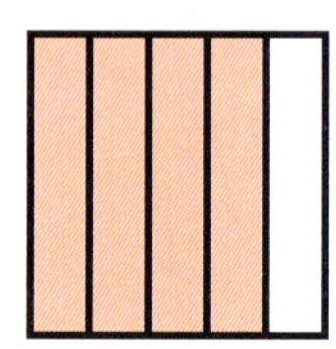

- ¿Son iguales los numeradores?

2 Escribe el signo < o > en tu cuaderno.

PRESTA ATENCIÓN

Al comparar, fíjate primero en el término (numerador o denominador) que tienen igual las dos fracciones de cada pareja.

- $\frac{3}{4} \bigcirc \frac{1}{4}$
- $\frac{2}{6} \bigcirc \frac{4}{6}$
- $\frac{2}{9} \bigcirc \frac{2}{5}$
- $\frac{3}{4} \bigcirc \frac{3}{9}$
- $\frac{4}{10} \bigcirc \frac{4}{15}$
- $\frac{8}{13} \bigcirc \frac{7}{13}$
- $\frac{5}{11} \bigcirc \frac{5}{7}$
- $\frac{9}{14} \bigcirc \frac{9}{20}$
- $\frac{1}{9} \bigcirc \frac{7}{9}$
- $\frac{6}{8} \bigcirc \frac{6}{12}$
- $\frac{12}{15} \bigcirc \frac{12}{17}$
- $\frac{7}{14} \bigcirc \frac{3}{14}$

3 Piensa y escribe.

- Cuatro fracciones mayores que $\frac{3}{8}$ cuyo denominador sea 8.
- Cuatro fracciones menores que $\frac{7}{9}$ cuyo numerador sea 7.
- Cuatro fracciones mayores que $\frac{1}{10}$ y menores que $\frac{1}{2}$.

4 Ordena cada grupo de fracciones. Usa el signo adecuado.

De menor a mayor

- $\frac{3}{5}$ $\frac{1}{5}$ $\frac{4}{5}$
- $\frac{5}{7}$ $\frac{5}{6}$ $\frac{5}{8}$
- $\frac{6}{4}$ $\frac{6}{8}$ $\frac{6}{7}$ $\frac{6}{5}$

De mayor a menor

- $\frac{5}{6}$ $\frac{5}{7}$ $\frac{5}{4}$
- $\frac{7}{9}$ $\frac{7}{5}$ $\frac{7}{8}$
- $\frac{6}{9}$ $\frac{2}{9}$ $\frac{3}{9}$ $\frac{7}{9}$

Problemas

5 Resuelve.

En la heladería han partido cuatro barras de helado iguales.

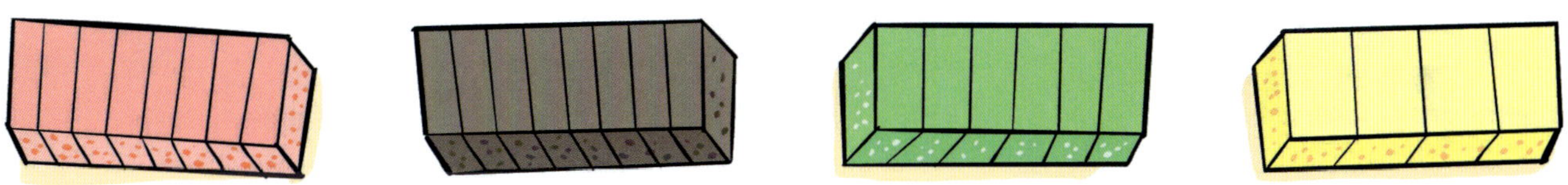

- Álvaro ha comprado tres partes de la barra de fresa y cinco partes de la de chocolate. ¿De qué sabor de helado ha comprado más?
- Yolanda ha comprado dos partes de la barra de menta y dos partes de la de limón. ¿De qué sabor de helado ha comprado menos?
- Gustavo ha comprado más helado de fresa que Álvaro, pero menos de una barra. ¿Qué fracción de la barra ha podido comprar?

CREATIVIDAD

Piensa e inventa el número que puede ocultar cada cuadrado.

$\frac{4}{7} < \frac{\square}{7} < \frac{9}{7} < \frac{\square}{7}$ $\frac{9}{2} > \frac{9}{\square} > \frac{9}{6} > \frac{9}{\square}$

▶ ¿Hay más de una solución?

Fracción como división

Un grupo de 4 personas quiere repartirse 3 tortillas en partes iguales. ¿Qué cantidad de tortilla le corresponde a cada una?

Fíjate en que la división 3 entre 4 no es exacta y a cada uno le corresponde menos de una tortilla. Podemos utilizar las fracciones para expresarlo.

1.º Divide cada tortilla en 4 partes iguales, es decir, en cuartos.

$3 \times 4 = 12$ ▶ En total hay 12 cuartos.

2.º Reparte los 12 cuartos entre las 4 personas.

12 cuartos : 4 = 3 cuartos ▶ $\frac{3}{4}$

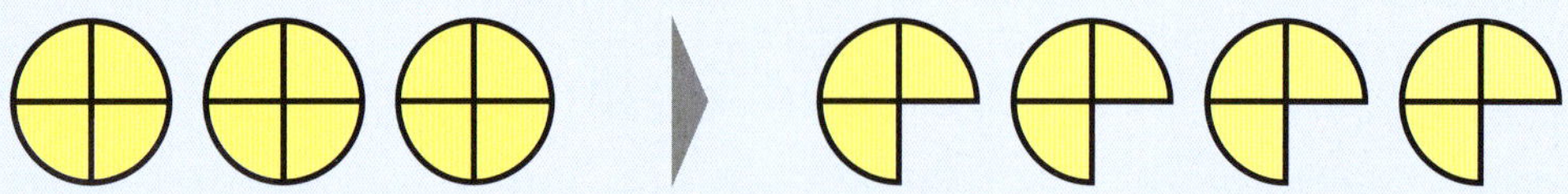

A cada persona le corresponden $\frac{3}{4}$ de tortilla.

Una fracción es también una forma de indicar una división en la que el numerador es el dividendo y el denominador es el divisor.

1 Explica en tu cuaderno cómo realizas cada reparto.

- Reparte en partes iguales 2 helados entre 3 personas.
- Reparte en partes iguales 4 tartas entre 9 personas.
- Reparte en partes iguales 7 empanadas entre 10 personas.

EJEMPLO

Divido cada … en … En total hay …
Reparto … entre …
A cada persona le corresponde …

2 Escribe la fracción de empanada que recibe cada persona en el reparto.

- 1 empanada entre 6 personas.
- 4 empanadas entre 5 personas.
- 3 empanadas entre 7 personas.
- 3 empanadas entre 9 personas.
- 8 empanadas entre 9 personas.
- 7 empanadas entre 10 personas.

3 Piensa y contesta.

Un grupo de amigos, a la hora de merendar, se reparten 3 pizzas en partes iguales.

A cada uno le tocan tres octavos de pizza.

- ¿Cuántos amigos forman el grupo?
- ¿Y si a cada uno le tocan tres quintos de pizza?

Fracción de un número

Álex ha colocado en el perchero las 45 camisetas que ha recibido en la tienda.
Dos quintos de las camisetas son de talla grande.
¿Cuántas camisetas hay de talla grande?

Calcula $\frac{2}{5}$ de 45

1.º Multiplica el número 45 por el numerador, 2. ▶ $45 \times 2 = 90$

2.º Divide el producto obtenido entre el denominador, 5. ▶ $90 : 5 = 18$

$\frac{2}{5}$ de $45 = 18$

Hay 18 camisetas de talla grande.

Para calcular la fracción de un número, se multiplica el número por el numerador de la fracción y el producto obtenido se divide entre el denominador.

1 Calcula.

- $\frac{3}{4}$ de 92
- $\frac{2}{9}$ de 135
- $\frac{4}{7}$ de 259
- $\frac{5}{12}$ de 576
- $\frac{9}{25}$ de 2.150

2 Lee y resuelve.

- En un almacén hay 567 botellas de refresco. Tres séptimos de los refrescos son de naranja y el resto es de limón. ¿De qué sabor hay más refrescos? ¿Cuántos más?
- En un colegio hay 650 alumnos. Practican natación $\frac{2}{5}$ de los alumnos, tenis $\frac{1}{10}$ de los alumnos y baloncesto el resto. ¿Cuántos alumnos practican baloncesto?

- Un juego de bloques de construcción tiene 1.755 piezas. De ellas $\frac{2}{5}$ de las piezas son rojas, $\frac{1}{3}$ son verdes, $\frac{2}{9}$ son azules, y el resto son amarillas. ¿Cuántas piezas de cada color tiene el juego?

3 Piensa y contesta.

RECUERDA

1 metro = 100 centímetros

1 kilogramo = 1.000 gramos

1 hora = 60 minutos

- ¿Cuántos centímetros son 4 metros y medio?
- ¿Cuántos gramos son 3 cuartos de kilo?
- ¿Cuántos minutos son 2 horas y cuarto?

4 Inventa y resuelve un problema que se resuelva calculando la fracción de un número.

COMPRUEBO MI PROGRESO

1 **Escribe la fracción que representa la parte coloreada de cada figura. Después, contesta.**

- ¿Qué indica el numerador de cada fracción? ¿Y el denominador?

2 **Copia las figuras en tu cuaderno y colorea las fracciones indicadas.**

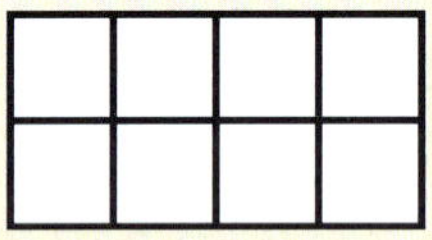

$\frac{3}{8}$ $\frac{5}{8}$

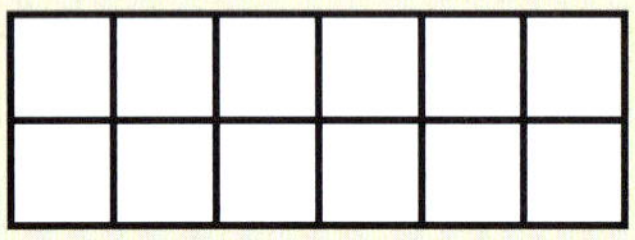

$\frac{7}{12}$ $\frac{2}{12}$

3 **Escribe cómo se lee cada fracción.**

- $\frac{1}{4}$
- $\frac{3}{6}$
- $\frac{5}{9}$
- $\frac{7}{10}$
- $\frac{8}{12}$
- $\frac{11}{15}$
- $\frac{9}{27}$
- $\frac{26}{40}$

4 **Escribe con cifras en tu cuaderno.**

- Seis séptimos.
- Diez treceavos.
- Quince dieciochoavos.
- Nueve veinteavos.
- Veinte treintaidosavos.

5 **Compara y escribe el signo adecuado.**

$\frac{6}{5}$ ◯ 1 $\frac{3}{3}$ ◯ 1 $\frac{7}{11}$ ◯ 1

$\frac{13}{12}$ ◯ 1 $\frac{7}{8}$ ◯ 1 $\frac{15}{15}$ ◯ 1

$\frac{9}{9}$ ◯ 1 $\frac{12}{11}$ ◯ 1 $\frac{9}{6}$ ◯ 1

- ¿Qué fracciones son impropias? ¿Y propias?

6 **Ordena.**

- De menor a mayor:

  $\frac{9}{14}$ $\frac{5}{14}$ $\frac{7}{14}$ $\frac{3}{14}$

- De mayor a menor:

  $\frac{8}{10}$ $\frac{8}{9}$ $\frac{8}{7}$ $\frac{8}{15}$

7 **Observa la figura, calcula y contesta.**

- ¿Qué fracción es de color verde?
- ¿Qué fracción es verde claro más que verde oscuro?
- ¿Qué fracción no es de color rojo?

8 **Escribe qué fracción de queso le corresponde a cada persona.**

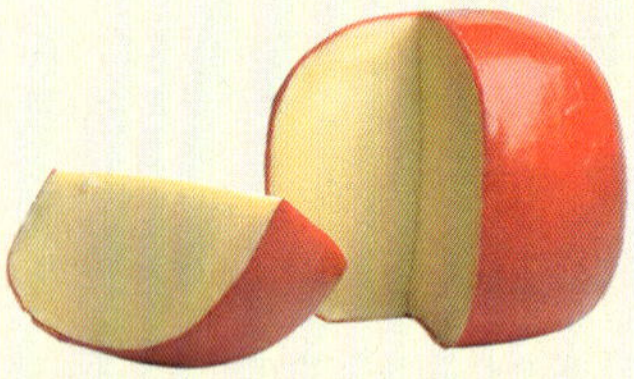

- Reparte 2 quesos entre 7 personas.
- Reparte 3 quesos entre 5 personas.
- Reparte 4 quesos entre 3 personas.

9 **Compara y contesta.**

Mar y sus dos hermanas, Alba y Alicia, tienen tres botellas iguales de zumo. Alba dice que ha bebido tres octavos de su botella, Mar tres cuartos y Alicia un octavo.

¿Quién ha bebido más zumo?

10 **Calcula.**

- $\frac{3}{4}$ de 268
- $\frac{7}{8}$ de 784
- $\frac{5}{12}$ de 1.548
- $\frac{4}{25}$ de 3.275

11 **Piensa y contesta.**

¿Qué es mayor, $\frac{2}{7}$ de 560 o $\frac{2}{5}$ de 560? ¿Por qué?

Problemas

12 **Observa y calcula.**

En la caja hay tres tamaños de gomas: un tercio son pequeñas, dos quintos son medianas y el resto son grandes.

¿Cuántas gomas hay de cada tamaño?

13 **Resuelve.**

Luisa ha hecho dos pizzas iguales: una de atún y otra vegetal. La de atún la ha partido en 6 trozos iguales y la vegetal, en 10 trozos iguales. Se ha comido 4 trozos de cada tipo. ¿Qué fracción de pizza de cada clase ha comido? ¿De qué clase de pizza ha comido más?

14 **Resuelve.**

- En un partido había 3.451 espectadores. Cuatro séptimos de los espectadores tenían abono y el resto compró la entrada. ¿Cuántas personas compraron la entrada para el partido?
- Un circuito para bicicletas mide 15 km. Cristina ha recorrido un quinto del circuito y su prima Eva, dos tercios. ¿Quién ha recorrido más kilómetros? ¿Cuántos más?
- Alejandro tenía en su hucha 60 €. Se gastó un cuarto del dinero en un libro y un quinto en una camiseta. ¿Cuánto dinero le quedó?

15 **Observa la tabla y calcula.**

La directora de un colegio dispone de 6.000 € para mejorar el centro.

Comprar material		Mejorar las instalaciones		
Infantil $\frac{3}{15}$	Primaria $\frac{6}{15}$	Gimnasio $\frac{2}{15}$	Patio $\frac{3}{15}$	Comedor $\frac{1}{15}$

- ¿En qué gasta más dinero: en el material de Infantil o en el de Primaria?
- ¿En qué gasta menos dinero: en el gimnasio o en el patio?
- ¿Cuánto dinero emplea en comprar material en Primaria más que en Infantil?
- ¿Cuánto dinero emplea en mejorar las instalaciones?

¿CÓMO LO HE HECHO? **Responde en tu cuaderno.**

- ¿Sé interpretar y representar fracciones?
- ¿Identifico las fracciones menores y mayores que la unidad?
- ¿Comparo fracciones con igual denominador o numerador?
- ¿Sé calcular la fracción de un número?

Pon una nota a tu trabajo en esta unidad.

SABER HACER

Diseñar un huerto escolar

A los alumnos y alumnas de una clase les toca este año ocuparse del huerto escolar. Han estado pensando y han decidido hacer este reparto del terreno rectangular que tienen:

– En $\frac{3}{8}$ del terreno plantarán flores.

– En $\frac{4}{8}$ plantarán hortalizas.

– En el resto plantarán hierbabuena.

Además de diseñar en qué zonas plantarán cada tipo de plantas, deben llevar a cabo la compra de todas ellas para cultivarlas.

1 **Copia y colorea en tu cuaderno.**

En la clase han pensado en estos tres posibles diseños, dividiendo el huerto en 8 partes iguales. Colorea cada uno según el código y el reparto que han decidido. ¿Hay varias posibilidades?

- Flores
- Hortalizas
- Hierbabuena

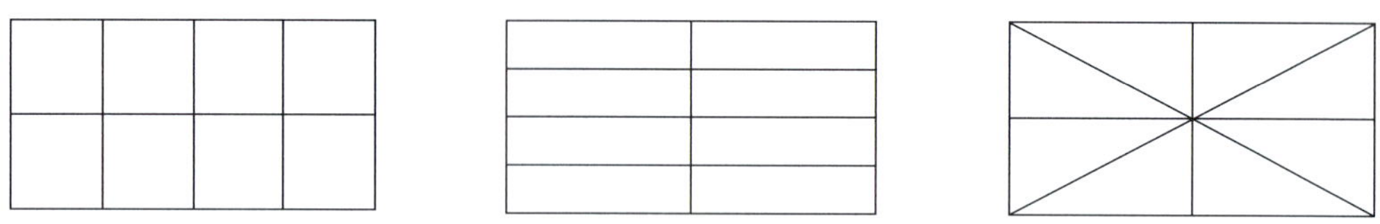

2 **Resuelve con tu compañero.**

- ¿Qué parte del huerto dedicarán a hierbabuena?
- ¿Qué parte no dedicarán a hortalizas?
- ¿A qué dedicarán mayor parte, a flores, a hortalizas o a hierbabuena?

- Para la parte de flores van a comprar 120 plantas. De ellas, cuatro sextos serán rosas y el resto claveles. ¿Cuántas plantas de rosas comprarán? ¿Y de claveles?
- En la parte de hortalizas comprarán 90 plantas. La mitad serán de tomates y un tercio del resto serán de pepinos. ¿Cuántas plantas de tomates y de pepinos comprarán?

3 **Inventa con un compañero o compañera un nuevo diseño para el huerto escolar. Dibújalo en tu cuaderno.**

Juega con las fracciones

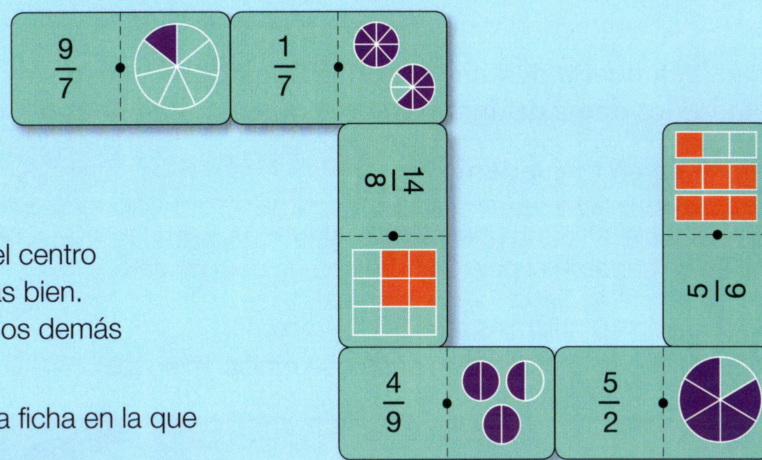

Material: Dominó de fracciones.

Número de jugadores: 4

Reglas del juego:

Se ponen todas las fichas bocabajo en el centro de la mesa y se mueven hasta mezclarlas bien. Cada participante elige 9 fichas sin que los demás las vean.

Comienza el juego el jugador que tiene la ficha en la que aparece $\frac{9}{7}$, que la coloca bocarriba en medio de la mesa.

Por turnos, y en el sentido contrario a las agujas del reloj, cada participante debe colocar una ficha que contenga el mismo valor que uno de los extremos libres de las fichas que hay sobre la mesa.

Si no tiene ninguna ficha que pueda colocar sobre la mesa, pasa su turno.

Ganador: El primer jugador o jugadora que se quede sin fichas gana.

1. ¿Qué fichas se pueden colocar?

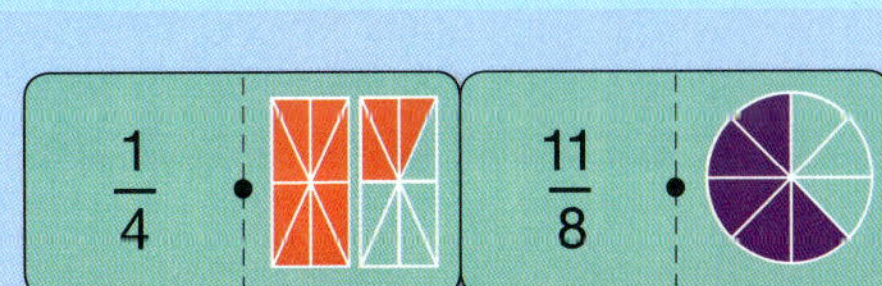

Retos matemáticos

Bolas en cajas

¿Cómo podemos distribuir 9 bolas en 4 cajas de distintos tamaños de forma que cada caja tenga un número distinto de bolas y el número de bolas de cada caja sea impar?

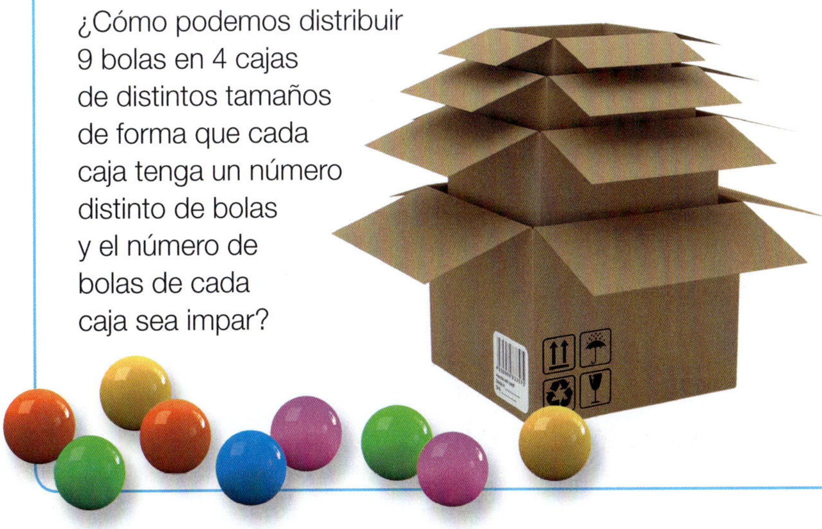

Panes y monedas

Un viajero que no lleva comida se encuentra con dos pastores; uno tiene 2 panes y otro 1 pan. A la hora de comer, juntan los 3 panes y los reparten a partes iguales. Al despedirse, el viajero les da 3 monedas.

¿Cómo deben repartirse las monedas?

Solución de problemas

Elaborar tablas a partir de informaciones

En una peluquería desean saber qué tipo de clientes son los más comunes. Tienen anotados los datos del mes pasado y quieren ponerlos en forma de tabla.

Complétala en tu cuaderno.

Vinieron 24 hombres de pelo rubio a cortárselo, y a teñírselo 17 menos.
También se cortaron el pelo 34 hombres de pelo moreno.

Se lo cortaron 18 pelirrojos menos que morenos.
Se tiñeron el pelo 5 pelirrojos menos que rubios, mientras que lo hicieron 17 morenos más que pelirrojos.

Color de pelo	Cortar	Teñir
Moreno		
Rubio	24	7
Pelirrojo		

1 **Lee, piensa y completa la tabla en tu cuaderno.**

En la frutería han vendido hoy bastantes hortalizas.

KILOS ANTES DE ABRIR

Tomates: 72 kg.
Pepinos: 43 kg menos que de tomates.
Cebollas: 9 kg menos que de pepinos.

KILOS VENDIDOS

Tomates: la mitad de los kilos antes de abrir.
Pepinos: un tercio de los tomates vendidos.
Cebollas: un cuarto de los pepinos vendidos.

	Kilos antes de abrir	Kilos vendidos	Kilos sobrantes
Tomates			
Pepinos			
Cebollas			

1 Escribe el número anterior y posterior.

- 7.899.909
- 8.999.029
- 41.006.500
- 35.099.999
- 300.079.089
- 575.899.091
- 4.999.999
- 6.675.109

2 Piensa y escribe.

- Una suma cuya estimación a los millares sea 35.000.
- Una resta cuya estimación a las decenas de millar sea 20.000.

3 Calcula.

- 6.750 : 89
- 18.009 : 125
- 41.528 : 32
- 22.454 : 109
- (18 : 9) × 2 + 1
- 19 − (7 − 6)
- 5 × (9 + 6) : 3
- (8 − 2) : (5 + 1)
- 24 − 8 : 2 × 4
- 5 × 2 + 12 : 4

4 Halla.

- El m.c.d. (15 y 21).
- El m.c.m. (18 y 20).

5 Piensa y escribe *verdadero* o *falso* para cada oración.

- Un prisma cuya base es un pentágono tiene 10 vértices.
- Un triángulo puede ser equilátero y obtusángulo.
- Existen figuras que no tienen ejes de simetría.

6 Copia en tu cuaderno este segmento, dibuja y contesta.

A •————• *B*

- Dibuja una circunferencia de 2 cm de radio cuyo centro es el punto *A*.
- Dibuja una recta tangente a esa circunferencia que pase por el punto *B*.

Problemas

7 Elena tiene un juego de construcción con piezas de 4 colores.

¿Cuántas piezas rojas y verdes hay aproximadamente en el juego?

¿Cuántas piezas azules hay aproximadamente más que amarillas?

8 Míriam tiene 37 libros en su habitación. Quiere colocarlos en grupos con el mismo número de libros cada uno sin que sobre ninguno. ¿De cuántas formas puede hacerlo? ¿Y si tuviera 3 libros más?

9 Pablo tiene una bolsa con 140 caramelos de fresa, 85 de limón y 115 de naranja. Ha dado 8 caramelos a cada una de las 23 personas que hay en clase. ¿Cuántos caramelos le han sobrado?

10 Pilar compró para su gimnasio 18 balones a 7 € cada uno y dos miniporterías iguales. Pagó en total 216 €. ¿Cuánto costaba cada miniportería? ¿Cuánto pagó por las minporterías menos que por los balones?

11 Silvia va al bosque a pasear cada 12 días y Lola va cada 15 días. Hoy han ido las dos. ¿Cuántos días pasarán hasta que vuelvan a coincidir ambas por primera vez?

12 Un chiste ha llegado a 5 personas. Cada una lo envía a otras 5 personas al día siguiente y así sucesivamente. ¿Cuántas personas lo recibirán dentro de 4 días?

Interpretar pictogramas

Los dueños de una página web han representado en un pictograma el número de visitantes que tuvieron cada día de la semana pasada.

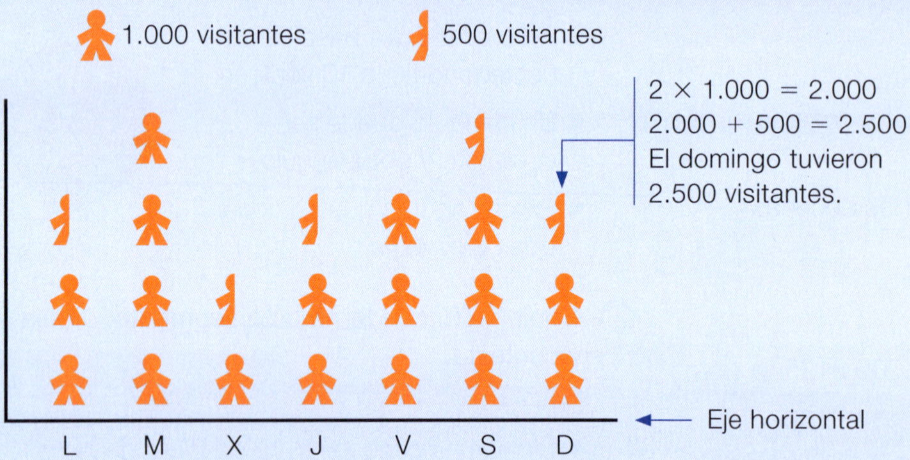

1 Observa el gráfico anterior y contesta.

- ¿Cuántos visitantes tuvieron el martes? ¿Y el jueves?
- ¿Cuántos visitantes tuvieron el viernes más que el lunes?
- ¿Qué día tuvieron más visitantes?
- ¿Cuántos visitantes tuvieron el fin de semana?

2 En el gráfico están representadas las ventas de discos en una tienda en los últimos años. Obsérvalo y contesta.

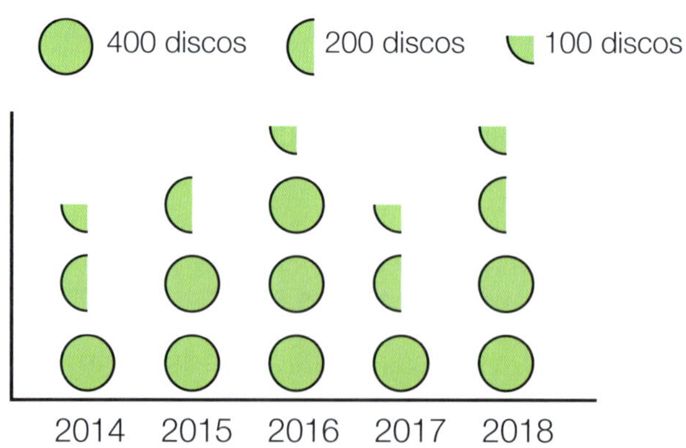

- ¿Cuántos discos vendieron en 2014? ¿Y en 2018?
- ¿En qué año se vendieron más discos? ¿Cuántos fueron?
- ¿Entre qué dos años disminuyó la venta de discos?
- ¿Cuántos discos se vendieron en 2015 más que en 2014?

Representar pictogramas

En la tabla aparecen las cajas de manzanas vendidas en una tienda esta semana.
Se quiere representar esos datos en un pictograma.

	10 kg	5 kg	2 kg
Lunes	5	3	2
Martes	4	2	3
Miércoles	3	3	3
Jueves	2	5	1
Viernes	2	2	5

1 Copia y completa el pictograma de arriba en tu cuaderno. Después, contesta.

- ¿Cuántas cajas de manzanas se vendieron el miércoles? ¿Y el viernes?
- ¿Cuántos kilos de manzanas se vendieron el martes? ¿Y el jueves?
- ¿Qué día se vendieron más cajas de 10 kg? ¿Y menos cajas de 2 kg?
- ¿Qué tipo de cajas fue el más vendido durante la semana?

2 Completa la tabla en tu cuaderno con los datos del texto.
Después, represéntalos en el gráfico y contesta.

Jon metió 5 canastas de 3 puntos y 4 de 2 puntos.

Ana metió 18 puntos; 4 canastas fueron de 3 puntos y el resto de 2.

Lola metió 15 puntos, no metió ninguna canasta de 2 puntos.

Teo metió 16 puntos, 5 canastas fueron de 2 puntos y el resto de 3 puntos.

	Jon	Ana	Lola	Teo
2 puntos				
3 puntos				

- ¿Quién metió menos canastas de 3 puntos? ¿Y más de 2 puntos?
- ¿Hubo más canastas de 3 puntos o de 2 puntos?

Antes de empezar

Cálculo mental

Multiplica un número natural por 10, por 100 y por 1.000

124 × 10 = 1.240
56 × 100 = 5.600
237 × 1.000 = 237.000

23 × 10	42 × 100	37 × 1.000
148 × 10	591 × 100	254 × 1.000
650 × 10	730 × 100	900 × 1.000
3.896 × 10	6.500 × 100	8.120 × 1.000

Divide decenas, centenas o millares entre 10, entre 100 y entre 1.000

1.530 : 10 = 1.53~~0~~ = 153
7.000 : 100 = 7.0~~00~~ = 70
8.000 : 1.000 = 8.~~000~~ = 8

340 : 10	2.600 : 100	58.000 : 1.000
500 : 10	6.000 : 100	90.000 : 1.000
1.830 : 10	19.500 : 100	462.000 : 1.000
2.000 : 10	74.000 : 100	800.000 : 1.000

Un número, un producto y una división

Escribe 13.000 como el resultado de:

- Un producto en el que uno de los factores sea 100.
- Una división en la que el divisor sea 100.

Pequeños problemas

Calcula mentalmente

1. En una plantación de árboles frutales hay 32 filas de árboles con 100 árboles en cada fila. ¿Cuántos árboles hay en total?
2. Julia compra un televisor por 540 € que pagará durante 10 meses. ¿Cuánto pagará al mes?

¿Qué sabes ya?

Fracciones menores, iguales y mayores que 1

$\frac{4}{4} = 1$ Una fracción es igual a la unidad si el numerador y el denominador son iguales.

$\frac{3}{4} < 1$ Es menor que la unidad si el numerador es menor que el denominador.

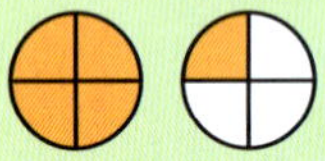

$\frac{5}{4} > 1$ Es mayor que la unidad si el numerador es mayor que el denominador.

1 Escribe tres fracciones menores que la unidad, tres iguales a la unidad y otras tres mayores que la unidad.

Fracción de un número

$\frac{3}{5}$ de 45 ▶ 45 × 3 = 135; 135 : 5 = 27 ▶ $\frac{3}{5}$ de 45 = 27

Fracción como división

$5 : 6 = \frac{5}{6}$

Si repartes 5 litros en 6 jarras, en cada jarra hay $\frac{5}{6}$ de litro.

2 Calcula.

- $\frac{2}{3}$ de 78
- $\frac{5}{6}$ de 624
- $\frac{4}{9}$ de 1.350

3 ¿Qué fracción de litro hay en cada vaso?

– Reparte 2 litros entre 7 vasos.
– Reparte 3 litros entre 12 vasos.

6 Fracciones equivalentes. Suma y resta

Tiempo para leer

El Estado español está delimitado por el mar y por fronteras terrestres con Andorra, Francia, Portugal y Marruecos.

Sumando las fronteras terrestres y los límites marinos, contando también los archipiélagos, hay aproximadamente 8.000 km de fronteras, de los cuales tres cuartas partes son costas y el resto, fronteras terrestres.

Ahora bien, no toda la parte de costa es playa, de hecho la mayor parte no lo es. En algunas playas ondea una bandera de color azul. Esto significa que la calidad del agua, los servicios y la seguridad son óptimos para que podamos disfrutar de ellas. Estas playas se revisan cada año para comprobar su estado.

Tiempo para hablar

- ¿Cuántos kilómetros de frontera de costa hay en España?
- Un tercio de los kilómetros de costa son playas. ¿Cuántos kilómetros de playas hay? ¿Qué fracción de costa no es playa? ¿Cuántos kilómetros son?
- En España casi un quinto de los kilómetros de playa suele tener banderas azules. ¿Cuántos kilómetros de playa tienen banderas azules? ¿Qué fracción de las playas no tiene bandera azul? ¿Cuántos kilómetros de las playas no tienen bandera azul?

Fracciones equivalentes

María está poniendo carteles publicitarios en tres vallas iguales. Observa la parte que ha cubierto en cada valla.

$\frac{1}{4}$

$\frac{2}{8}$

$\frac{3}{12}$

Fíjate en que en las tres vallas la parte cubierta con cartel es igual.

Por tanto, las fracciones $\frac{1}{4}$, $\frac{2}{8}$ y $\frac{3}{12}$ son fracciones equivalentes. Se escribe: $\frac{1}{4} = \frac{2}{8} = \frac{3}{12}$.

Dos o más fracciones son equivalentes cuando representan la misma parte de la unidad.

1 Completa en tu cuaderno y escribe si las fracciones de cada pareja son equivalentes o no.

$\frac{1}{3}$ $\frac{...}{...}$

$\frac{...}{...}$ $\frac{...}{...}$

$\frac{...}{...}$ $\frac{...}{...}$

2 Averigua qué fracciones son equivalentes a cada fracción dada.

HAZLO ASÍ

Para comprobar si dos fracciones son equivalentes, se multiplican sus términos en cruz.
Si los productos obtenidos son iguales, las fracciones son equivalentes.

$\frac{2}{4}$ ✕ $\frac{3}{6}$ $2 \times 6 = 12$
$4 \times 3 = 12$ ▶ Los productos son iguales.

Las fracciones son equivalentes. ▶ $\frac{2}{4} = \frac{3}{6}$

$\frac{5}{9}$: $\frac{10}{18}$ $\frac{15}{27}$ $\frac{10}{36}$ $\frac{9}{27}$

$\frac{8}{11}$: $\frac{16}{21}$ $\frac{24}{33}$ $\frac{16}{22}$ $\frac{32}{44}$

3 Calcula tres fracciones equivalentes a cada fracción.

HAZLO ASÍ

Para obtener una fracción equivalente a una fracción dada, se multiplican su numerador y su denominador por un mismo número distinto de 0.
La fracción obtenida es equivalente a la fracción dada.

Fracción dada $\frac{3}{5} \xrightarrow{\times 2} \frac{3 \times 2}{5 \times 2} = \frac{6}{10}$ Fracción obtenida

Fracciones equivalentes

- $\frac{5}{6}$
- $\frac{3}{7}$
- $\frac{5}{8}$
- $\frac{7}{9}$
- $\frac{1}{10}$
- $\frac{9}{16}$

4 Piensa y escribe.

- La fracción equivalente a $\frac{3}{10}$ cuyo numerador es 12.
- La fracción equivalente a $\frac{6}{9}$ cuyo denominador es 27.

Problemas

5 Resuelve.

- Adela ha comido cinco sextos de una pizza y Alberto ha comido diez doceavos de otra pizza igual. ¿Han comido la misma cantidad de pizza?
- Marta ha leído la mitad de un libro y Ramiro ha leído cuatro novenos de él. ¿Han leído lo mismo?
- En una jarra hay tres cuartos de litro de leche y en una botella hay cinco octavos de litro. ¿Contienen los dos recipientes la misma cantidad?
- Mario, Luis y Ángel han comprado el mismo puzle. Mario ha colocado ya un tercio de las piezas, Luis dos sextos y Ángel cuatro doceavos. ¿Han hecho los tres la misma parte del puzle?

PENSAMIENTO

Calcula y escribe.

- Las fracciones equivalentes a $\frac{1}{2}$, $\frac{1}{3}$ y $\frac{1}{5}$ cuyo denominador es 30.
- Las fracciones equivalentes a $\frac{1}{6}$, $\frac{1}{3}$ y $\frac{1}{4}$ cuyo denominador es 24.

Fracciones equivalentes a un número natural

En una panadería dividen los bizcochos en 8 partes iguales y los venden por trozos. Sara ha comprado 16 trozos de bizcocho y Andrés ha comprado 11 trozos. ¿Qué fracción de bizcocho ha comprado cada uno? ¿Han comprado un número exacto de bizcochos? ¿Cuántos?

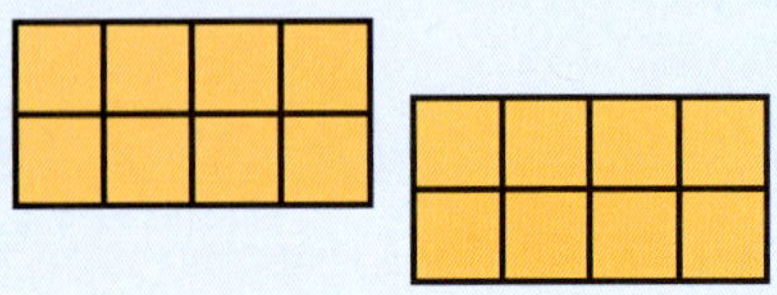

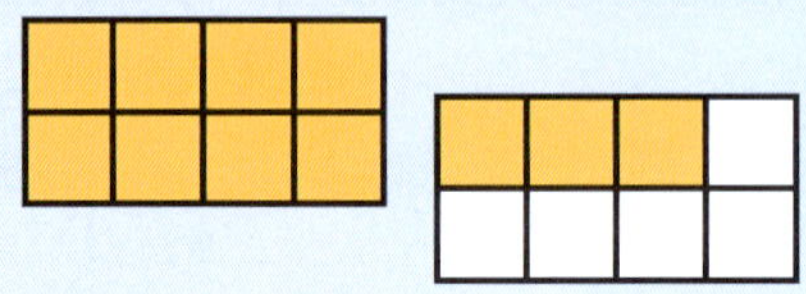

Ha comprado $\frac{16}{8}$ de bizcocho.

$\frac{16}{8} = 16 : 8 = 2$ ▶ $\frac{16}{8} = 2$

Ha comprado 2 bizcochos.

Ha comprado $\frac{11}{8}$ de bizcocho.

$\frac{11}{8}$ ▶ 11 : 8 no es una división exacta.

Ha comprado 1 bizcocho y parte de otro.

La fracción $\frac{16}{8}$ es equivalente a 2. La fracción $\frac{11}{8}$ no es equivalente a un número natural.

Una fracción es equivalente a un número natural si la división del numerador entre el denominador es exacta. El número natural es el cociente de la división.

1 Expresa con una fracción y su número natural equivalente.

EJEMPLO

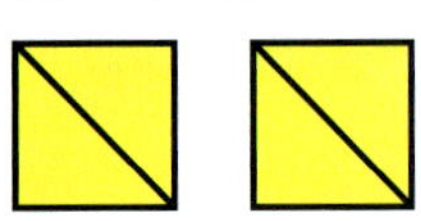

$\frac{4}{2} = 4 : 2 = 2$

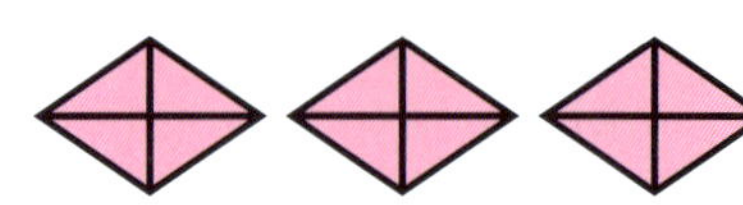

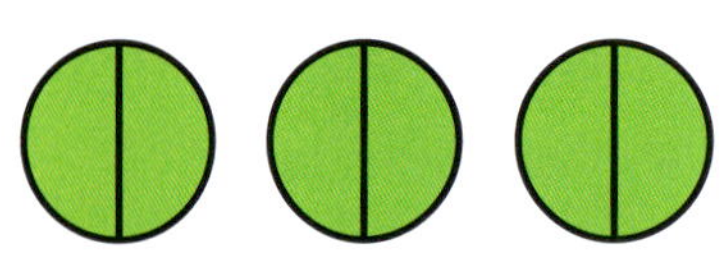

2 Calcula el número natural equivalente a cada fracción.

- $\frac{14}{2}$
- $\frac{16}{8}$
- $\frac{20}{5}$
- $\frac{45}{9}$
- Doce tercios.
- Treinta sextos.
- Dieciséis cuartos.
- Veintiocho séptimos.

3 Copia y rodea según el código.

- (rojo) Fracciones equivalentes a un número natural.
- (verde) Fracciones no equivalentes a un número natural.

$\frac{15}{2}$ $\frac{42}{7}$ $\frac{15}{3}$ $\frac{63}{9}$ $\frac{30}{4}$ $\frac{62}{8}$ $\frac{40}{4}$ $\frac{81}{9}$

4 Escribe dos fracciones equivalentes a cada número natural.

HAZLO ASÍ

2

$2 \times 3 = 6 \blacktriangleright 2 = \frac{6}{3}$

$2 \times 5 = 10 \blacktriangleright 2 = \frac{10}{5}$

3 4 6 5 9

5 Piensa y escribe en tu cuaderno entre qué dos números naturales está cada fracción.

- $\square < \frac{4}{3} < \square$
- $\square < \frac{17}{5} < \square$
- $\square < \frac{20}{8} < \square$
- $\square < \frac{56}{10} < \square$

Problemas

6 Resuelve.

- Todos los días, Luna utiliza 12 regaderas de medio litro para regar su jardín. ¿Cuántos litros de agua utiliza al día?
- Carlos compra siete cuartos de kilo de carne picada y Susana compra ocho cuartos de kilo. ¿Quién compra más carne picada? ¿Cuántos kilos compra?
- Un grupo de personas fueron a cenar a una pizzería. Todas las pizzas estaban partidas en 8 trozos iguales. Comieron veinticuatro octavos. ¿Cuántas pizzas comieron?
- Mario bebe 8 botellas de un cuarto de litro de agua a la semana. ¿Cuántos litros bebe Mario a la semana?
- En un comedor sirvieron 27 tetrabriks pequeños de zumo de piña, 24 de zumo de manzana y 12 de zumo de naranja. Cada tetrabrik contenía un tercio de litro. ¿Cuántos litros de cada tipo de zumo sirvieron?

CREATIVIDAD

Contesta e inventa.

- ¿Qué bolsa pesa 3 kg?
- ¿Qué bolsa pesa 4 kg?
- La bolsa morada pesa menos de 3 kg. ¿Qué fracción puede poner en la etiqueta?
- La bolsa amarilla pesa más de 4 kg. ¿Qué fracción puede poner en la etiqueta?

Fracciones y números mixtos

Marisa compra 22 porciones de empanada para su cumpleaños. Todas las empanadas son iguales y cada empanada está dividida en 8 porciones iguales.

Observa que $\frac{22}{8}$ de empanada son 2 empanadas y $\frac{6}{8}$ de otra. Este número se escribe así: $2\frac{6}{8}$.

El número $2\frac{6}{8}$ es un **número mixto**.

- ¿Cómo se escribe un número mixto en forma de fracción?

Multiplica el número natural por el denominador de la fracción y súmale al resultado el numerador. El resultado es el numerador de la nueva fracción. El denominador es el mismo que el de la fracción del número mixto.

Número mixto → Fracción

$$2\frac{6}{8} = \frac{2 \times 8 + 6}{8} = \frac{16 + 6}{8} = \frac{22}{8}$$

- ¿Cómo se escribe una fracción mayor que la unidad en forma de número mixto?

Divide el numerador entre el denominador: el cociente es el número natural, el resto es el numerador de la fracción y el divisor es el denominador.

Fracción → Número mixto

$\frac{22}{8}$ ▶ 22 |8 → resto 6, cociente 2

$2\frac{6}{8}$ (6 ← resto; 8 ← divisor; 2 ↑ cociente)

Un número mixto está formado por un número natural y una fracción.

1 En cada caso, escribe el número mixto y la fracción que representa la parte coloreada.

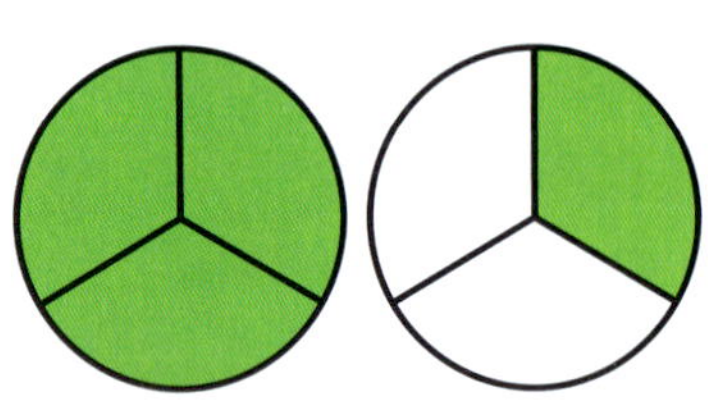

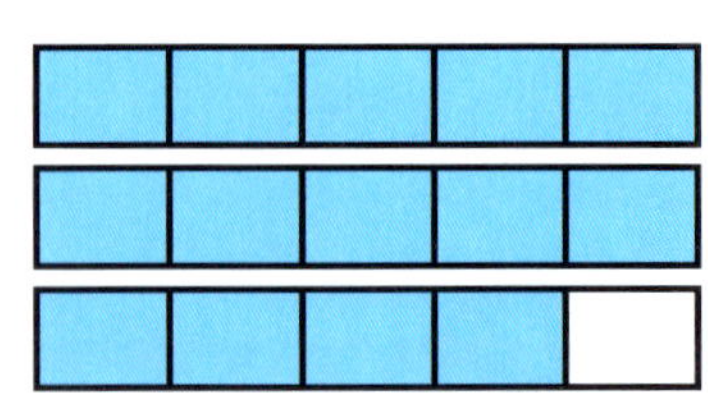

2 Escribe cada número mixto en forma de fracción.

- $2\frac{3}{4}$
- $3\frac{2}{5}$
- $6\frac{5}{8}$
- $4\frac{1}{8}$
- $5\frac{3}{7}$
- $7\frac{7}{9}$

3 Escribe cada fracción en forma de número mixto.

- $\frac{5}{2}$
- $\frac{17}{3}$
- $\frac{21}{4}$
- $\frac{19}{6}$
- $\frac{17}{7}$
- $\frac{60}{9}$

4 Copia en una hoja cuadriculada y representa.

$\frac{7}{2}$ ▶ 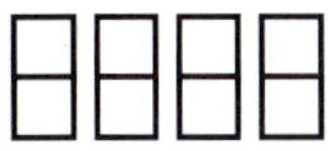

$\frac{9}{4}$ ▶ 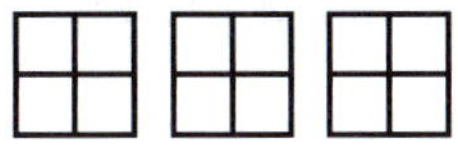

$3\frac{1}{3}$ ▶ 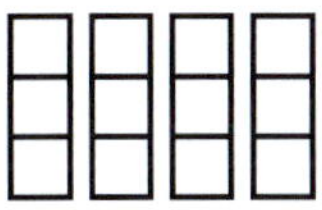

$2\frac{2}{5}$ ▶ 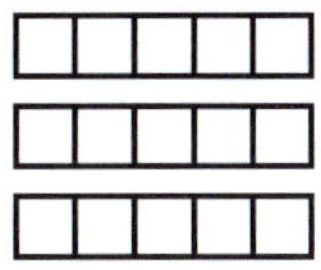

5 Copia la recta en tu cuaderno y escribe cada número mixto o fracción en su lugar correspondiente.

$3\frac{1}{4}$ $\frac{18}{4}$ $2\frac{3}{4}$ $\frac{15}{4}$ $5\frac{2}{4}$ $\frac{6}{4}$

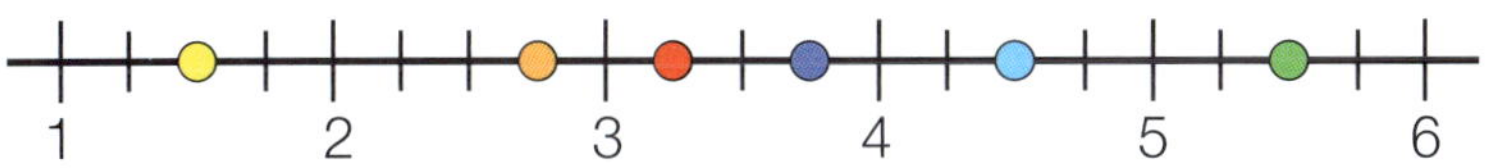

6 Piensa y escribe.

- Un número mixto mayor que 3 y menor que 4.
- Un número mixto mayor que 2 y menor que $\frac{20}{7}$.

RETO

Explica cómo representarías en una recta numérica $\frac{17}{5}$ y $2\frac{5}{6}$.

Problemas

7 Resuelve y expresa los resultados como número mixto.

- Carla y Pablo han ido a cenar a una pizzería. Han pedido 3 pizzas medianas para los dos. ¿Qué fracción de pizza le corresponde a cada uno?
- Merche vende bizcochos iguales divididos en 4 partes iguales. Hoy ha vendido 29 partes. ¿Cuántos bizcochos ha vendido?
- Para hacer 8 disfraces iguales, se utilizaron 9 piezas de tela iguales. En cada disfraz se utilizó la misma cantidad de tela. ¿Qué fracción de la pieza se utilizó para hacer cada disfraz?

PENSAMIENTO

Dibuja la fracción que compró cada uno y resuelve.

Ricardo compró un paquete de carne picada de 1 kg y otro de $\frac{1}{4}$ kg.

Pablo compró 7 paquetes de carne picada de $\frac{1}{4}$ kg cada uno.

- ¿Quién compró más carne picada?
- ¿Cuánta carne compraron entre los dos?

Suma y resta de fracciones de igual denominador

Elena ha dividido un bizcocho en 6 trozos iguales. Después, ha puesto mermelada de fresa en $\frac{1}{6}$ de bizcocho y de melocotón en $\frac{3}{6}$.

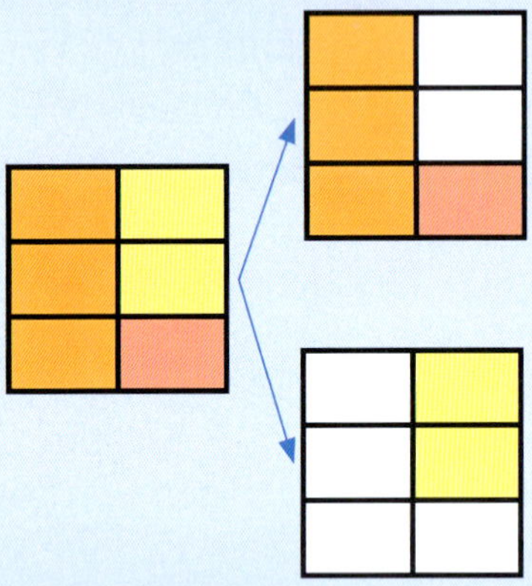

- ¿Qué fracción de bizcocho tiene mermelada?

$$\frac{1}{6} + \frac{3}{6} = \frac{1+3}{6} = \frac{4}{6}$$

Tienen mermelada $\frac{4}{6}$ de bizcocho.

- ¿Qué fracción de bizcocho no tiene mermelada?

$$1 - \frac{4}{6} = \frac{6}{6} - \frac{4}{6} = \frac{6-4}{6} = \frac{2}{6}$$

No tienen mermelada $\frac{2}{6}$ de bizcocho.

- Para sumar dos o más fracciones de igual denominador, se suman los numeradores y se deja el mismo denominador.
- Para restar dos fracciones de igual denominador, se restan los numeradores y se deja el mismo denominador.

1 Calcula en tu cuaderno la fracción que representa la parte coloreada de cada figura.

EJEMPLO

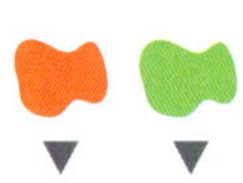

$$\frac{3}{6} + \frac{2}{6} = \frac{\ldots + \ldots}{6} = \frac{\ldots}{6}$$

2 Observa la figura, calcula en tu cuaderno y contesta.

- ¿Qué fracción de la figura no es azul?

$$\frac{10}{10} - \frac{6}{10} = \frac{\ldots - \ldots}{10} = \frac{}{10}$$

- ¿Qué fracción de la figura no es naranja?
- ¿Qué fracción de la figura es azul más que naranja?

3 Calcula.

- $\frac{2}{5}+\frac{1}{5}$
- $\frac{3}{8}+\frac{2}{8}$
- $\frac{7}{15}+\frac{6}{15}$
- $\frac{10}{24}+\frac{8}{24}$
- $\frac{5}{6}-\frac{3}{6}$
- $\frac{7}{7}-\frac{6}{7}$
- $\frac{15}{18}-\frac{4}{18}$
- $\frac{25}{30}-\frac{17}{30}$

4 Suma tres fracciones con el mismo denominador.

- $\frac{4}{12}+\frac{3}{12}+\frac{2}{12}$
- $\frac{5}{9}+\frac{1}{9}+\frac{3}{9}$
- $\frac{7}{20}+\frac{5}{20}+\frac{3}{20}$
- $\frac{8}{25}+\frac{12}{25}+\frac{4}{25}$

EJEMPLO $\frac{3}{14}+\frac{5}{14}+\frac{1}{14}=\frac{3+5+1}{14}=\frac{9}{14}$

RETO

Explica cómo calcularías esta operación:

$\frac{11}{12}-\frac{5}{12}-\frac{1}{12}$

5 Escribe en cada caso dos fracciones.

- Con denominador 14, cuya suma sea $\frac{12}{14}$.
- Con denominador 15, cuya resta sea $\frac{6}{15}$.

Problemas

6 Resuelve.

- Luis echa en una jarra dos cuartos de litro de zumo y un cuarto de litro de leche.
  ¿Qué cantidad de líquido echa en la jarra?
- En una botella había siete octavos de litro de batido. Maite echa dos octavos de litro en un vaso.
  ¿Qué cantidad de batido queda en la botella?

CREATIVIDAD

Copia el dibujo en tu cuaderno y colorea para que se cumplan estas condiciones.

- La suma de la zona roja y la zona azul es $\frac{15}{20}$.
- La diferencia de la zona roja menos la azul es $\frac{3}{20}$.

- ¿Hay más de una solución?
- ¿Qué tienen en común?

COMPRUEBO MI PROGRESO

1 Observa las fracciones y escribe.

$\frac{5}{2}$	$\frac{6}{10}$	$\frac{2}{6}$	$\frac{41}{8}$
$\frac{6}{9}$	$\frac{10}{15}$	$\frac{13}{3}$	$\frac{3}{10}$
$\frac{6}{6}$	$\frac{25}{8}$	$\frac{12}{18}$	$\frac{9}{15}$

- Las fracciones equivalentes a $\frac{2}{3}$.
- Las fracciones equivalentes a $\frac{3}{5}$.

2 Escribe.

- El número natural equivalente a:

  $\frac{12}{2}$ $\frac{24}{3}$ $\frac{21}{7}$ $\frac{30}{6}$

- Dos fracciones equivalentes a:

  4 8 9 10

3 Escribe la fracción y el número mixto que representa la parte coloreada.

4 Expresa en forma de fracción.

- $2\frac{1}{4}$
- $3\frac{2}{5}$
- $4\frac{5}{6}$
- $3\frac{2}{10}$
- $5\frac{7}{11}$

5 ¿Qué fracciones se pueden escribir en forma de número mixto? Escríbelas y explica por qué.

- $\frac{7}{3}$
- $\frac{5}{8}$
- $\frac{9}{2}$
- $\frac{12}{7}$
- $\frac{15}{8}$
- $\frac{21}{3}$

6 Calcula.

- $\frac{1}{3}+\frac{1}{3}$
- $\frac{7}{2}-\frac{1}{2}$
- $\frac{2}{5}+\frac{3}{5}$
- $\frac{19}{7}-\frac{5}{7}$
- $\frac{12}{6}+\frac{6}{6}$
- $\frac{8}{9}-\frac{5}{9}$
- $\frac{3}{11}+\frac{4}{11}+\frac{2}{11}$
- $\frac{4}{13}+\frac{6}{13}+\frac{5}{13}$
- $\frac{2}{15}+\frac{10}{15}+\frac{18}{15}$
- $\frac{12}{19}+\frac{7}{19}+\frac{8}{19}$

7 Observa los resultados de las operaciones de la actividad anterior. ¿Cuáles son fracciones equivalentes a un número natural?

8 Estas operaciones están mal hechas. Explica por qué y calcúlalas bien en tu cuaderno.

- $\frac{3}{4}+\frac{2}{4}=\frac{5}{8}$
- $\frac{4}{5}+\frac{4}{5}=\frac{4}{10}$
- $\frac{6}{7}-\frac{5}{7}=\frac{11}{7}$
- $\frac{2}{9}+\frac{4}{9}+\frac{7}{9}=\frac{15}{9}$

9 Completa los términos que faltan. Todas las fracciones de cada operación tienen el mismo denominador.

- $\frac{2}{7}+\frac{\square}{7}=\frac{11}{\square}$
- $\frac{9}{\square}-\frac{4}{\square}=\frac{\square}{3}$
- $\frac{\square}{8}+\frac{6}{\square}=\frac{15}{\square}$
- $\frac{13}{\square}-\frac{\square}{5}=\frac{7}{\square}$
- $\frac{5}{8}+\frac{\square}{\square}=\frac{9}{8}$
- $\frac{\square}{\square}-\frac{7}{4}=\frac{9}{4}$

10 En cada caso, escribe dos fracciones de igual denominador.

- Su suma es igual a la unidad.
- Su suma es menor que la unidad.
- Su diferencia es igual a la unidad.
- Su diferencia es mayor que la unidad.

Problemas

11 Resuelve.

Carmen toma cada día $2\frac{1}{2}$ litros de agua y Alba 3 litros. ¿Quién bebe más?

12 Observa el dibujo y calcula.

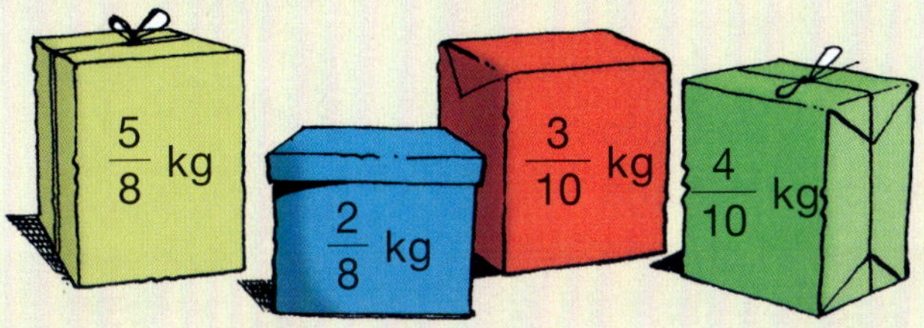

- ¿Cuánto pesan los paquetes azul y amarillo?
- ¿Cuánto pesa el paquete azul menos que el amarillo? ¿Y el verde más que el rojo?

13 Piensa y resuelve.

- Un campamento está dividido en parcelas iguales. Tres octavos de las parcelas están ocupadas con tiendas y dos octavos con caravanas. ¿Qué fracción de las parcelas están ocupadas? ¿Y libres?
- Fernando tenía un metro de cinta. Cortó cinco décimos de metro para cerrar un regalo y dos décimos para hacer el lazo.
  - ¿Qué fracción de cinta utilizó? ¿Qué fracción sobró?
  - ¿Cuántos centímetros son?

14 Lee y contesta.

Beatriz tiene una confitería y todos los días hace tartas de chocolate. Para venderlas, parte algunas de ellas en 8 porciones iguales. Cada porción vale 1 € y, si se compra más de 1 tarta, Beatriz descuenta 2 € en el precio total.

En la nota están las ventas de tarta de hoy:

TARTA DE CHOCOLATE

Familia Martínez	6 porciones
Cafetería Alameda	1 tarta y 2 porciones
Familia Oter	1 tarta y media
Restaurante Ola	20 porciones

- ¿Qué fracción de tarta ha comprado cada cliente?
- ¿Quién ha comprado más de 1 tarta? ¿Y más de 2 tartas?
- ¿Cuántas tartas ha vendido hoy Beatriz? ¿Cuánto dinero ha obtenido en total?

¿CÓMO LO HE HECHO? Responde en tu cuaderno.

- ¿Reconozco fracciones equivalentes?
- ¿Sé escribir un número mixto en forma de fracción?
- ¿Calculo sumas y restas de fracciones de igual denominador?

Pon una nota a tu trabajo en esta unidad.

SABER HACER

Estudiar las mareas de unas playas

Marta y su hermano Carlos están de vacaciones. Han visitado varias playas de la zona y se han dado cuenta de que, al subir la marea, en cada una de ellas queda cubierta una fracción de la playa.

Han hecho una foto de cada playa con la marea alta y han ido anotando la fracción de playa que queda cubierta por la marea alta en cada una.

1 Observa la parte azul cubierta por la marea alta en varias playas y contesta.

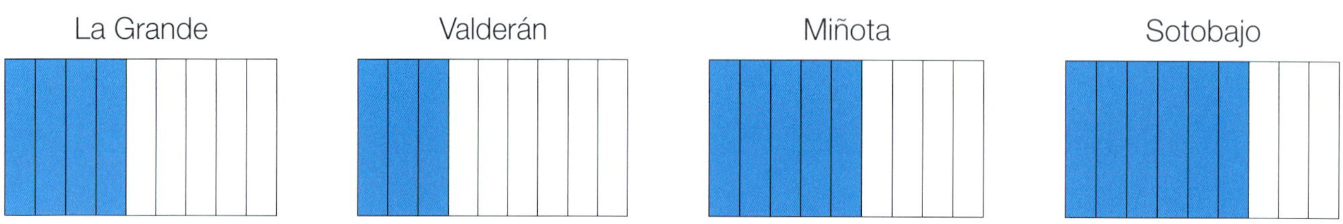

- ¿En qué playa la marea alta cubre más: La Grande o Valderán? ¿Cuánto más? Entre Miñota y Sotobajo, ¿en cuál cubre más? ¿Cuánto más?
- ¿Qué fracción de la playa no queda cubierta en cada una de ellas?

2 Responde a estas preguntas con la ayuda de tu compañero.

- En la playa de Tocones la marea alta cubre $\frac{3}{4}$ partes, en la de Saltillo $\frac{5}{6}$, en la de Roncho $\frac{15}{20}$ y en la de Virches $\frac{10}{12}$.
  ¿En qué playas la marea alta cubre una parte equivalente?
- En Sunces y Tarco las partes que cubre la marea alta son equivalentes.
  En Sunces cubre $\frac{10}{14}$. ¿Qué parte puede cubrir en Tarco?
- La marea alta, ¿puede cubrir una parte de la playa mayor que la unidad?

Juega con las fracciones

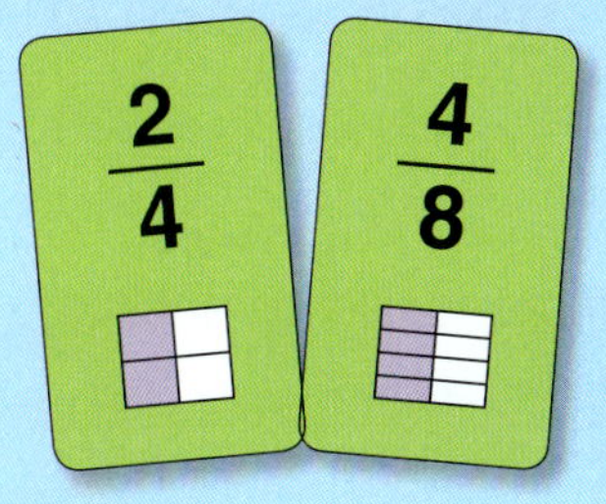

Material: Baraja de fracciones equivalentes.

Número de jugadores: 4

Reglas del juego:

Se barajan las cartas y se reparten entre los participantes. Los jugadores y jugadoras observan las cartas que les han correspondido y, si tienen cartas con fracciones equivalentes, las dejan sobre la mesa con las fracciones visibles para todos los demás participantes. Entre todos deben comprobar que son correctas; si no lo son, el jugador o jugadora pierde un turno.

Una vez hecho esto, comienza el jugador al que le ha correspondido la carta de $\frac{1}{2}$. Este jugador coge una carta al jugador que tiene a su izquierda:

- Si la carta que ha cogido tiene una fracción equivalente a alguna de sus cartas, deposita las dos cartas sobre la mesa.
- Si no es así, se queda con la carta.

Pasa el turno al jugador que le ha cogido la carta.

Ganador: El primer jugador o jugadora que se quede sin cartas.

1. Al repartir las cartas me tocan $\frac{3}{12}$, $\frac{2}{10}$, $\frac{1}{7}$, $\frac{3}{9}$, $\frac{2}{6}$ y $\frac{4}{20}$. ¿Puedo dejar alguna carta sobre la mesa?

Retos matemáticos

La limonada

Si un litro de limonada contiene 8 partes de agua y 2 de limón, ¿cuántas partes de agua contendrá medio litro de limonada?

Partes iguales

Divide esta figura en cuatro partes iguales.

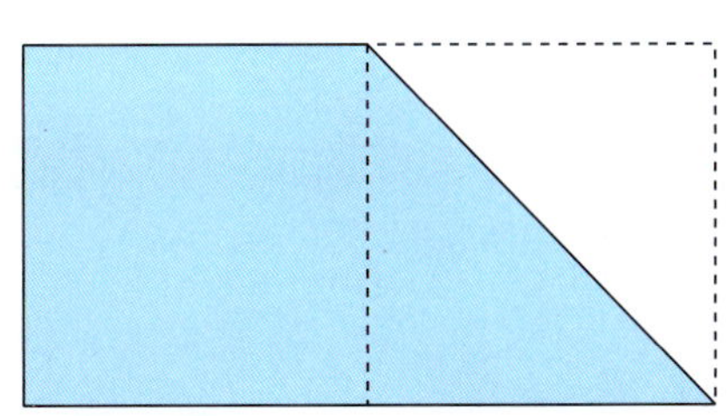

Solución de problemas

Detectar datos sobrantes y escribir un problema para ellos

En un *camping* en la playa hay alojados 80 niños, 78 niñas, 137 hombres y 213 mujeres. De los adultos, tres quintos han ido a la playa esta mañana. ¿Cuántos adultos no han ido a la playa esta mañana?

▶ Para resolver el problema no necesitas usar los datos de los niños y las niñas que hay alojados.

Puedes inventar muchos problemas con esos dos datos, por ejemplo:

En un *camping* en la playa hay alojados 80 niños, 78 niñas, 137 hombres y 213 mujeres. La mitad de los niños y un tercio de las niñas han ido a la playa. ¿Cuántos niños más que niñas han ido a la playa?

Escribe en tu cuaderno otro problema para los datos sobrantes.

Averigua qué datos no necesitas para resolver cada problema. Después, escribe un problema para ellos y resuélvelo.

1. María está plantando su huerto. Plantará dos décimos del huerto de patatas para guisar, un décimo de pepinos, tres décimos de patatas para freír y cuatro décimos de tomates. ¿Qué parte del huerto plantará de tomates más que de pepinos?

2. En una parcela hay plantados 75 manzanos, 30 chopos, 45 perales y 14 robles. La mitad de los árboles frutales tienen una plaga. ¿Cuántos árboles frutales se han librado de la plaga?

3. Paloma sale de su casa a entrenar a las 8 de la mañana. En media hora llega a la pista, donde corre 4 km; para y vuelve a correr otros 2 km. Si entrena todos los días, ¿cuántos kilómetros corre a la semana?

4. Se quieren envasar 1.200 kg de nueces. Los pondrán en bolsas de 2 kg cada una y las bolsas se colocarán en cajas, cada una de 20 kg. Cada caja se venderá por 80 €. ¿Cuánto dinero obtendrán por la venta de todas las cajas?

1 Descompón cada número.

- Ochenta mil noventa y siete.
- Setecientos doce mil ochocientos.
- Tres millones noventa y un mil dos.
- Cuatrocientos siete millones setenta mil ciento nueve.

2 Completa cada hueco con una cifra.

- 89.756.148 < □1.003.126
- □97.897.321 > 997.048.156
- □76.000.459 < 34□.125.687

3 Calcula estas operaciones.

- 36.258 + 16.091
- 89.307 + 989
- 96.857 − 37.085
- 66.000 − 976
- 675 × 987
- 4.209 × 634
- 9.875 : 84
- 615.258 : 475

4 Escribe tres múltiplos de 3 que acaben en 7.

5 Copia y rodea.

— Divisible por 2. — Divisible por 3.

— Divisible por 5.

30 15 12 18 70
22 21 65 90 24

6 Calca y representa cada fracción.

$\frac{4}{6}$ 

$\frac{5}{3}$ 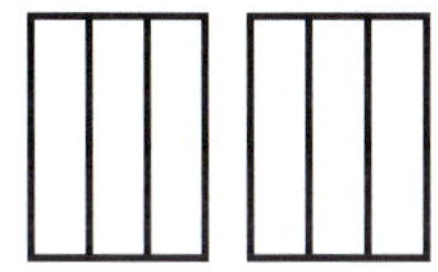

7 Escribe cómo se lee cada fracción.

$\frac{6}{9}$ $\frac{7}{10}$ $\frac{2}{11}$ $\frac{5}{12}$ $\frac{13}{17}$ $\frac{15}{20}$

8 Calcula.

- $\frac{2}{7}$ de 735
- $\frac{9}{12}$ de 984

Problemas

9 Sonia conduce un autocar. Esta semana hizo dos viajes, uno de 248 km y otro viaje de ida y vuelta. En total recorrió 1.256 km. ¿Cuántos kilómetros recorrió en la ida del segundo viaje?

10 En una pastelería hicieron 30 docenas de hojaldres. Vendieron 75 hojaldres y el resto lo envasaron en bolsas de 15 hojaldres cada una. ¿Cuántas bolsas prepararon en la pastelería?

11 Una camioneta lleva 56 cajas con 12 paquetes de 3 latas de atún cada una. Deja en un almacén 432 latas. ¿Cuántas cajas deja? ¿Cuántas latas de atún quedan en la camioneta?

12 En una exposición había 280 obras. Tres octavos eran fotografías, cuatro séptimos eran dibujos y el resto eran maquetas. ¿Cuántas fotografías, dibujos y maquetas había expuestas?

13 En una academia hay 280 estudiantes. Seis séptimos de ellos están agrupados en clases de 12 alumnos. ¿Cuántas clases de 12 alumnos hay?

Antes de empezar

Cálculo mental

Multiplica dos números terminados en cero

80 × 600 = 48.000

90 × 300	300 × 400	40 × 7.000	700 × 2.000
400 × 60	500 × 700	3.000 × 50	5.000 × 400
700 × 80	900 × 800	90 × 7.000	3.000 × 6.000

Multiplica tres números, siendo el producto de dos una decena o una centena

8 × 9 × 5 = 40 × 9 = 360

4 × 9 × 5	2 × 5 × 9	9 × 5 × 20	2 × 15 × 8
8 × 2 × 5	5 × 7 × 8	40 × 7 × 5	2 × 25 × 6
7 × 6 × 5	3 × 4 × 5	9 × 60 × 5	2 × 4 × 50

Un número, varias multiplicaciones

Escribe el número 800 como una multiplicación:

- Con dos factores en los que uno sea una decena.
- Con tres factores.

Pequeños problemas

Calcula mentalmente

1. Se han vendido 300 entradas para un concierto de música clásica. Cada entrada vale 20 €. ¿Cuánto se ha recaudado por las entradas?
2. Hemos recibido 5 cajas con 30 paquetes de 6 yogures en cada uno. ¿Cuántos yogures en total hemos recibido?
3. En mi barrio hay 6 edificios de 5 plantas, y cada planta tiene 8 viviendas. ¿Cuántas viviendas hay en total?

¿Qué sabes ya?

Unidad, décima y centésima

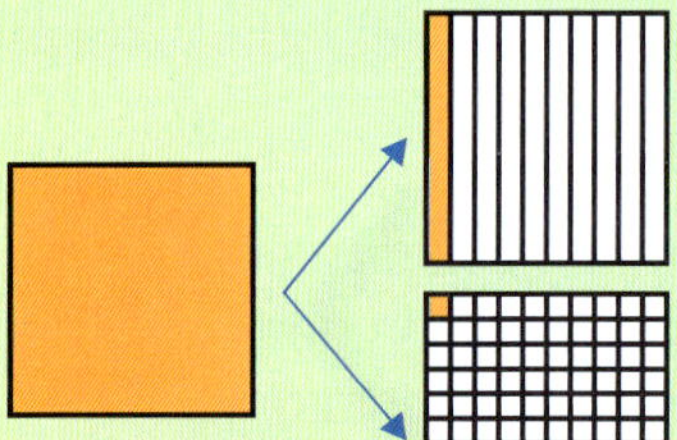

1 unidad

1 décima $\frac{1}{10} = 0,1$

1 centésima $\frac{1}{100} = 0,01$

1 **Observa y completa en tu cuaderno.**

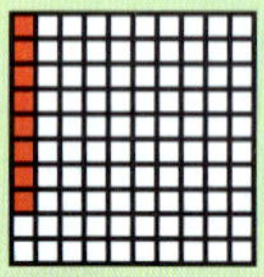

… centésimas

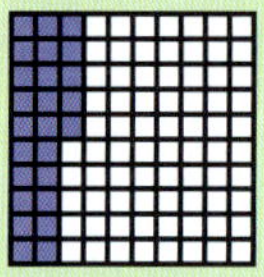

… centésimas

… décimas y … centésimas

Números decimales

El número 2,63 es un número decimal.

Tiene dos partes separadas por una coma:

2,63
- La parte entera (unidades enteras).
- La parte decimal (parte de otra unidad).

2,63 = 2 unidades, 6 décimas y 3 centésimas

2 **Escribe cada número decimal representado.**

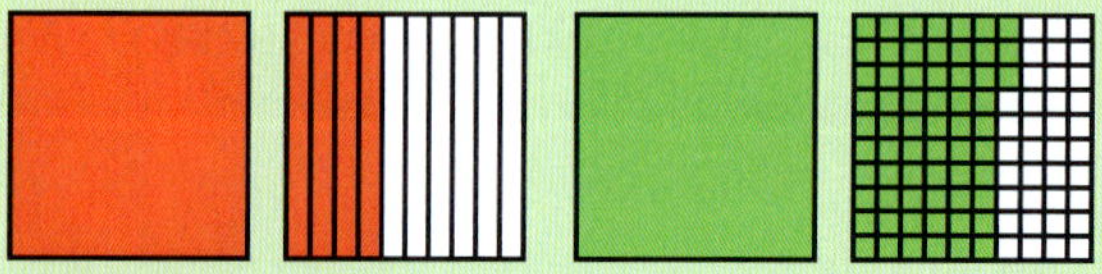

7 Números decimales. Porcentajes

Tiempo para leer

La sanidad, el transporte, la seguridad en las calles, la recogida de basuras… son servicios muy importantes. Se pagan con los impuestos, con dinero que aporta la ciudadanía.

Existen impuestos que todas las personas pagan por igual, sea cual sea su riqueza, y otros impuestos en los que la cantidad que se paga depende de la riqueza de la persona.

Al comprar cualquier artículo, por ejemplo, un libro, todas las personas pagan la misma cantidad de impuestos. Ese impuesto se llama IVA. De cada 100 euros que cuesta un libro, 4 euros son de impuestos.

Un impuesto que sí depende de la riqueza es el impuesto sobre la renta, en el que las personas pagan según su riqueza.

Tiempo para hablar

- Un impuesto que no depende de la riqueza es el que se aplica a los premios en la lotería. Para los premios grandes, de cada 100 euros ganados hay que pagar 20 euros.

  Expresa en forma de fracción la cantidad de un premio de la lotería que se debe pagar de impuestos y la parte del precio de un libro que supone el IVA.
- Indica qué tienen en común las dos fracciones que has respondido en la pregunta anterior.
- ¿Qué fracción expresa la parte de un premio de lotería que es para el ganador o ganadora? ¿Qué término tiene en común con la fracción que expresa la parte de impuestos?

Unidades decimales

Las unidades decimales se obtienen al dividir 1 unidad en 10, 100 o 1.000 partes iguales.

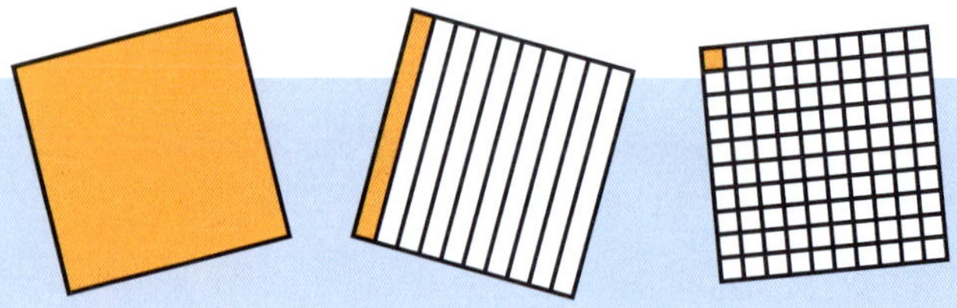

Si dividimos la unidad en 10 partes iguales, cada parte es 1 **décima**.

1 unidad = 10 décimas

$1 \text{ décima} = \frac{1}{10} = 0{,}1$

(fracción: $\frac{1}{10}$; decimal: 0,1)

Si dividimos la unidad en 100 partes iguales, cada parte es 1 **centésima**.

1 unidad = 100 centésimas

$1 \text{ centésima} = \frac{1}{100} = 0{,}01$

(fracción: $\frac{1}{100}$; decimal: 0,01)

Si dividimos la unidad en 1.000 partes iguales, cada parte es 1 **milésima**.

1 unidad = 1.000 milésimas

$1 \text{ milésima} = \frac{1}{1.000} = 0{,}001$

(fracción: $\frac{1}{1.000}$; decimal: 0,001)

Las equivalencias entre las unidades decimales son:

- 1 unidad = 10 décimas
- 1 décima = 10 centésimas
- 1 centésima = 10 milésimas

La décima, la centésima y la milésima son unidades decimales.

1 unidad = 10 décimas = 100 centésimas = 1.000 milésimas

1 Escribe en forma de fracción y en forma decimal.

¿Cuántos ceros tiene el denominador?

3 décimas	5 centésimas	6 milésimas
4 décimas	8 centésimas	74 milésimas
7 décimas	26 centésimas	195 milésimas
9 décimas	73 centésimas	382 milésimas

2 Completa en tu cuaderno.

- 2 unidades = … décimas = … centésimas = … milésimas
- 6 unidades = … décimas = … centésimas = … milésimas
- 4 unidades = … décimas
- 7 unidades = … décimas
- 3 décimas = … centésimas
- 39 décimas = … centésimas
- 5 centésimas = … milésimas
- 82 centésimas = … milésimas

3 Completa en tu cuaderno.

- 32 décimas = … unidades y … décimas
- 96 centésimas = … décimas y … centésimas
- 48 milésimas = … centésimas y … milésimas
- 4 unidades y 6 décimas = … décimas
- 32 décimas y 4 milésimas = … milésimas
- 2 unidades y 3 centésimas = … milésimas

Números decimales

7

Patricia es piloto de carreras y hoy está probando un nuevo circuito. En los entrenamientos ha conseguido dar una vuelta en 58,246 segundos, es decir, en un poco más de 58 segundos.

El número 58,246 es un número decimal.
Tiene dos partes, separadas por una coma:

Parte entera			Parte decimal		
C	D	U	d	c	m
	5	8,	2	4	6

parte entera ← 58 , 246 → parte decimal

- Lectura ▶ Los números decimales se pueden leer de dos formas.

  58,246 → 58 coma 246
  58,246 → 58 unidades y 246 milésimas

- Descomposición:

  58,246 = 5 decenas + 8 unidades + 2 décimas + 4 centésimas + 6 milésimas
  = 50 + 8 + 0,2 + 0,04 + 0,006

Los números decimales tienen dos partes:
– La parte entera (unidades, decenas, centenas…) a la izquierda de la coma.
– La parte decimal (décimas, centésimas, milésimas…) a la derecha de la coma.

1 Copia cada número decimal y rodea del color indicado.
Después, escribe entre qué dos números naturales está.

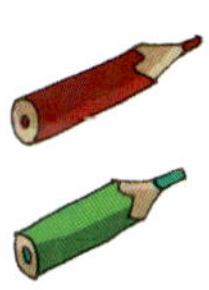

La parte entera.
La parte decimal.

46,08 7,235
100,9 35,006 2,87

2 Descompón cada número y escribe cómo se lee.

- 34,25
- 8,9
- 6,302
- 62,7
- 7,089
- 9,048
- 210,51

3 Escribe el valor de las cifras 7 en cada número.

- 19,27
- 19,074
- 5,347
- 7,107
- 134,78
- 70,387

4 Expresa con un número decimal en tu cuaderno cuántos euros hay.

… € y … céntimos = … €

… € y … céntimos = … €

… € y … céntimos = … €

Comparación de números decimales

Antonio es veterinario. Está pesando a un perro y una gata que le han traído a la consulta. ¿Qué animal pesa más?

Compara los decimales 2,836 y 2,851

	U	d	c	m
gata ▶	2,	8	3	6
perro ▶	2,	8	5	1

1.º Compara las unidades.

2,836
2,851 } 2 = 2

2.º Como las unidades son iguales, compara las décimas.

2,**8**36
2,**8**51 } 8 = 8

3.º Como las décimas son iguales, compara las centésimas.

2,8**3**6
2,8**5**1 } 3 < 5

2,836 < 2,851

El número mayor es 2,851. Pesa más el perro.

Para comparar números decimales, primero se comparan las partes enteras, y si son iguales, se comparan sucesivamente las décimas, centésimas, milésimas...

1 Copia cada grupo de números y rodea.

El número mayor.

El número menor.

- 3,2 — 1,96
- 45,7 — 45,62 — 45,81
- 8,36 — 8,32 — 8,319
- 7,146 — 7,149 — 7,143 — 7,145

2 Compara y escribe el signo correspondiente.

- 3,58 y 16,4
- 2,6 y 5,107
- 6,78 y 6,52
- 0,352 y 0,361
- 54,3 y 54,2
- 7,29 y 7,286

3 Escribe dos números.

- Mayores que 7,85 cuya parte entera sea 7.
- Menores que 3,6 cuya parte decimal sea 54.
- Mayores que 6,7 y menores que 6,9.
- Mayores que 5,48 y menores que 5,53.

4 Ordena.

- De menor a mayor: 6,53   6,278   6,29   7,3
- De mayor a menor: 28,503   28,571   28,504   28,56

5 ¿Qué cifras puedes poner en cada hueco? Completa.

- 7,□8 < 7,51
- 5,092 < 5,□□□ < 5,099
- 3,25 > 3,2□
- 23,□59 > 23,15□ > 23,1□7

6 ¿Qué punto representa cada número? Copia y colorea.

1,2 ▶ ○ 1,95 ▶ ○ 1,574 ▶ ○

2,3 ▶ ○ 2,72 ▶ ○ 2,986 ▶ ○

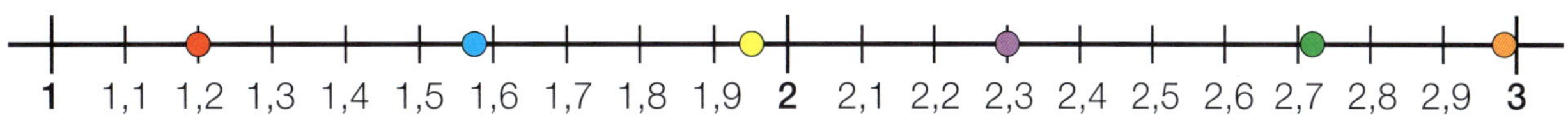

Problemas

7 Resuelve.

En la tabla están la estatura y el peso de unas personas.

	Susana	Celia	Quique	Ana	Pablo
Estatura	1,64 m	1,72 m	1,59 m	1,68 m	1,57 m
Peso	62,3 kg	68,2 kg	58,4 kg	59,9 kg	62,1 kg

- ¿Quién es la persona más alta? ¿Y la más baja?
- ¿Quién pesa más? ¿Y menos?
- ¿Quiénes miden más de 1 m y 65 cm?
- ¿Quiénes pesan menos de 60 kg?
- Rogelio mide y pesa más que Quique, pero menos que Susana. Inventa y escribe la estatura y el peso que puede tener Rogelio.
  Escribe tres posibles respuestas.

PENSAMIENTO

Piensa y escribe con todas las cifras del bombo los números indicados. Después, contesta.

- El mayor número natural y el menor.
  ¿Cuántas cifras tienen? ¿Tienen alguna cifra decimal?
- El mayor número decimal. ¿Cuántas cifras tiene la parte entera? ¿Cuántas cifras decimales tiene?
- El menor número decimal. ¿Cuántas cifras tiene la parte entera? ¿Cuántas cifras decimales tiene?

Aproximación de números decimales

¿Cómo se aproxima 4,735 a las unidades, a las décimas y a las centésimas?

- **Aproximación a las unidades**

  Para aproximar a las unidades, mira la cifra de las décimas.

  – Si es mayor o igual que 5, aumenta en 1 la cifra de las unidades.

  – Si es menor que 5, deja igual la cifra de las unidades.

4,735 ▶ 5
$7 > 5$
$4 + 1 = 5$

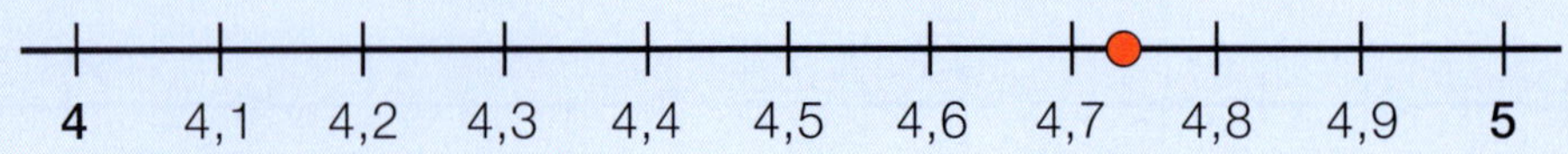

- **Aproximación a las décimas**

  Para aproximar a las décimas, mira la cifra de las centésimas.

  – Si es mayor o igual que 5, aumenta en 1 la cifra de las décimas.

  – Si es menor que 5, deja igual la cifra de las décimas.

4,735 ▶ 4,7
$3 < 5$
$7 = 7$

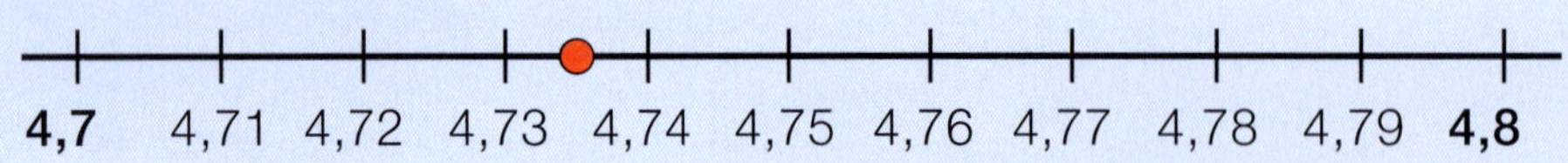

- **Aproximación a las centésimas**

  Para aproximar a las centésimas, mira la cifra de las milésimas.

  – Si es mayor o igual que 5, aumenta en 1 la cifra de las centésimas.

  – Si es menor que 5, deja igual la cifra de las centésimas.

4,735 ▶ 4,74
$5 = 5$
$3 + 1 = 4$

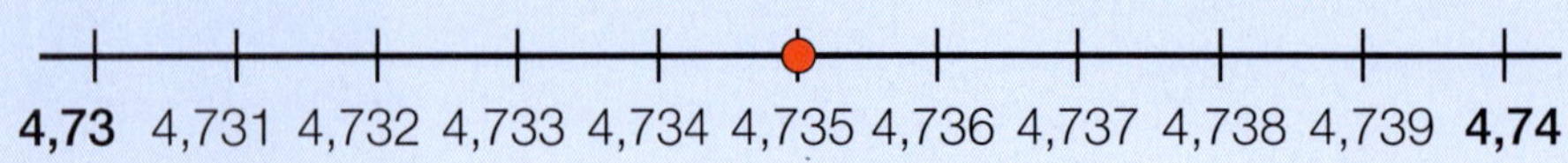

1 Aproxima cada número al orden que se indica.

A las unidades	7,2	6,8	1,52	9,43	3,193	7,916
A las décimas	4,61	7,29	7,45	6,147	9,282	36,874
A las centésimas	2,146	4,372	9,125	14,039	26,143	94,987

2 Piensa y escribe en tu cuaderno qué valores puede tener la cifra tapada.

- Su aproximación a las unidades es 8.

  8, ■

- Su aproximación a las décimas es 6,2.

  6,2 ■

- Su aproximación a las centésimas es 5,79.

  5,78 ■

¿Qué fracción representan las fotos de paisajes en cada álbum?

10 fotos
7 paisajes

$\frac{7}{10}$ = 7 décimas

100 fotos
65 paisajes

$\frac{65}{100}$ = 65 centésimas

1.000 fotos
790 paisajes

$\frac{790}{1.000}$ = 790 milésimas

Las fracciones $\frac{7}{10}$, $\frac{65}{100}$ y $\frac{790}{1.000}$ son **fracciones decimales**.

Las fracciones decimales son las fracciones que tienen por denominador la unidad seguida de ceros: 10, 100, 1.000…

1 Escribe en tu cuaderno tres fracciones decimales con denominadores distintos y pon al lado cómo se lee cada una.

2 Escribe cada fracción decimal en forma de número decimal.

HAZLO ASÍ

$\frac{275}{100} = 275 : 100 = 2{,}75$

2 ceros ▶ 2 cifras decimales

$\frac{38}{1.000} = 38 : 1.000 = 0{,}038$

3 ceros ▶ 3 cifras decimales

- $\frac{3}{10}$
- $\frac{99}{100}$
- $\frac{28}{1.000}$
- $\frac{715}{10}$
- $\frac{269}{100}$
- $\frac{3.294}{1.000}$
- $\frac{78}{10}$
- $\frac{7}{100}$
- $\frac{9}{1.000}$
- $\frac{2.719}{10}$
- $\frac{5.083}{100}$
- $\frac{675}{1.000}$

3 Escribe cada fracción decimal como número decimal.
Después, represéntalos en tu cuaderno en una recta como esta.

- $\frac{6}{10}$
- $\frac{23}{10}$
- $\frac{38}{10}$
- $\frac{80}{100}$
- $\frac{150}{100}$
- $\frac{400}{100}$

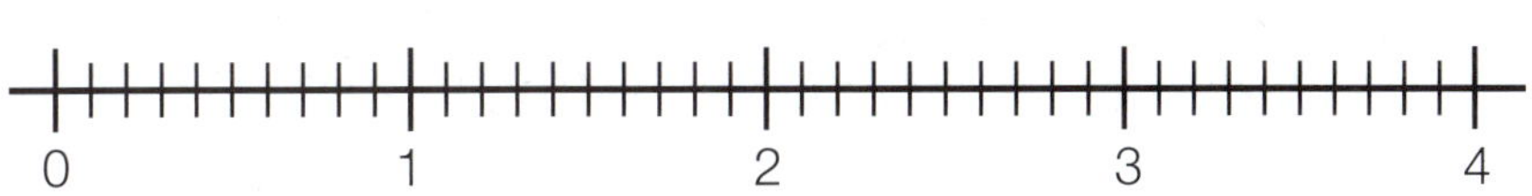

Porcentajes

De los árboles de un bosque, 42 de cada 100 son pinos; es decir, $\frac{42}{100}$ son pinos.

Las fracciones que tienen denominador 100 se llaman **porcentajes** o **tantos por ciento**.

Fracción		Porcentaje	Lectura
$\frac{42}{100}$	=	42 %	42 por ciento

El 42 % de los árboles del bosque son pinos.

Un porcentaje es una fracción que tiene como denominador 100.

1 Cuenta y escribe en tu cuaderno la fracción y el porcentaje que hay de cada color.

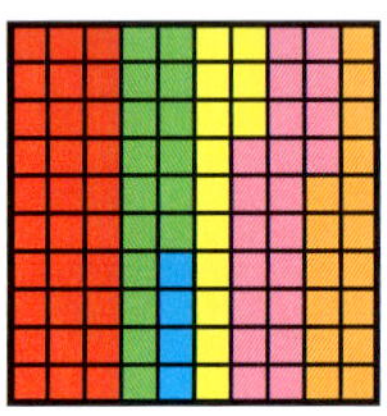

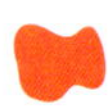 ▶ $\frac{30}{100}$ = 30 %

 ▶ $\frac{\dots}{\dots}$ = …

 ▶ $\frac{\dots}{\dots}$ = …

 ▶ $\frac{\dots}{\dots}$ = …

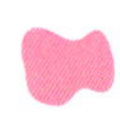 ▶ $\frac{\dots}{\dots}$ = …

 ▶ $\frac{\dots}{\dots}$ = …

2 Expresa cada frase con un porcentaje en tu cuaderno.

- 23 de cada 100 adultos duermen poco. ▶ Duermen poco el … % de los adultos.
- En el lago, 34 de cada 100 peces son carpas.
- 51 de cada 100 coches vendidos en este concesionario eran rojos.
- En el colegio, 52 de cada 100 alumnos son chicas.

3 Expresa cada fracción en forma de porcentaje. Después, escribe cómo se lee y su número decimal asociado.

- $\frac{35}{100}$
- $\frac{84}{100}$
- $\frac{4}{100}$
- $\frac{17}{100}$
- $\frac{92}{100}$
- $\frac{60}{100}$

EJEMPLO $\frac{12}{100}$ = 12 %; 12 por ciento; 0,12

4 Escribe en tu cuaderno, para cada dibujo, la fracción, el porcentaje, el número decimal y la expresión escrita correspondiente.

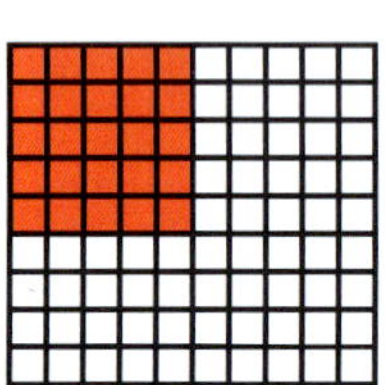

$\frac{\dots}{100}$ = … % = 0,25

… cuarto

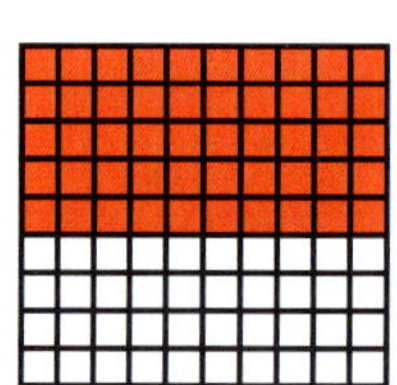

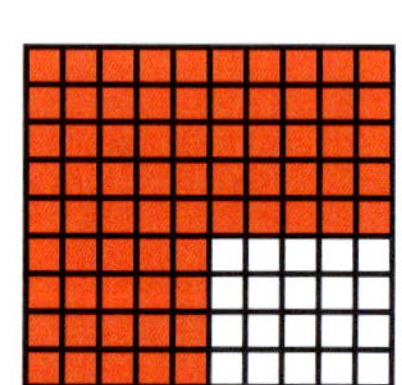

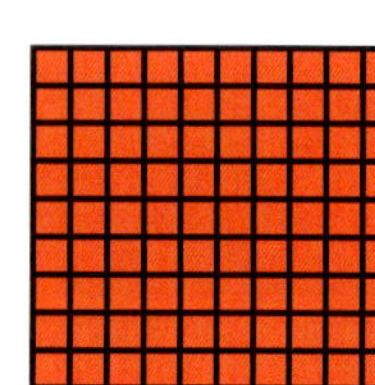

5 Copia y completa la tabla en tu cuaderno.

Porcentaje	19 %	38 %		
Lectura	19 por ciento			
Fracción	$\frac{19}{100}$		$\frac{76}{100}$	
Número decimal				0,05
Significado	19 de cada 100			

6 Calcula cada porcentaje.

HAZLO ASÍ

Calcular un porcentaje de un número es lo mismo que hallar la fracción correspondiente de ese número.

$$38\,\% \text{ de } 700 = \frac{38}{100} \text{ de } 700 = \frac{38 \times 700}{100} = \frac{26.600}{100} = 266$$

El 38 % de 700 es igual a 266.

- 6 % de 50
- 15 % de 80
- 12 % de 600
- 35 % de 480

RETO

¿Qué es mayor: el 5 % de 40 o el 40 % de 5?

Problemas

7 Resuelve.

- El 75 % de los 88 socios de un gimnasio van por la tarde. ¿Cuántos socios van por la tarde?
- En un teatro hay 300 butacas. El 20 % son de palco. ¿Cuántas butacas no son de palco?
- En un colegio hay 450 estudiantes. Un 20 % vienen en coche y un 70 % en autobús. ¿Cuántos estudiantes vienen en coche? ¿Y en autobús?
- Aurora ha comprado 40 pasteles y Pedro 60. El 40 % de los pasteles de ambos son de nata. ¿Cuántos pasteles de nata ha comprado cada uno?

PENSAMIENTO

Lee y contesta.

Leonor está leyendo una novela de aventuras y Pilar un cuento de miedo. Leonor ha leído ya el 30 % del suyo y Pilar el 75 %. ¿Puedes decir cuál de las dos ha leído más páginas? ¿Por qué?

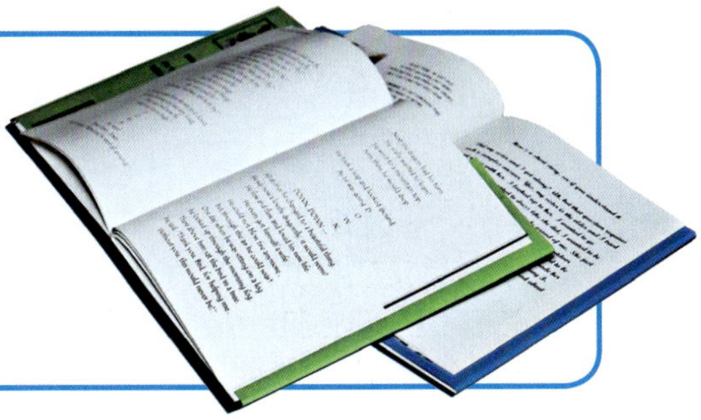

Problemas con porcentajes

Magdalena compra el tomate frito en botes de 750 gramos. Hoy hay una oferta y le dan por el mismo precio un 12 % más de tomate en cada bote. ¿Cuántos gramos de tomate tiene el bote de la oferta?

1.º Calculamos cuántos gramos más tiene el bote de la oferta.

$$12\,\%\text{ de }750 = \frac{12 \times 750}{100} = \frac{9.000}{100} = 90$$

2.º Hallamos los gramos de tomate que tiene en total el bote de la oferta.

$$750 + 90 = 840$$

El bote de la oferta tiene 840 gramos de tomate.

1 Resuelve. Piensa bien qué debes calcular y en qué orden.

- En un pueblo viven 1.500 personas. El 35 % de ellas son niños y el resto adultos. ¿Cuántos adultos viven en el pueblo?
- Un modelo de coche pesaba 2.500 kg. Han rebajado su peso un 5 % usando nuevos materiales. ¿Cuánto pesa ahora el coche?
- Un colegio ha comprado 25 libros iguales a 8 € cada uno y un perchero por 50 €. Le han descontado un 10 % del precio total. ¿Cuánto han pagado por la compra?
- En una zona de la selva hay 380 animales. El 35 % son mamíferos, el 40 % aves y el resto reptiles. ¿Qué porcentaje de los animales son reptiles? ¿Cuántos son?

2 Calcula los nuevos precios de cada artículo. Después, contesta.

En los grandes almacenes están de rebajas. Los artículos de precio superior a 150 € los han rebajado un 15 %, y los de precio inferior, un 8 %.

Bolso 100 €

Televisor 300 €

Bicicleta 180 €

mp3 50 €

- En la etiqueta de un artículo figura como precio anterior 200 € y como precio rebajado 185 €. ¿Está bien la etiqueta? ¿Por qué?

3 **Completa la tabla en tu cuaderno. Después, contesta.**

En la tabla aparece el número de viajeros que usaron cada barco durante el verano.

Barco	Viajeros en 2018	Viajeros en 2019
Ligero	2.100	+ 15 %
Neptuno	3.000	− 15 %
Tiburón	4.500	+ 9 %
Valiente	18.000	− 9 %

¿Crees que el número total de viajeros de 2018 a 2019 aumentó o disminuyó? Calcula y comprueba tu respuesta.

4 **Observa el gráfico y resuelve.**

En un ambulatorio han representado gráficamente el número de pacientes atendidos en los últimos tres meses.

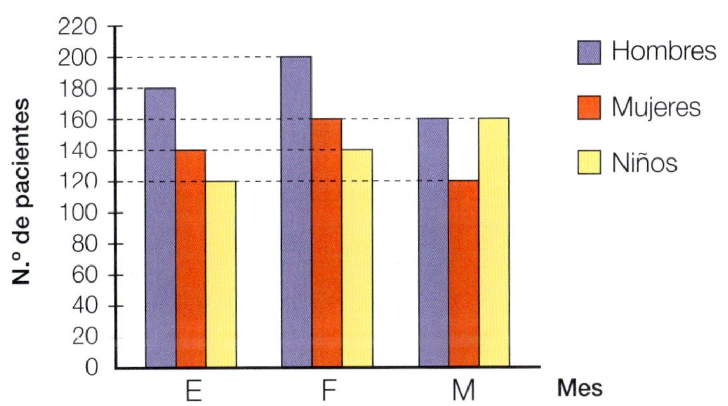

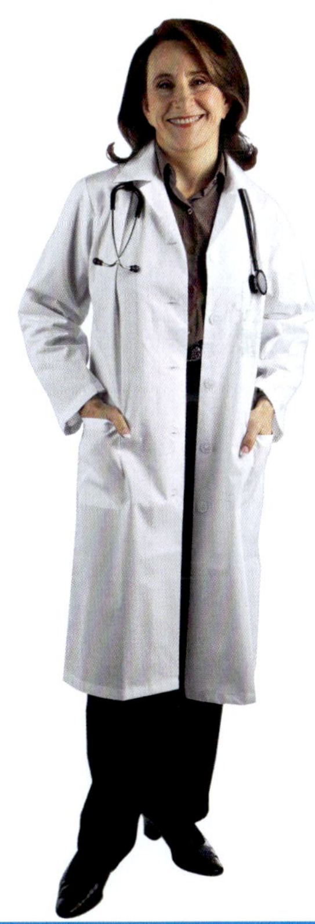

- María, al verlo, dice que en febrero atendieron un 20 % más de cada tipo de pacientes que en enero. ¿Tiene razón?
- ¿Es cierto que en marzo se atendió a un 25 % menos de hombres que en febrero? ¿Y de mujeres?
- En abril atendieron a un 5 % más de pacientes de cada tipo que en marzo. ¿A cuántos pacientes atendieron durante el mes de abril?

PENSAMIENTO

Lee y contesta, después inventa un precio y comprueba tu respuesta.

El precio de un libro se rebajó un 20 %.
El mes siguiente, se aumentó el nuevo precio un 20 %.
¿Qué precio era mayor: el inicial o el último?

COMPRUEBO MI PROGRESO

1 **Escribe el número decimal y cómo se lee.**

- ¿Cuántos euros son?

- ¿Cuántos grados marcan?

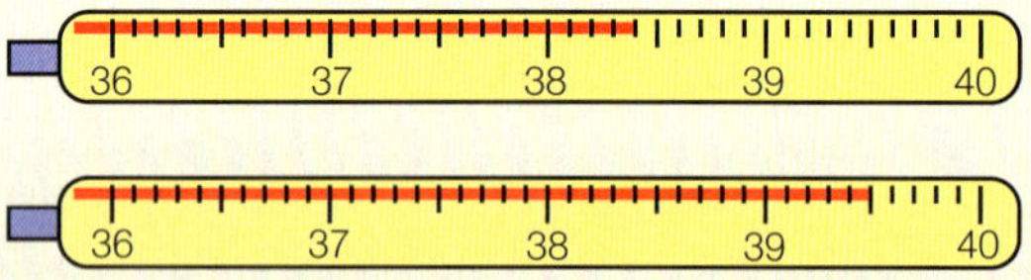

2 **Descompón cada número y compara.**

- 14,58 y 14,6
- 5,243 y 5,241
- 3,827 y 3,815
- 28,37 y 28,392

3 **Escribe en cada caso dos números.**

- Mayores que 3,45 con una cifra decimal.
- Menores que 0,8 con dos cifras decimales.
- Mayores que 7,26 y menores que 7,28.
- Mayores que 13 y menores que 13,1.

4 **Completa las cifras que faltan.**

- 6,45 < 6,●2
- 2,93 > 2,9●
- 4,1● < 4,175
- 53,● > 53,68

5 **Piensa y elige la respuesta correcta. Después, pon un ejemplo.**

- ¿Es un número natural de dos cifras mayor que un número decimal con dos cifras decimales?
- ¿Es un número con dos cifras decimales menor que otro con tres cifras decimales?

6 **Aproxima cada número.**

- A las unidades: 8,75   9,6   12,348
- A las décimas: 4,681   29,85   34,93   15,74   7,129
- A las centésimas: 9,141   3,079   18,685   24,614

7 **Completa la tabla en tu cuaderno.**

Porcentaje	Fracción	Decimal
18 %		
	$\frac{65}{100}$	
		0,09

8 **Copia en tu cuaderno, calcula y colorea.**

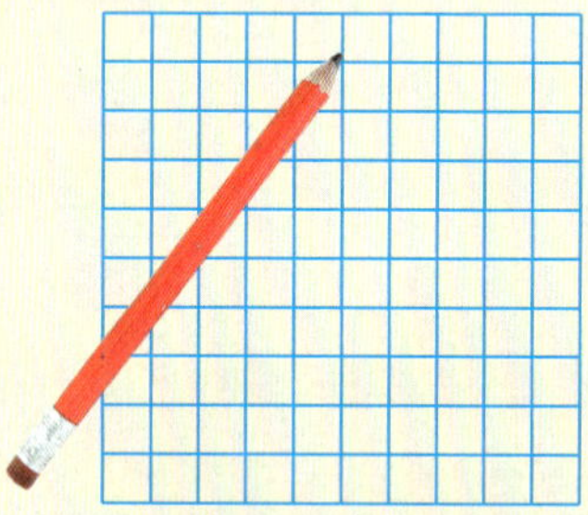

Un 30 %.
Un 45 %.
Un 15 %.

- ¿Qué porcentaje de casillas has dejado sin colorear?

9 **Calcula.**

- El 5 % de 180.
- El 47 % de 2.000.
- El 22 % de 450.
- El 64 % de 7.900.

10 **Piensa y contesta. Fíjate en los ejemplos.**

- Si calculas dos porcentajes distintos de un mismo número, ¿qué resultado es mayor de los dos?

30 % de 400 y 70 % de 400

- Si calculas el mismo porcentaje de dos números distintos, ¿qué resultado es mayor de los dos?

25 % de 500 y 25 % de 200

Problemas

11 Piensa y contesta.

Alberto está viendo mesas para poner su tablero de ajedrez. Es un cuadrado de 31,6 cm de lado.

Material	Largo × Ancho	Precio
Madera	45,3 cm × 31,8 cm	32,35 €
Piedra	36,1 cm × 32,5 cm	28,90 €
Plástico	34,2 cm × 30,9 cm	18,70 €
Azulejo	20,6 cm × 31 cm	26,45 €

- ¿En qué mesas no le cabe el tablero de ajedrez? ¿Por qué?
- Alberto tiene 29 € para gastarse. ¿Qué mesa comprará? ¿Por qué?

12 Resuelve.

- El 80 % de los 150 clientes de un restaurante han pedido hoy carne de segundo plato. ¿Cuántos clientes han pedido hoy carne?
- Carlos hizo 20 llamadas de teléfono. El 45 % eran locales. ¿Cuántas llamadas no eran locales? ¿Qué porcentaje del total fueron?
- En un acuario hay 120 peces. El 30 % de ellos son de color rojo y el 45 % son amarillos. ¿Cuántos peces son de otros colores?
- En un pueblo de 5.000 habitantes, el 52 % son adultos. De ellos, el 58 % son hombres. ¿Cuántos hombres adultos hay? ¿Y mujeres adultas?

13 Piensa y resuelve.

MÁS ZUMO GRATIS

La empresa Zumomola ha aumentado un 10 % la cantidad de zumo de sus envases.

- Uno de los envases de Zumomola tiene 200 cl. Ana piensa que el nuevo envase tendrá 210 cl. ¿Tiene razón?
- El envase de 30 cl cuesta ahora 50 céntimos. Zumomola decide, además de aumentar su cantidad de zumo, bajar el precio un 4 %. ¿Qué capacidad y precio tendrá el nuevo envase?
- Mario ha ido a la tienda después de la campaña y ve que el envase de 100 cl, que antes costaba 80 céntimos, cuesta 90 céntimos. Si Zumomola subió el precio solo un 5 %, ¿cuánto han añadido en la tienda al precio de ese envase?

¿CÓMO LO HE HECHO? Responde en tu cuaderno.

- ¿Sé leer, escribir y descomponer números decimales?
- ¿Sé comparar números decimales?
- ¿Sé aproximar números decimales?
- ¿Reconozco y calculo porcentajes?

Pon una nota a tu trabajo en esta unidad.

Calcular el IVA de varios productos

Uno de los impuestos más importantes en la Unión Europea es el IVA (impuesto sobre el valor añadido).

Este impuesto es un porcentaje de lo que pagamos cuando compramos cualquier producto. Ese porcentaje varía según si el producto que compramos se considera de primera necesidad o no.

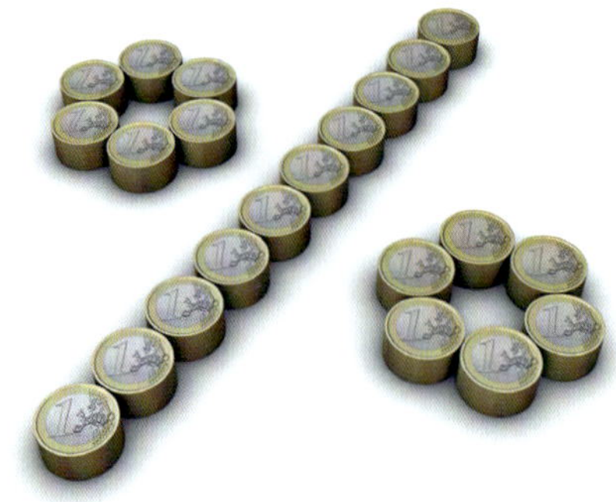

	IVA superreducido	IVA reducido	IVA general
Porcentaje	4 %	10 %	21 %
Artículos	Alimentos de primera necesidad, libros, medicamentos…	Resto de alimentos, restaurantes, transporte…	Coches, electrodomésticos, espectáculos…

Milagros ha ido hoy con su familia de compras y han adquirido varios productos.

1. ¿Qué parte del precio de un producto representa el IVA? Cita tres artículos que tengan distintos tipos de IVA.

2. Calcula el precio total de cada una de estas compras hechas por Milagros y su familia, añadiendo el IVA correspondiente:
   - Un lote de libros de 200 €.
   - Un billete de avión de 150 €.
   - Una nevera de 600 €.
   - Una entrada de teatro de 40 €.

3. Tras comprar, Milagros y su familia han ido a comer a un restaurante y hay un cartel que pone «Menú del día: 10 €» y debajo, en letra pequeña, «Precio sin IVA». ¿Cuánto cuesta en realidad el menú? ¿Crees que los precios se deben indicar sin IVA?

4. Razona con tu compañero o compañera qué consecuencias tendría que el IVA para todos los productos fuese el IVA general.

Juega con los números decimales y los porcentajes

Material: Baraja de números decimales y porcentajes.

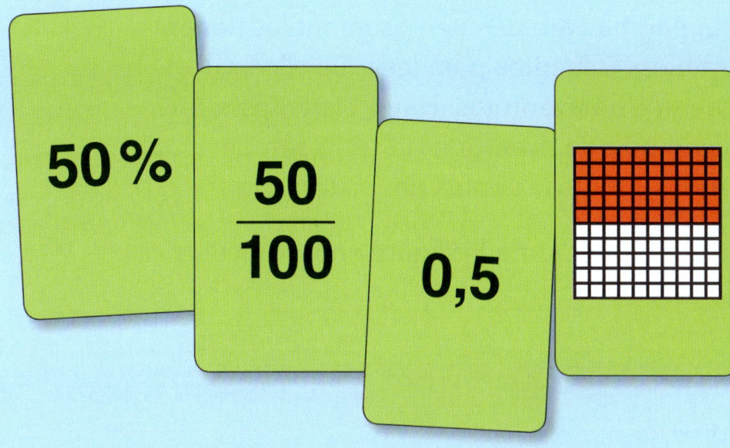

Número de jugadores: 8

Reglas del juego:

Se barajan las cartas y se dan 4 cartas a cada participante en el juego.

Todos los jugadores miran sus cartas y pasan al compañero o compañera de la derecha una de sus cartas que no desean.

Cuando uno de los jugadores reúne las 4 cartas equivalentes, dice en voz alta la palabra *cuatro* y pone la mano en el centro de la mesa. Todos los demás se tienen que apresurar para poner su mano encima. El último que la pone se anota la primera letra que aún no tenga de la palabra *PIERDO*.

Ganador: Pierde la persona que primero completa la palabra *PIERDO*.

1 Escribe en tu cuaderno las tres cartas de la baraja que son equivalentes a esta.

Retos matemáticos

Más medio melón

Sonia vendió la mitad de los melones que tenía más medio melón. Después, se comió el medio melón que le quedó.

¿Cuántos melones tenía Sonia?

Lechero ingenioso

Un lechero dispone únicamente de dos jarras de 3 y 5 litros para medir la leche que vende a sus clientes. ¿Cómo podrá medir un litro?

Solución de problemas

Extraer datos de la resolución de un problema

En una página web de cuentos infantiles tienen disponibles ▢ cuentos para leer. De ellos, ▢ son cuentos de aventuras. Hay ▢ cuentos más de miedo que de aventuras. El resto son de misterio. ¿Cuántos cuentos de misterio hay?

Completa el problema fijándote en los cálculos que lo resuelven.

125 + 143 = 268

125 + 18 = 143

400 − 268 = 132

▶ El número mayor de los recuadros es el número total de cuentos. El sumando repetido en las dos sumas es el número de cuentos de aventuras.

Escribe tú el problema completo en tu cuaderno y su solución.

Escribe completo cada problema en tu cuaderno con su solución. Fíjate en los cálculos que lo resuelven.

1. Una lavadora costaba ▢ €. La rebajaron ▢ € el mes pasado y este mes han rebajado el nuevo precio ▢ €. Mario ha comprado una lavadora este mes y ha entregado para pagarla ▢ €. ¿Cuánto dinero le han devuelto?

   900 − 732 = 168 | 800 − 40 = 760 | 760 − 28 = 732

2. En un tren viajaban ▢ personas. En la primera parada bajaron ▢ personas y subieron ▢. En la segunda bajaron ▢ personas, algunas más que en la parada anterior, y subieron ▢. ¿Cuántas personas había en el tren tras la segunda parada?

   701 + 44 = 745 | 731 − 30 = 701 | 717 + 14 = 731 | 742 − 25 = 717

REPASO ACUMULATIVO

1 Descompón cada número y escribe cómo se lee.

- 40.082.903
- 305.708.026
- 67.500.190
- 850.010.630

2 Calcula.

- 59.384 + 5.276
- 492 + 875 + 94
- 35.061 − 7.483
- 20.316 − 19.508
- 7.295 × 68
- 6.407 × 453
- 348 × 950
- 8.126 × 702
- 7.324 : 85
- 43.364 : 293
- 9.651 : 47
- 51.307 : 568
- 28.349 : 69
- 68.240 : 327

3 Calcula.

- $\frac{6}{9} + \frac{2}{9}$
- $\frac{7}{12} + \frac{5}{12}$
- $\frac{8}{15} - \frac{3}{15}$
- $\frac{13}{8} - \frac{7}{8}$
- $\frac{4}{5}$ de 270
- $\frac{8}{9}$ de 432

4 Escribe en cada caso dos fracciones y cómo se leen.

- Mayores que la unidad.
- Iguales que la unidad.
- Menores que la unidad.

5 Copia en cada caso la fracción mayor.

- $\frac{6}{9}$ y $\frac{7}{9}$
- $\frac{5}{8}$ y $\frac{5}{12}$
- $\frac{3}{10}$, $\frac{10}{10}$ y $\frac{7}{10}$

6 Escribe el número natural equivalente a cada fracción.

$\frac{6}{2}$ $\frac{24}{3}$ $\frac{25}{5}$ $\frac{54}{6}$ $\frac{32}{8}$ $\frac{70}{10}$

7 Busca y escribe parejas de fracciones equivalentes.

$\frac{5}{7}$ $\frac{2}{3}$ $\frac{4}{5}$ $\frac{3}{4}$

$\frac{12}{15}$ $\frac{10}{14}$ $\frac{8}{12}$ $\frac{15}{20}$

Problemas

8 Dos adultos y 15 niños pagaron con 150 € las entradas de una función. La entrada de adulto costaba 12 € y la infantil, 8 €. ¿Cuánto les devolvieron?

9 Tania ha hecho muchas rosquillas y las ha repartido en 5 bandejas iguales. Ha puesto 34 rosquillas en cada una y le han sobrado 4. ¿Cuántas rosquillas ha hecho?

10 Mónica y Laura compran una pizza. Mónica comió tres sextos y Laura dos sextos. ¿Quién ha comido más? ¿Qué cantidad de pizza han comido en total? ¿Cuánta pizza ha sobrado?

11 Pedro tenía 4 billetes de 20 €. Compra dos libros. El primero valía 17 € y el segundo 4 € menos. ¿Cuánto dinero le sobra?

12 En un colegio hay 450 estudiantes. Un noveno va al colegio en autobús, a dos novenos los llevan en coche y el resto va andando. ¿Cuántos estudiantes van al colegio de cada forma?

13 Iván abrió la botella de refresco y llenó una jarra de tres quintos de litro y un vaso de un quinto de litro. ¿Cuánto refresco quedó en la botella?

Relacionar pictogramas con tablas y otros gráficos

Una bióloga ha representado en un pictograma los huevos que hubo en los nidos de una zona en los últimos años. También quiere anotar los datos en una tabla.

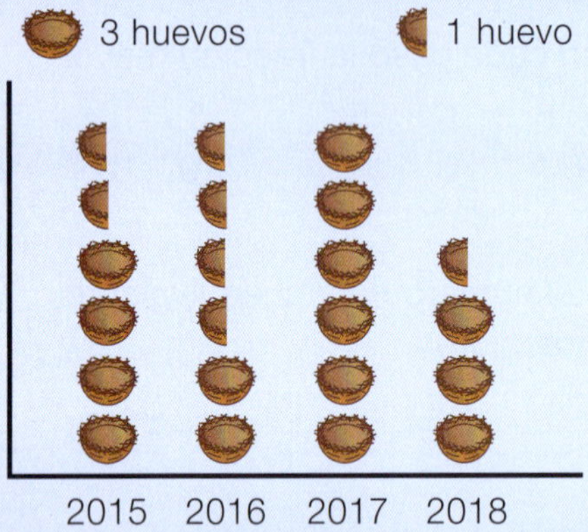

	Nidos de 3 huevos	Nidos de 1 huevo	N.º de huevos
2015	4	2	
2016			
2017			
2018			

1. Completa en tu cuaderno la tabla anterior y representa en un gráfico lineal de una característica el número total de huevos de cada año.

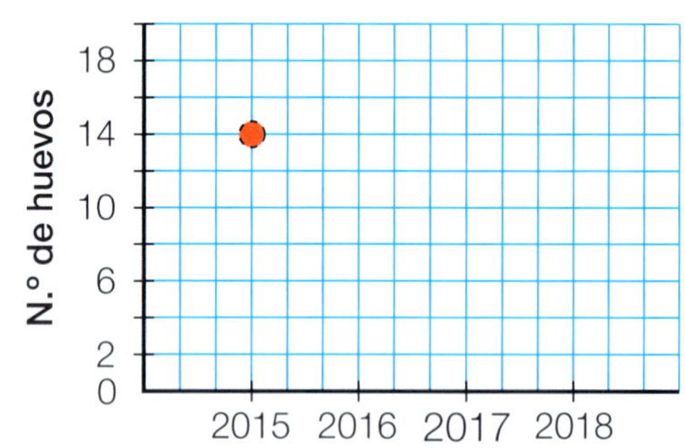

2. Representa en tu cuaderno con un pictograma los grupos que se hicieron en los talleres de pintura cada mes. Después, contesta.

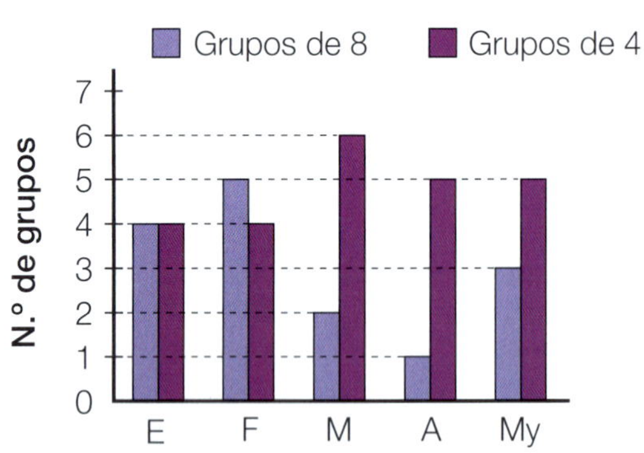

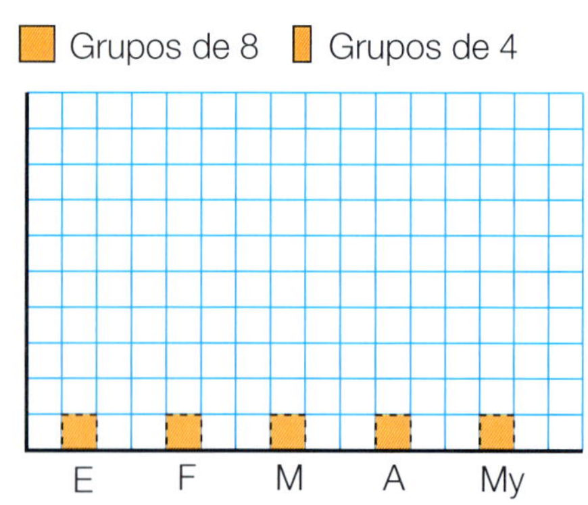

- ¿En qué mes hubo más grupos de 4 personas?
- ¿En qué mes hubo menos grupos de 8 personas?
- ¿En qué mes hubo más asistentes?
- ¿En qué meses hubo más de 40 asistentes?

Realizar un proyecto con pictogramas

Vamos a realizar un proyecto usando los pictogramas. Seguiremos estos pasos:

1.º Realizar el recuento de los datos y anotarlos en la tabla.

2.º Representarlos en un pictograma.

3.º Responder a varias preguntas y plantear otras a los compañeros.

1 Pregunta a tus compañeros y compañeras cuántos yogures comieron ayer ellos y sus hermanos y hermanas. Anótalos, haz el recuento y completa la tabla en tu cuaderno. No olvides incluir tus datos.

	Alumnos	Alumnas	Hermanos	Hermanas
Yogures comidos				

2 Representa en tu cuaderno los datos de la tabla en un pictograma. Fíjate en el ejemplo y usa el menor número de símbolos posible.

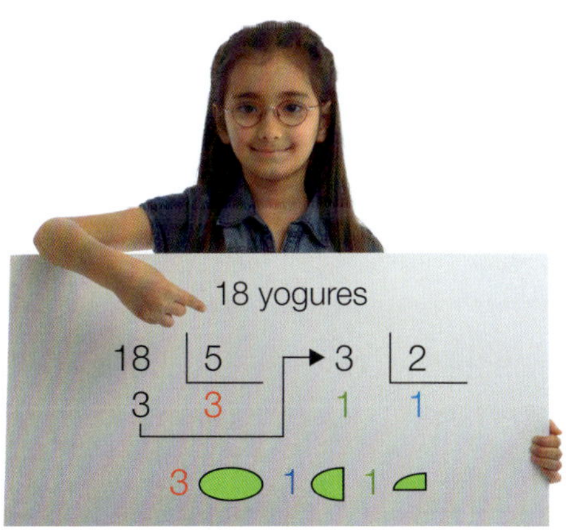

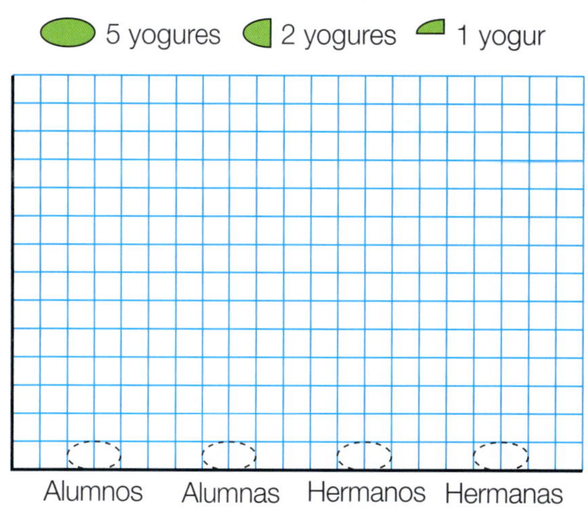

3 Fíjate en el gráfico que has representado y contesta.

- ¿Qué grupo tiene más símbolos en el pictograma? ¿Cuál tiene menos símbolos?
- ¿Qué grupo tiene más símbolos en el pictograma?
- ¿Qué grupo ha comido más yogures?

4 Inventa otras preguntas similares a las de la actividad 3 y plantéalas después a los demás. Comprueba que puedan responderse usando la información del pictograma que habéis representado.

Antes de empezar

Cálculo mental

Multiplica por decenas, centenas o millares

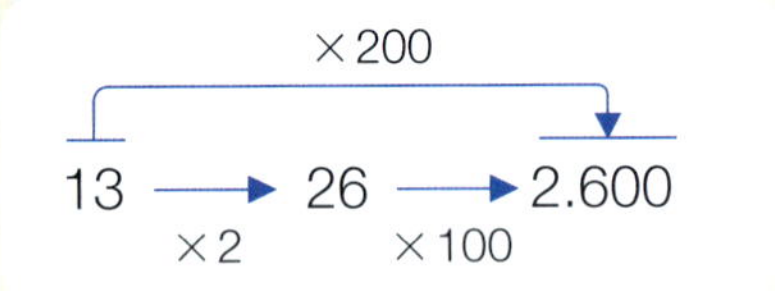

15 × 20	61 × 200	11 × 30	22 × 300
21 × 20	32 × 2.000	21 × 30	13 × 3.000
54 × 200	45 × 2.000	12 × 300	33 × 3.000

Divide entre decenas, centenas o millares

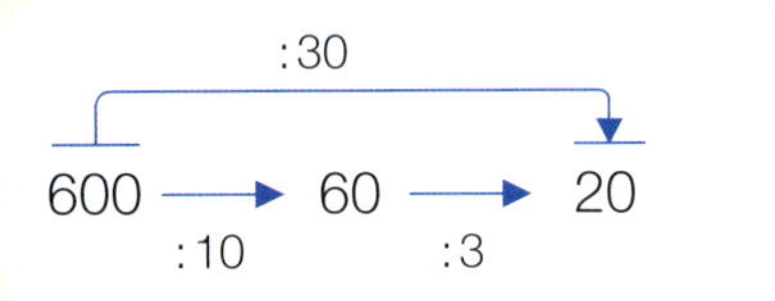

60 : 20	1.200 : 60	6.000 : 600	32.000 : 4.000
120 : 40	1.800 : 200	5.600 : 800	40.000 : 5.000
300 : 50	2.700 : 300	9.000 : 3.000	81.000 : 9.000

Un número, un producto y una división

Escribe 6.000 como el resultado de:

a) Un producto en el que uno de los factores sea 200.

b) Una división en la que el divisor sea 20.

Pequeños problemas

Calcula mentalmente

1. El ayuntamiento de un pueblo ha puesto 21 farolas en cada uno de los 20 barrios en los que se divide el pueblo. ¿Cuántas farolas ha puesto en total?

2. Una empresa de conservas tiene unos beneficios de 8.000 € que reparte en partes iguales entre sus 20 empleados. ¿Cuánto recibirá cada uno?

¿Qué sabes ya?

Cambios en los términos de una división

Si en una división se multiplican o se dividen el dividendo y el divisor por un mismo número distinto de cero:

– El cociente no varía.

– El resto queda multiplicado o dividido por dicho número.

23 | 2 → cociente 11, resto 1 (03, 1)

Dividimos el dividendo y el divisor entre 2 y volvemos a dividir.

46 | 4 → cociente 11, resto 2 (06, 2)

Multiplicamos el dividendo y el divisor por 2 y volvemos a dividir.

92 | 8 → cociente 11, resto 4 (12, 4)

1 **Divide. Después, multiplica o divide el dividendo y divisor por los números que se indican y comprueba cómo cambian los términos de las divisiones.**

58 : 4	85 : 7	156 : 4	93 : 6	148 : 16	375 : 15
× 3 × 3	× 4 × 4	× 5 × 5	: 3 : 3	: 4 : 4	: 5 : 5
… : …	… : …	… : …	… : …	… : …	… : …

8 Operaciones con números decimales

Tiempo para leer

El teléfono es un invento que existe desde hace muchos años. Con él podemos transmitir sonidos muy lejos de forma instantánea. Esa transmisión en el teléfono fijo se hace normalmente con un cable de cobre, aunque también hay teléfonos inalámbricos.

Al hablar por teléfono nuestra voz se transforma en impulsos eléctricos que viajan por el cable desde nuestra casa a la centralita más cercana, de allí a otra y así sucesivamente. Desde la centralita más cercana a la persona a la que llamamos sale un cable que va hasta su teléfono.

Hoy en día, por la red de telefonía fija, además, viajan datos, lo que nos permite, por ejemplo, navegar por internet, usando la tecnología ADSL.

Tiempo para hablar

- Pablo llama por teléfono a Sara. De casa de Pablo a la centralita más próxima hay 1,57 km de cable; de esa centralita a la más próxima a Sara hay 720 km, y de la centralita cerca de Sara a su casa hay 2,5 km. ¿Cuántos kilómetros de cable hay entre la casa de Pablo y la de Sara: más o menos de 725 km?
- Si nuestra casa está muy cerca de la centralita, podremos navegar por internet mejor que en otras casas más lejanas, ya que la distancia hace que la tecnología ADSL transmita peor los datos. Las distancias de cuatro casas a una misma centralita son 1,8 km; 1,794 km; 1,9 km y 0,995 km. ¿En qué casa de las cuatro funcionará mejor el ADSL? ¿En cuál lo hará peor? Explica cómo lo has averiguado.

Suma y resta de números decimales

Álvaro está llenando de agua el bidón y el cubo con una manguera.

- ¿Cuántos litros de agua echará en total?

Suma 6,4 + 3,75

1.º Coloca los números de manera que coincidan en la misma columna las cifras de igual orden.

2.º Suma como si fueran números naturales y escribe una coma en el resultado, debajo de la columna de las comas.

$$\begin{array}{rrrr} & \textbf{D} & \textbf{U} & \textbf{d}\;\textbf{c} \\ & & 6, & 4\;\; \\ + & & 3, & 7\;5 \\ \hline & 1 & 0, & 1\;5 \end{array}$$

En total echará 10,15 ℓ de agua.

- ¿Cuántos litros de agua echará en el bidón más que en el cubo?

Resta 6,4 − 3,75

1.º Coloca los números de manera que coincidan en la misma columna las cifras de igual orden. Añade los ceros necesarios en el minuendo.

2.º Resta como si fueran números naturales y escribe una coma en el resultado, debajo de la columna de las comas.

$$\begin{array}{rrrr} & \textbf{D} & \textbf{U} & \textbf{d}\;\textbf{c} \\ & & 6, & 4\;\mathbf{0} \\ - & & 3, & 7\;5 \\ \hline & & 2, & 6\;5 \end{array}$$

En el bidón echará 2,65 ℓ de agua más.

Para sumar o restar números decimales, se colocan de manera que coincidan en la misma columna las cifras del mismo orden y, si es necesario, se añaden ceros en el minuendo. Después, se suman o se restan como si fueran números naturales y se coloca una coma en el resultado debajo de la columna de las comas.

1 Coloca los números y calcula.

- 17,52 + 9,634
- 86,283 + 3,95
- 4,7 + 3,28 + 0,945
- 25 + 29,73 + 6,8
- 25,38 − 6,74
- 80,7 − 4,38
- 163 − 42,7
- 51,3 − 19,862

2 Escribe en tu cuaderno dos números comprendidos entre 2,7 y 2,85. Después, súmalos y réstalos.

3 Resuelve.

- Patricia quiere recorrer en bicicleta un circuito de 14,8 km. Ha recorrido ya 5,72 km. ¿Cuántos kilómetros le faltan a Patricia por recorrer?
- Elvira ha comprado un libro por 18,70 € y una pluma por 9,65 €. Ha entregado para pagar 30 €. ¿Cuántos euros le tienen que devolver?

Multiplicación de un decimal por un natural 8

Para el comedor del colegio, han encargado 25 botellas de zumo. Cada una cuesta 1,27 €. ¿Cuál ha sido el importe total?

Multiplica 1,27 por 25

1.º Multiplica los números como si fueran números naturales.

$$\begin{array}{r} 1,27 \\ \times\quad 25 \\ \hline 635 \\ 254 \\ \hline 3175 \end{array}$$

2.º En el resultado, separa con una coma, a partir de la derecha, tantas cifras decimales como tenga el número decimal.

$$\begin{array}{rl} 1,27 & \blacktriangleleft \text{ 2 cifras decimales} \\ \times\quad 25 & \\ \hline 635 & \\ 254 & \\ \hline 31,75 & \blacktriangleleft \text{ 2 cifras decimales} \end{array}$$

El importe ha sido 31,75 €.

Para multiplicar un número decimal por un natural, se multiplican como si fueran números naturales y en el resultado se separan, con una coma, a partir de la derecha, tantas cifras decimales como tenga el número decimal.

1 Calcula.

- 7,4 × 9
- 16,5 × 12
- 0,95 × 7
- 32,75 × 24
- 0,125 × 16
- 30,961 × 614
- 14,092 × 17
- 0,73 × 325

2 Multiplica por la unidad seguida de ceros.

HAZLO ASÍ

Para multiplicar un número decimal por la unidad seguida de ceros, se desplaza la coma a la derecha tantos lugares como ceros siguen a la unidad. Si es necesario, se añaden ceros.

69,87 × 10 = 698,7 — 1 cero ▶ 1 lugar a la derecha

3,5 × 100 = 350 — 2 ceros ▶ 2 lugares a la derecha

- 2,89 × 10
- 7,9 × 10
- 45,897 × 10
- 5,4 × 100
- 2,84 × 100
- 0,07 × 100
- 8,5 × 1.000
- 4,32 × 1.000
- 0,04 × 1.000
- 0,152 × 1.000
- 0,802 × 10.000
- 7,3 × 10.000

3 Resuelve.

- Andrea compra 4 bolígrafos azules y 3 rojos. Cada uno cuesta 1,95 €. ¿Cuánto tiene que pagar en total?
- Luis tenía un saco de patatas de 95 kg. Ha vendido 10 bolsas de 2,5 kg cada una. ¿Cuántos kilos de patatas le quedan?

Multiplicación de números decimales

Emilio compra 3,6 kg de manzanas a 1,45 € el kilo.
¿Cuánto pagará por las manzanas?

Multiplica 1,45 × 3,6

1.º Multiplica los dos números como si fueran números naturales, sin tener en cuenta la coma.

$$\begin{array}{r} 1{,}45 \\ \times\ 3{,}6 \\ \hline 870 \\ 435 \\ \hline 5220 \end{array}$$

2.º En el producto, separa con una coma, a partir de la derecha, tantas cifras decimales como tengan en total los dos factores.

$$\begin{array}{rl} 1{,}45 & \blacktriangleleft \text{ 2 cifras decimales} \\ \times\ 3{,}6 & \blacktriangleleft \text{ 1 cifra decimal} \\ \hline 870 & \downarrow\ 2+1=3 \\ 435 & \\ \hline 5{,}220 & \blacktriangleleft \text{ 3 cifras decimales} \end{array}$$

Emilio pagará por las manzanas 5,22 €.

Para multiplicar números decimales, se multiplican como si fueran números naturales y, en el producto, se separan con una coma, a partir de la derecha, tantas cifras decimales como tengan en total los dos factores.

1 Averigua cuántas cifras decimales tendrá cada producto, y escríbelo en tu cuaderno con la coma en el lugar correspondiente.

- 23,78 × 9 = 21402
- 3,81 × 2,14 = 81534
- 0,9 × 0,541 = 4869
- 46 × 1,952 = 89792
- 12,36 × 0,125 = 154500
- 0,087 × 0,76 = 6612

2 Calcula.

- 3,8 × 2,5
- 1,82 × 2,03
- 4,108 × 15,4
- 0,654 × 6,012
- 3,75 × 1,8
- 1,016 × 0,54
- 21,045 × 2,03
- 0,123 × 0,123

3 Copia y completa cada serie en tu cuaderno.

4,9 → × 2,3 → ☐ → − 6,75 → ☐ → × 0,4 → ☐ → + 9,9 → ☐

37,6 → − 29,38 → ☐ → × 3,5 → ☐ → + 6,89 → ☐ → × 2,4 → ☐

4 Calcula estas operaciones combinadas.

HAZLO ASÍ

Haz los cálculos en este orden:

1.º Operaciones de los paréntesis.

2.º Multiplicaciones en el orden en que aparecen.

3.º Sumas y restas en el orden de aparición.

$$62{,}5 - (4 + 3{,}8) \times 3$$
$$62{,}5 - 7{,}8 \times 3$$
$$62{,}5 - 23{,}4$$
$$39{,}1$$

- $(3{,}1 - 1{,}25) \times 2$
- $9{,}5 - (2{,}3 + 0{,}5) \times 3$
- $3{,}2 + 1{,}3 \times 20$
- $4{,}8 - 3{,}9 + 1{,}3 \times 2$

Problemas

5 Resuelve.

Alicia va a hacer un pastel y anota los ingredientes.

- Las peras cuestan 1,25 € el kilo y entrega para pagar 5 €. ¿Cuánto le devuelven?
- Compra la harina a 0,40 € el kilo y el azúcar a 1,80 € el kilo. ¿Cuánto pagará por ambos?
- Ha comprado dos botellas de leche de 1 ℓ a 1,30 € cada una. ¿Cuánto paga en total? ¿Qué cantidad de leche le sobra?
- ¿Cuánto se ha gastado en total en la compra?

PENSAMIENTO

Observa el resultado de cada multiplicación, y escribe en tu cuaderno, sin operar, el resultado de las demás.

$312 \times 45 = 14.040$

- $31{,}2 \times 4{,}5$
- $3{,}12 \times 0{,}45$
- $0{,}312 \times 45$
- $31{,}2 \times 0{,}045$

$78 \times 6 = 468$

- $78 \times 0{,}6$
- $7{,}8 \times 0{,}06$
- $0{,}78 \times 6$
- $0{,}78 \times 0{,}06$

Estimación de operaciones con decimales

El mes pasado, Cristina pagó por su factura de teléfono 23,45 € y este mes ha pagado 19,75 €. ¿Cuántos euros, aproximadamente, ha pagado en total en los dos meses?

Estima la suma 23,45 + 19,75 aproximando a las unidades

Para estimar sumas o restas, aproxima cada término al orden indicado y suma o resta las aproximaciones.

Estimamos la suma aproximando a las unidades:

23,45 + 19,75 → 23 + 20 = 43

En los dos meses ha pagado 43 € aproximadamente.

1 Estima las sumas y restas aproximando al orden que se indica.

A las unidades	▪ 6,78 + 8,36	▪ 3,15 + 9,54	▪ 9,12 − 5,73	▪ 10,64 − 8,56
A las décimas	▪ 9,62 + 11,73	▪ 3,15 + 9,54	▪ 9,12 − 5,73	▪ 12,64 − 8,56

2 Estima las multiplicaciones.

HAZLO ASÍ

Estima 3,92 × 5 aproximando a las décimas

Aproxima 3,92 a las décimas y multiplica la aproximación por 5:

3,92 × 5 → 3,9 × 5 = 19,5

A las décimas:

- 3,82 × 7
- 4,752 × 6
- 5,809 × 8

A las centésimas:

- 5,239 × 9
- 32,654 × 5
- 8,907 × 4

3 Resuelve.

Ramiro compra 3,6 m de cinta roja, 2,4 m de cinta azul y 1,7 m de listón de madera. Cada metro de cinta cuesta 2 €, y el metro de listón, 3 €.

- ¿Cuántos metros de cinta compra aproximadamente?
- ¿Cuántos metros de cinta roja más que de azul compra aproximadamente?
- ¿Cuánto cuesta aproximadamente el listón?
- ¿Cuánto pagarán aproximadamente por la cinta roja? ¿Y por la cinta azul?
- ¿Cuánto pagará aproximadamente en total?

División entre la unidad seguida de ceros 8

En una oficina han comprado un lote de material. El lote tiene 10 calculadoras, que han costado 247 €, y 100 pinzas, que han costado 95 €.

- ¿Cuánto ha costado cada calculadora?

Divide 247 entre 10

Separa en 247 con una coma, a partir de la derecha, una cifra decimal, ya que en 10 hay un cero tras la unidad.

247 : 10 = 24,7

1 cero ▶ 1 cifra decimal

Cada calculadora ha costado 24,70 €.

- ¿Cuánto ha costado cada pinza?

Divide 95 entre 100

Separa en 95 con una coma, a partir de la derecha, 2 cifras decimales, ya que en 100 hay dos ceros tras la unidad.

Añade un cero a la izquierda.

95 : 100 = 0,95

2 ceros ▶ 2 cifras decimales

Cada pinza ha costado 0,95 €.

Para dividir un número natural entre la unidad seguida de ceros, se separan con una coma a partir de la derecha tantas cifras decimales como ceros siguen a la unidad. Si hace falta, se añaden ceros.

1 Calcula.

- 6 : 10
- 43 : 10
- 780 : 10
- 3.006 : 10
- 7 : 100
- 92 : 100
- 402 : 100
- 3.913 : 100
- 8 : 1.000
- 73 : 1.000
- 983 : 1.000
- 1.067 : 1.000

2 Observa el dibujo y calcula.

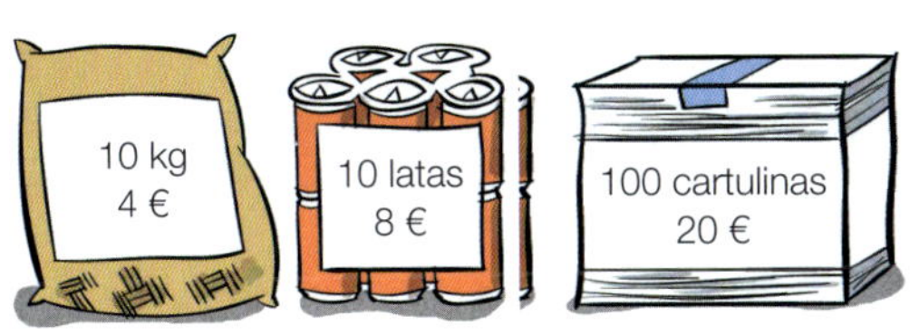

- ¿Cuánto cuesta un kilo de patatas?
- ¿Cuánto cuesta una lata de refresco?
- ¿Cuánto cuesta una cartulina?

3 Calcula.

HAZLO ASÍ

Para dividir un número decimal entre la unidad seguida de ceros, se desplaza la coma a la izquierda tantos lugares como ceros siguen a la unidad. Si es necesario, se añaden ceros.

17,6 : 10 = 1,76

1 cero ▶ 1 lugar a la izquierda

17,6 : 100 = 0,176

2 ceros ▶ 2 lugares a la izquierda

- 8,58 : 10
- 4,312 : 10
- 0,04 : 100
- 28,15 : 100
- 39,56 : 1.000
- 0,7 : 1.000
- 187,32 : 1.000

División de un decimal entre un natural

Al abuelo de Marisa le han devuelto 6,37 € de una compra en la que le cobraron de más. Ha decidido repartirlo, a partes iguales, entre sus 4 nietos. ¿Cuánto dinero recibirá cada nieto? ¿Y si tuviera 7 nietos?

4 nietos

Divide 6,37 : 4

Divide como si fueran números naturales y, al bajar la primera cifra decimal del dividendo, escribe una coma en el cociente.

```
U d c
6,3 7 | 3
0 3     2,1 2
  0 7
    1
```

Cada nieto recibirá 2,12 € y le sobrará 1 céntimo.

7 nietos

Divide 6,37 : 7

Como la parte entera del dividendo (6) es menor que el divisor (7), escribe 0 y coma en el cociente, y divide 63 entre 7.

```
U d c
6,3 7 | 7
0 7     2,9 1
  0
```

Cada nieto recibirá 0,91 € y no le sobrará nada.

Para dividir un número decimal entre un natural, se divide como si fueran números naturales y, al bajar la primera cifra decimal del dividendo, se escribe una coma en el cociente.

1 Haz estas divisiones y escribe el cociente y el resto de cada división.

- 24,96 : 6
- 163,7 : 5
- 38,968 : 8
- 2,864 : 4
- 4,783 : 7
- 7,236 : 9
- 56,952 : 12
- 717,6 : 23
- 9,696 : 45

2 Calcula el factor que falta en cada multiplicación y explica cómo lo haces.

- 5 × ■ = 106,5
- ■ × 9 = 93,6
- 12 × ■ = 14,4
- ■ × 24 = 3,84
- 2 × 3 × ■ = 1,428
- 5 × ■ × 7 = 75,25

3 Resuelve.

- El colegio Montaña Clara ha comprado seis canastas de baloncesto para el patio. Todas ellas han costado 1.442,34 €. ¿Cuánto ha costado cada canasta? Si pagaron con 1.500 €, ¿cuánto les devolvieron?

División de un natural entre un decimal 8

Al almacén ha llegado un pedido de 315 kg de naranjas.
Se envasan en bolsas de 2,5 kg cada una.
¿Cuántas bolsas se necesitan?

Divide 315 : 2,5

1.º Convierte el divisor en un número natural. Para ello, multiplica el dividendo y el divisor por la unidad seguida de tantos ceros como cifras decimales tiene el divisor.

```
315  |2,5
 ↓     ↓  1 cifra decimal.
 ↓     ↓  Multiplica por 10.
3150 |25
```

2.º Divide los números naturales que has obtenido.

```
3150 |25
065   126
  150
   00
```

Se necesitan 126 bolsas.

Para dividir un número natural entre un decimal, se multiplican el dividendo y el divisor por la unidad seguida de tantos ceros como cifras decimales tiene el divisor, y después se hace la división obtenida.

1. Calcula.
   - 42 : 1,5
   - 119 : 1,75
   - 85 : 0,34
   - 542 : 0,08
   - 650 : 0,125

2. Observa los depósitos y resuelve.

- Con el zumo de limón se han llenado 29 botellas iguales. ¿Cuál es la capacidad de cada botella?
- ¿Cuántos tetrabriks de 0,25 litros se necesitan para envasar el zumo de naranja del depósito? ¿Y cuántos de 0,5 litros?
- Del depósito de cola se sacaron 15,5 litros y el resto se envasó en 5 bidones iguales. ¿Cuántos litros tenía cada uno?

PENSAMIENTO

Lee y contesta.

- ¿Cuál es la expresión decimal de la fracción $\frac{243}{100}$?
- ¿Cómo hallarías una fracción comprendida entre 3,6 y 3,7?

División de un decimal entre un decimal

Gustavo paga 18,75 € por un queso de 1,5 kg.
¿Cuánto cuesta un kilo de queso?

Divide 18,75 : 1,5

1.º Convierte el divisor en un natural. Para ello, multiplica el dividendo y el divisor por la unidad seguida de tantos ceros como cifras decimales tiene el divisor.

```
1 8,7 5  |1,5
   ↓       ↓   1 cifra decimal.
               Multiplica por 10.
1 8 7,5  |1 5
```

2.º Haz la división que has obtenido.

```
1 8 7,5 |1 5
0 3 7    1 2,5
  0 7 5
    0 0
```

Un kilo de queso cuesta 12,50 €.

Para dividir un número decimal entre otro decimal, se multiplican el dividendo y el divisor por la unidad seguida de tantos ceros como cifras decimales tiene el divisor, y después se hace la división.

1 Calcula las divisiones.

- 8,51 : 0,23
- 14,7 : 2,45
- 28,7 : 0,035
- 52,44 : 7,6
- 4,608 : 0,072
- 3,052 : 2,8
- 3,1 : 0,62
- 6,837 : 12,9

2 Observa la división resuelta y escribe en tu cuaderno las divisiones que tienen su mismo cociente. Explica por qué.

```
4 2 5 |5
  2 5  8 5
    0
```

- 42,5 : 0,5
- 42,5 : 0,05
- 4,25 : 0,5
- 4,25 : 0,05

```
8 7 |4
0 7  2 1
  3
```

- 8,7 : 0,4
- 8,7 : 0,04
- 0,87 : 0,04
- 0,087 : 0,04

3 Copia y completa las series en tu cuaderno.

58,6 → × 2,4 → ☐ → : 8 → ☐ → + 16,44 → ☐ → : 9 → ☐

33,165 → : 6,7 → ☐ → – 2,95 → ☐ → × 2,7 → ☐ → : 6 → ☐

4 Halla el cociente y el resto de estas divisiones.

HAZLO ASÍ

¿Cuál es el cociente y el resto de 49,8 : 3,2?

1.º Multiplica por 10 el dividendo y el divisor y calcula la división obtenida.

2.º Halla los términos de la división 49,8 : 3,2 a partir de los términos de la división calculada:

- El cociente es el mismo.
- Como el resto ha quedado multiplicado por 10, divídelo entre 10.

49,8 | 3,2

×10

498 | 32
178   15
18

Términos de 49,8 : 3,2

Cociente = 15

Resto = 18 : 10 = 1,8

- 37,4 : 5,8
- 49,4 : 2,3
- 98,15 : 0,64
- 4,57 : 0,095

RETO

Escribe un número decimal y divídelo entre otro decimal distinto que sea menor que 1. ¿Cómo es el cociente: mayor o menor que el dividendo? ¿Ocurre siempre?

Problemas

5 Resuelve.

- Jaime compró 4 camisetas iguales y una cámara de fotos. La cámara de fotos le costó 69,90 € y en total pagó por los cinco artículos 105,50 €. ¿Cuál era el precio de cada camiseta?
- Andrea tiene en su hucha 36 € en monedas de 20 céntimos y 42 € en monedas de 50 céntimos. ¿Cuántas monedas tiene en total?
- Luisa corta una cuerda de 1,3 m en trocitos de 0,2 m. ¿Cuántos trocitos obtendrá? ¿Cuántos metros de cuerda le sobrarán?

PENSAMIENTO

Calcula en tu cuaderno las divisiones del recuadro y contesta.

2 : 0,1   3,4 : 0,1   6,28 : 0,1

- ¿Por qué número hay que multiplicar el dividendo de cada división para obtener el cociente?
- Una división entre 0,1, ¿a qué multiplicación equivale?

COMPRUEBO MI PROGRESO

1 Calcula.

- 8,94 + 7,685
- 27,15 − 6,4
- 12,619 + 9,28
- 8,2 − 3,989
- 5,6 + 39,74
- 5 − 1,763

2 Halla el término que falta.

- 8,21 + □ = 11,9
- 9,2 − □ = 1,23
- 35,8 + □ = 90,12
- 21,12 − □ = 3,15
- □ + 115,7 = 200
- □ − 39 = 45,7

3 Calcula.

- 45,9 × 15
- 6,438 × 32
- 605 × 3,82
- 0,042 × 1.234

4 Calcula estas multiplicaciones.

1,876 × 10 | 0,53 × 10 | 1,4 × 10
0,72 × 100 | 12,4 × 100 | 0,03 × 100
3,705 × 1.000 | 4,67 × 1.000 | 0,9 × 1.000

5 Calcula.

- 3,978 × 2,6
- 7,24 × 6,95
- 4,35 × 8,29
- 8,26 × 1,073

6 Estima aproximando como se indica.

A las unidades
- 7,62 + 9,84
- 13,65 − 6,49
- 8,762 × 3

A las décimas
- 6,92 + 17,784
- 29,345 − 12,88
- 14,29 × 7

A las centésimas
- 12,845 + 9,888
- 34,666 − 9,274
- 6,941 × 5

7 Piensa y escribe.

- Una suma de decimales cuya estimación aproximando a las décimas sea 4,7.
- Una resta de decimales cuya estimación aproximando a las centésimas sea 2,73.

8 Estima aproximando a las décimas.

- 1,54 + 27,35 − 9,64
- 14,75 − 8,47 − 2,58
- 32,43 − 9,56 − 7,29 + 5,431

9 Calcula.

- 34 : 10
- 32,9 : 10
- 123 : 10
- 0,06 : 10
- 345 : 100
- 642,3 : 100
- 89 : 100
- 0,5 : 100
- 125 : 1.000
- 0,8 : 1.000
- 67 : 1.000
- 19,3 : 1.000

10 Divide.

- 0,75 : 5
- 910 : 0,28
- 7,191 : 3
- 7,66 : 4,5
- 49 : 9,6
- 1,992 : 0,024

11 Completa la tabla en tu cuaderno.

Dividendo	4,039	135	74,26
divisor	6	7,5	0,92
cociente			
resto			

Haz la prueba de cada división.

12 Calcula el factor desconocido.

- □ × 8 = 91,232
- □ × 6,5 = 52
- 12 × □ = 0,72
- 2,9 × □ = 537,08
- □ × 0,125 = 8
- □ × 8,5 = 31,45

13 Realiza estas operaciones combinadas.

- (12,4 + 6,35 + 5,25) : 0,15
- 234,8 − 96,36 : 12
- 15,2 × 9,45 : 10
- 40,48 : (12,4 − 9,87)
- 17,5 − 8 : 0,4 × 0,5
- 26 × 3,5 − 2 : 0,04 + 3,8

Problemas

14 Observa el plano y contesta.

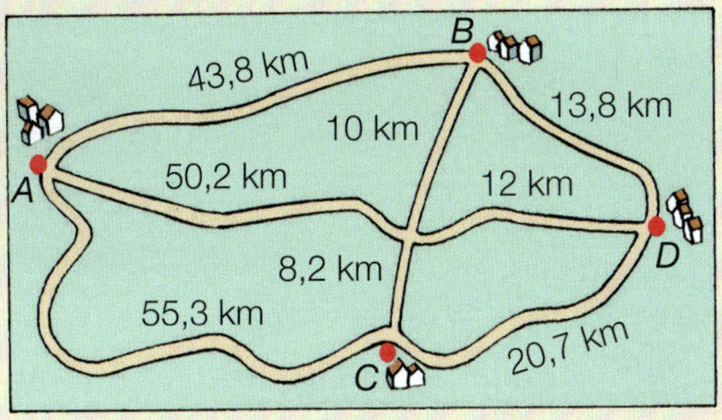

- He ido de *A* a *D* por el camino más corto, y después he vuelto por el mismo camino. ¿Cuántos kilómetros he recorrido en total?
- ¿Cuál es el camino más corto de *A* a *D* pasando por un solo pueblo? ¿Cuál es el más largo? ¿Cuántos kilómetros mide uno más que el otro?

15 Resuelve.

- Pablo y sus dos amigos han ido a merendar. Cada uno ha tomado una tostada y un zumo. En total pagan 9,48 € y saben que una tostada cuesta 1,25 €. ¿Cuánto han pagado por cada zumo?
- En los países anglosajones usan otras unidades de medida distintas.

1 pinta = 0,568 litros
1 cuarto = 1,136 litros
1 galón = 4,544 litros

¿Cuántas pintas tiene 1 cuarto?
¿Cuántos cuartos tiene 1 galón?
¿Cuántas pintas tiene 1 galón?

16 Observa y resuelve.

¡TODOMÓVIL MEJORA SUS TARIFAS!

- Tarifa única: 0,39 € cada llamada
- Tarifa fija: 0,15 € cada minuto
- Tarifa joven: 0,19 € de establecimiento de llamada + 0,06 € cada minuto

- Pepa tiene la tarifa única. El mes pasado pagó 17,94 €. ¿Cuántas llamadas hizo Pepa?
- La semana pasada Ismael hizo 9 llamadas de 7 minutos y 8 llamadas de 12 minutos. ¿Cuánto pagaría si tuviera la tarifa única? ¿Y si tuviera la tarifa joven?
- ¿Qué tarifa es mejor para una llamada de 2 minutos? ¿Y para otra de 3? ¿Y para otra de 4? ¿Y de más de 5 minutos?

¿CÓMO LO HE HECHO? **Responde en tu cuaderno.**

- ¿Sé calcular sumas y restas de números decimales?
- ¿Calculo multiplicaciones y divisiones de números decimales?
- ¿Sé calcular estimaciones de sumas, restas y multiplicaciones?

Pon una nota a tu trabajo en esta unidad.

SABER HACER

Entender la factura del teléfono

Todos los meses la familia de Sara recibe facturas que debe pagar por los servicios de luz, gas, agua, teléfono…

Las facturas son documentos en los que las empresas que ofrecen esos servicios nos detallan el gasto realizado durante el mes.

DATOS DEL SUMINISTRO			
Nombre:		Dirección:	
N.º de cliente:			
N.º de teléfono:			
LECTURAS Y CONSUMO			
Desde 01/02/2019		**Hasta** 28/02/2019	
Concepto	**Precio (€)**	**IVA (€)**	**Total (€)**
Pack de ADSL + llamadas nacionales	20		
Mantenimiento de línea	12,95		
Llamadas a móviles	1,56		
Llamadas internacionales	8,35		
TOTAL	**42,86**		

En la factura aparecen el nombre, la dirección, los servicios usados y el gasto en cada uno. Además, debe estar indicada la parte que pagamos de impuestos. Ese impuesto se llama IVA y es el 21 % del precio.

Sara está mirando la factura de teléfono e internet de este mes. En ella hay una parte de gasto fijo (el *pack* de ADSL y llamadas nacionales y el mantenimiento de línea) y una parte variable (el importe de las llamadas internacionales y a teléfonos móviles).

1. Completa en tu cuaderno la factura calculando el IVA de cada concepto, su gasto y el gasto total.

2. Si el mes anterior el gasto en llamadas a móviles fue 0,99 € menor que este mes, y no hicieron llamadas internacionales, ¿cuál fue el gasto total sin IVA?

3. Hace dos meses, el pago total por el IVA fue de 10,50 €. ¿Cuál fue el coste con IVA? ¿Cuál fue el coste total de las llamadas no nacionales?

4. Comparad esta factura con las que recibís en vuestras casas. ¿Qué diferencias veis?

Juega con los números decimales

Material: Dos barajas de tarjetas numéricas del 0 al 9, lápiz y papel.

Número de jugadores: 5

Reglas del juego:

Primero se acuerda un número decimal entre todos los participantes. Se barajan las tarjetas y, por turnos, cada participante elige, sin mirar, una tarjeta que coloca boca arriba a la vista de todos.

Los jugadores tienen dos minutos para, utilizando algunas o todas las cifras obtenidas y las cuatro operaciones básicas, escribir en su papel una operación combinada cuyo resultado sea el número decimal acordado o el más próximo posible.

Se pueden formar números naturales o decimales con parte entera 0 o alguna de las cifras extraídas.

Reciben 2 puntos los jugadores que han obtenido exactamente el número acordado. En caso de que ninguno lo haya obtenido, recibe 1 punto el que más se haya aproximado.

Ganador: Gana la persona que consiga primero 6 puntos.

1. Escribe una operación combinada en la que, utilizando algunas o todas estas cifras, obtengas como resultado 8,7 o un número lo más próximo posible.

Retos matemáticos

Mi antiguo reloj

Tengo un reloj que se adelanta 8 minutos al día. ¿Cuánto tiempo se adelanta en media hora?

Docenas de huevos

En una docena de huevos de talla L hay 12 huevos que pesan 70 g. ¿Cuántos huevos de 55 g hay en una docena de huevos de talla M?

Solución de problemas

Cambiar los datos para obtener una solución distinta

Marina ha hecho dos pruebas gimnásticas. En la primera ha conseguido 7,75 puntos y en la segunda 8,25 puntos. Para pasar a la siguiente ronda necesita sacar una puntuación total mayor que 17 puntos. ¿Ha conseguido pasar?

¿Qué datos hay que cambiar para que la solución sea distinta?

- Si sumas las dos notas, obtienes un total de 16 puntos. Marina no ha conseguido pasar.

  Para obtener una solución distinta, es decir, que Marina logre pasar, debes cambiar la puntuación de una de las pruebas para que la suma sea 17 puntos o más.

  Cambia tú la puntuación y escribe en tu cuaderno el nuevo problema. Después, resuélvelo.

Resuelve cada problema. Después, piensa qué datos hay que cambiar para obtener una solución distinta. Redacta y resuelve el nuevo problema.

1. Sara ha hecho dos pruebas gimnásticas. En la primera ha obtenido 7,65 puntos, y en la segunda, 2 puntos más. Para pasar a la siguiente ronda necesita obtener una puntuación total mayor que 17 puntos. ¿Ha conseguido pasar?

2. Toñi quiere comprar una nevera y pagarla en 15 meses. La nevera cuesta 795 €. Piensa dar 120 € como pago inicial y el resto en cuotas mensuales menores de 40 €. ¿Puede Toñi pagar la nevera de esa forma?

3. Marta debe ir de viaje a Saldillo pasando por Villalejos. Hasta Villalejos se tardan 45 minutos y de Villalejos a Saldillo se tarda 1 hora y cuarto. Tiene que estar en Saldillo a las 12 de la mañana. Ha pensado salir a las 10 y media de la mañana. ¿Ha planificado bien su viaje?

4. Carlos necesita 3 kg de harina para hacer un pastel. En la tienda tienen 4 paquetes de medio kilo y algunos de cuarto de kilo. Ha comprado todos los paquetes de medio kilo y 3 de cuarto de kilo. ¿Podrá hacer Carlos el pastel?

1. Escribe con cifras y calcula.
   - Nueve al cubo.
   - Doce al cuadrado.
   - Tres a la quinta.
   - Dos a la séptima.

2. Completa los huecos.
   - 349.189 < 3■0.285 < 350.2■0
   - 1■9.342 < 110.897 < 110.■00

3. Calcula.
   - 290 + ■ = 519
   - ■ − 768 = 893
   - 38 × ■ = 4.142
   - ■ : 102 = 350

4. Calcula.
   - $\frac{3}{5} + \frac{1}{5}$
   - $\frac{5}{8} + \frac{2}{8} + \frac{3}{8}$
   - $\frac{7}{9} - \frac{4}{9}$
   - $\frac{4}{7}$ de 280
   - $\frac{5}{9}$ de 513

5. Escribe el número mixto correspondiente.

   $\frac{7}{2}$ $\frac{25}{3}$ $\frac{29}{5}$ $\frac{55}{6}$ $\frac{31}{8}$

6. Descompón cada número decimal.
   - 8,053
   - 9,7
   - 2,416
   - 31,9
   - 25,008
   - 60,09

7. Resuelve.

   En el gráfico se ha representado la estación preferida por un grupo de 600 alumnos.

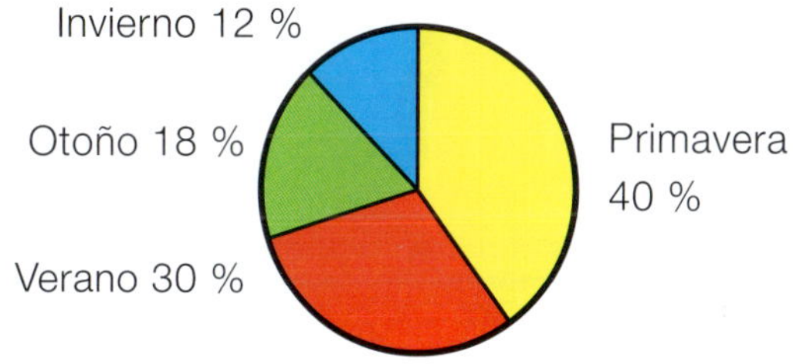

   - ¿Cuántos alumnos prefieren cada estación?
   - ¿Cuántos más prefieren la primavera al otoño?

Problemas

8. En un hospital había ayer 1.725 enfermos ingresados. Hoy le han dado el alta a 396. ¿Cuántos enfermos quedan en el hospital aproximadamente?

9. En un hayedo había 1.320 hayas. Primero talaron un sexto de los árboles y, después, repoblaron el bosque con 345 hayas más. ¿Cuántos árboles hay ahora en el hayedo?

10. En una tienda compraron 35 neveras iguales por 13.125 €. Subieron el precio de cada una 70 € para venderlas, pero solo vendieron 30. ¿Ganaron dinero o perdieron? ¿Cuánto fue?

11. Andrea tiene en su furgoneta 248 botellas de 2 litros de leche y 356 *bricks* de 1 litro de leche. Los reparte en partes iguales en 4 supermercados. ¿Cuántos litros de leche deja en cada supermercado?

12. Estrella está preparando bocadillos. Ha comprado 0,25 kg de chorizo, 0,3 kg de salchichón y 0,275 kg de mortadela. ¿De qué fiambre ha comprado más cantidad? ¿Y menos?

13. Julia está enferma. Hoy se ha puesto el termómetro tres veces. ¿Cuántos grados marcó el termómetro cada hora? ¿A qué hora tuvo más fiebre? ¿Y menos fiebre?

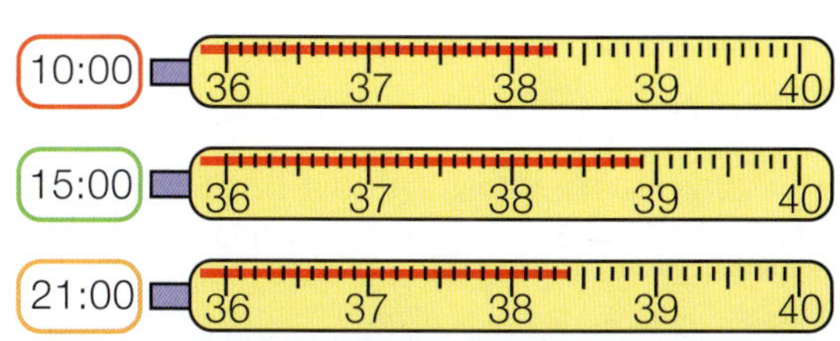

COOPERAMOS

Olimpiada de fracciones y decimales

1. Dividid la clase en cinco equipos. Inventad un nombre para vuestro equipo y numeraos otorgando un número diferente a cada miembro del equipo.

2. Observad las fotos y leed conjuntamente la noticia que aparece junto a ellas. Haced una puesta en común de la situación para comprobar que lo habéis entendido correctamente.

Vuestra escuela acoge las primeras olimpiadas escolares de la ciudad.

¡Qué gran noticia! Durante una jornada, recibiréis la visita de 600 escolares de los cuatro barrios: Norte, Sur, Este y Oeste. Deberéis darles la bienvenida y organizar las competiciones, los premios...

¡Y el almuerzo, por supuesto!

3. Realizad entre todos los siguientes ejercicios, uno a uno. Para ello seguid este proceso:
   - Discutid entre todos qué os propone el enunciado.
   - Decidid la mejor estrategia para resolver la tarea.
   - Realizad los cálculos necesarios conjuntamente y comprobad el resultado.
   - ¡Y lo más importante! Aseguraos de que todos sabríais realizarlo de manera individual y sin ayuda.

EJERCICIOS

1 En las olimpiadas, $\frac{3}{15}$ de los escolares provienen del barrio Este, $\frac{3}{10}$ del Oeste y $\frac{2}{20}$ del Norte. ¿Cuántos participantes llegan del barrio Sur? ¿Qué fracción del total son?

2 ¡Ha empezado la competición! Estos son los resultados, en metros, de la competición de lanzamiento de peso. Escríbelos como números decimales y ordénalos. Indica qué marcas merecerán la primera, la segunda y la tercera posición.

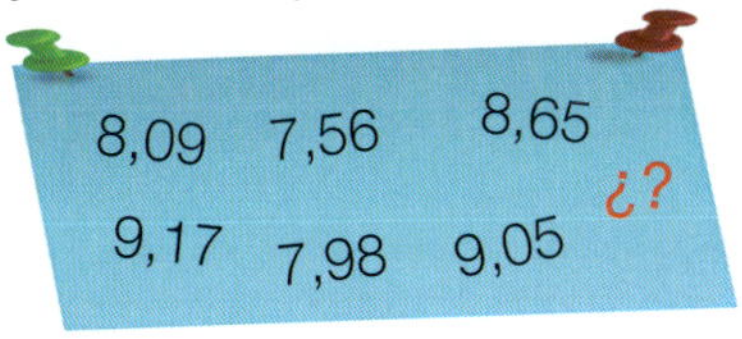

3 La campeona de gimnasia artística ha obtenido un total de 58,84 puntos. Seis de los jueces han emitido estas puntuaciones. ¿Cuál es la puntuación del séptimo juez?

4 A la hora de comer, debemos tener en cuenta todas las necesidades de los participantes. El 2% son alérgicos a los frutos secos, el 7% no comen carne de cerdo, el 3% son celíacos y el 12% siguen una dieta vegetariana. Indica el número de deportistas en cada caso.

5 Acaban de llegar las medallas. Vienen en 2 cajas que pesan, en total, 16,50 kg. Cada caja contiene 36 medallas, y cada medalla pesa 0,225 kg. ¿Qué peso del total corresponde al cartón de las cajas?

4. TIEMPO PARA HABLAR. Una vez terminado el tiempo establecido para resolver los ejercicios, el profesor o profesora asignará por sorteo cada ejercicio a un grupo. También indicará un número por grupo. La persona del equipo que tiene ese número representará a su equipo en la tarea y mostrará, sin ayuda, cómo han resuelto la actividad ante el resto de la clase. Los demás equipos podrán expresar su opinión y realizar sus aportaciones al finalizar la resolución.

¿CÓMO LO HEMOS HECHO?

Responde en tu cuaderno.

- ¿Hemos realizado las tareas en común?
- ¿Han podido todos los miembros del grupo expresar sus dudas y realizar sus aportaciones?
- Lo que el compañero o compañera ha expuesto, ¿ha sido el resultado del trabajo en equipo?

Piensa. Di si ha ido mal, regular, bien o muy bien.

1 Escribe la fracción que representa la parte coloreada de cada figura y di cuál es su numerador y su denominador.

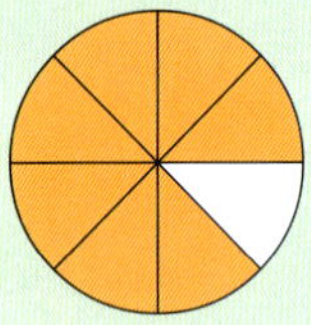
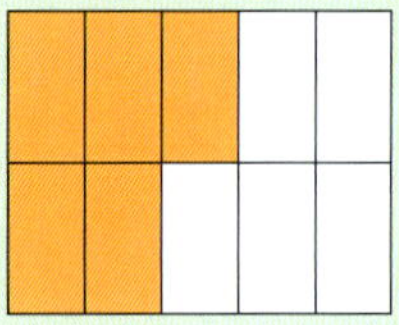
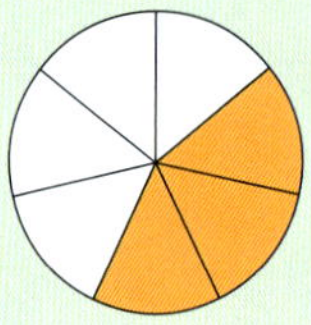

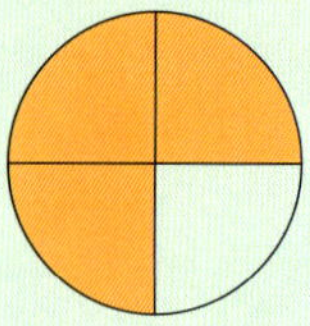

- ¿Cómo se lee cada fracción que has escrito?

2 Compara y escribe el signo correspondiente.

- $\frac{2}{5}$ ○ 1
- $\frac{6}{4}$ ○ 1
- $\frac{7}{7}$ ○ 1
- $\frac{8}{3}$ ○ 1
- $\frac{6}{10}$ ○ 1
- $\frac{9}{4}$ ○ 1

¿Cuáles de las fracciones anteriores son fracciones propias? ¿E impropias? Explica por qué.

3 Calcula.

- $\frac{2}{3}$ de 75
- $\frac{3}{4}$ de 96
- $\frac{4}{5}$ de 120
- $\frac{7}{10}$ de 930

4 En cada caso, calcula tres fracciones equivalentes a cada fracción. Después, contesta.

- $\frac{1}{5}$
- $\frac{2}{7}$
- $\frac{4}{9}$
- $\frac{3}{10}$
- $\frac{5}{11}$

¿Son equivalentes las fracciones $\frac{1}{5}$ y $\frac{4}{20}$? ¿Y las fracciones $\frac{1}{6}$ y $\frac{3}{15}$?
¿Cómo lo has averiguado?

5 Calcula y escribe.

En forma de fracción

- $4\frac{2}{3}$
- $6\frac{3}{5}$
- $5\frac{7}{8}$
- $2\frac{4}{9}$

En forma de número mixto

- $\frac{17}{2}$
- $\frac{15}{4}$
- $\frac{23}{5}$
- $\frac{34}{6}$

6 Calcula.

- $\frac{2}{8} + \frac{3}{8}$
- $\frac{9}{15} + \frac{4}{15}$
- $\frac{4}{7} - \frac{2}{7}$
- $\frac{12}{9} - \frac{5}{9}$
- $\frac{11}{10} - \frac{7}{10} + \frac{1}{10}$

7 Copia la tabla en tu cuaderno y complétala.

Número	Lectura	Parte entera	Parte decimal	Descomposición
4,6				4 U + 6 d = 4 + 0,6
		8	037	
7,85				
				6 U + 9 c = 6 + 0,09
	Seis unidades y quince milésimas			

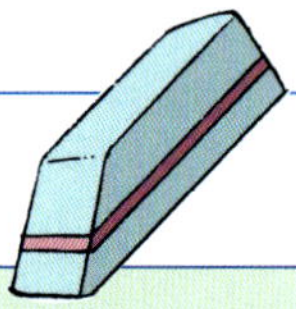

8 Calcula.

- El 40 % de 50
- El 50 % de 40
- El 30 % de 40
- El 35 % de 20
- El 8 % de 50

9 Coloca los números y calcula.

- 34,5 + 123,9
- 9,75 + 6,984
- 8,7 + 35,99
- 7,128 + 315,6

- 19,4 − 7,69
- 35,82 − 9,6
- 7,1 − 3,456
- 49 − 35,674

- 39 × 4,6
- 2,128 × 54
- 0,29 × 1,8
- 2,6 × 1,349

- 85 : 2,5
- 3,92 : 14
- 2,6 : 0,13
- 3,325 : 1,9

10 Estima las operaciones aproximando el orden indicado.

A las unidades

- 3,47 + 15,52
- 25,18 − 19,73
- 137,93 × 38

A las décimas

- 12,37 + 58,92
- 83,19 − 45,75
- 218,37 × 24

A las centésimas

- 4,376 + 21,843
- 70,215 − 14,649
- 245,315 × 12

Problemas

11 Resuelve.

- Los tres quintos de las 120 personas de la clase de dibujo son menores de 15 años. Cada persona menor de 15 años paga 30 € al mes, y cada persona mayor de 15 años paga 4,75 € más al mes que una menor.
  – ¿Cuánto dinero pagan en total?
  – ¿Qué grupo paga más dinero? ¿Cuánto más?

- Marcos compró tres octavos de kilo de avellanas, un octavo de kilo de nueces y dos octavos de almendras. ¿Qué cantidad de frutos secos compró? ¿Es más o menos de un kilo?

- A Ramón le gustó un jersey que costaba 50 €. Por estar en rebajas le descontaban un 10 %, y si pagaba en metálico además le rebajaban 4 €. ¿Cuánto le devolvieron si pagó el jersey con un billete de 50 €?
- Pedro compró 10 entradas de cine y preparó una merienda para celebrar su cumpleaños con sus amigos. La merienda le costó 28 € y en total gastó 93 €. ¿Cuánto costaba cada entrada?

Antes de empezar

Cálculo mental

Multiplica un número natural por 2

36 × 2 → 72
30 × 2 = 60
6 × 2 = 12
60 + 12 = 72

34 × 2	27 × 2	104 × 2	126 × 2
72 × 2	49 × 2	212 × 2	215 × 2
63 × 2	76 × 2	324 × 2	327 × 2
84 × 2	85 × 2	623 × 2	514 × 2

Divide decenas, centenas y millares entre 2

30 : 2 = 15
300 : 2 = 150
3.000 : 2 = 1.500

10 : 2	60 : 2	100 : 2	600 : 2	1.000 : 2	6.000 : 2
20 : 2	70 : 2	200 : 2	700 : 2	2.000 : 2	7.000 : 2
40 : 2	80 : 2	400 : 2	800 : 2	4.000 : 2	8.000 : 2
50 : 2	90 : 2	500 : 2	900 : 2	5.000 : 2	9.000 : 2

Un número, una multiplicación y una división

Escribe 70 como el resultado de:

- Un producto en el que uno de sus factores es 2.
- Una división cuyo divisor es 2.

Pequeños problemas

Calcula mentalmente

1. Mi teléfono móvil, cuando le queda la mitad de la batería, puede estar encendido durante 17 horas. ¿Cuánto tiempo estará encendido con la batería completa?
2. Están podando los 100 pinos que hay en el parque. Ya han podado la mitad. ¿Cuántos pinos quedan por podar?

¿Qué sabes ya?

Multiplicación y división entre 10, 100 y 1.000

36 × 10 = 360	98 : 10 = 9,8
2,75 × 10 = 27,5	7,5 : 10 = 0,75
4,92 × 100 = 492	6 : 100 = 0,06
5,8 × 1.000 = 5.800	3,1 : 1.000 = 0,0031

1 Multiplica en tu cuaderno.

3,7 × 10	9,5 × 100	4,63 × 1.000
5,491 × 10	1,832 × 100	0,629 × 1.000

2 Divide en tu cuaderno.

76 : 10	52 : 100	91 : 1.000
23,8 : 10	421,6 : 100	734,1 : 1.000
9,54 : 10	8,6 : 100	34,8 : 1.000

Área de una figura con un cuadrado unidad

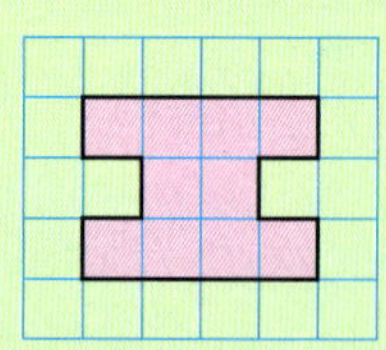

Contamos cuántos cuadraditos ocupa la figura.

Mide 10 ■.

3 Halla el área de cada figura.

4 Dibuja en tu cuaderno.

- Una figura que mida 15 ■.
- Un cuadrado que mida 9 ■.
- Un rectángulo que mida 12 ■.

9 Longitud, capacidad, masa y superficie

Tiempo para leer

Los romanos usaban los mosaicos para decorar techos y paredes y, en especial, para pavimentar los suelos de las casas de las familias más ricas.

Construían los mosaicos con pequeñas piezas cuadradas llamadas teselas, hechas de piedra, vidrio o cerámica. Cada artista las colocaba sobre el suelo como un puzle, combinando el color y la forma para formar dibujos geométricos, florales, de animales o seres humanos.

Según los dibujos y el lugar donde se hacía el mosaico, las teselas tenían distintos tamaños; por ejemplo, utilizaban piedras de 1 cm de lado para los fondos y formas geométricas, y de 5 mm de lado para hacer los detalles de las figuras más elaboradas y complejas.

Tiempo para hablar

- ¿Qué forma tenían las teselas?
- ¿Qué tamaños tenían las teselas?
  Si un mosaico de 30.000 piedrecitas de 1 cm de lado se hubiese hecho con teselas más pequeñas, ¿tendría más o menos teselas?
- Observa el mosaico y contesta.

  – ¿Son todas las teselas iguales?
  – ¿Cuántas teselas hay de cada color?
  – ¿Qué color tiene la zona con más teselas? ¿Y con menos?

Relaciones entre unidades de longitud

En el siguiente cuadro están todas las unidades de longitud y las relaciones entre ellas.
La unidad principal de longitud es el **metro** (m).

Para pasar de una unidad a otra menor se multiplica

	× 10		× 10		× 10		× 10		× 10		× 10	
kilómetro km		hectómetro hm		decámetro dam		metro m		decímetro dm		centímetro cm		milímetro mm
	: 10		: 10		: 10		: 10		: 10		: 10	

Para pasar de una unidad a otra mayor se divide

- Pasar 7 decámetros a centímetros.

dam → × 10 → m → × 10 → dm → × 10 → cm

dam → × 1.000 → cm

7 × 1.000 = 7.000 ▸ 7 dam = 7.000 cm

- Pasar 23 decámetros a kilómetros.

dam → : 10 → hm → : 10 → km

dam → : 100 → km

23 : 100 = 0,23 ▸ 23 dam = 0,23 km

1 Expresa en tu cuaderno en la unidad indicada.

- 3 hm en dam
- 56 cm en m
- 2,9 dam en m
- 7,3 dm en dam
- 7 dm en mm
- 932 dam en km
- 0,05 km en cm
- 4.200 mm en m

2 Expresa cada medida en la unidad indicada.

En metros:	▪ 3 hm y 75 cm	▪ 1,5 dam y 90 mm	▪ 0,06 km, 7 dam y 3 dm
En centímetros:	▪ 4 m y 5 mm	▪ 1,6 dam y 2 mm	▪ 0,79 hm, 6 dm y 7 mm
En decámetros:	▪ 6 hm y 9 m	▪ 0,4 km y 65 dm	▪ 5 m, 4 dm y 97 cm

EJEMPLO 3 hm y 75 cm = 300 m + 0,75 m = 300,75 m

3 Utiliza un cuadro de unidades y expresa cada medida en la unidad que se indica.

HAZLO ASÍ

1.° Escribe la medida en la unidad dada (trazo rojo).

2.° Lee la medida en la unidad deseada (trazo verde). Si es necesario, añade ceros.

	km	hm	dam	m	dm	cm	mm	
4,57 m ▸				4	5	7		◂ 457 cm
3,9 hm ▸		3	9	0				◂ 390 m
6,7 dam ▸		0	6	7				◂ 0,67 hm

- 235 cm en hm
- 892 dm en hm
- 914 cm en dam
- 0,128 km en dm
- 0,04 hm en cm

Relaciones entre unidades de capacidad

En el siguiente cuadro están todas las unidades de capacidad y las relaciones entre ellas. La unidad principal de capacidad es el **litro** (ℓ).

Para pasar de una unidad a otra menor se multiplica →

kilolitro	→ × 10	hectolitro	→ × 10	decalitro	→ × 10	litro	→ × 10	decilitro	→ × 10	centilitro	→ × 10	mililitro
kl	← : 10	hl	← : 10	dal	← : 10	ℓ	← : 10	dl	← : 10	cl	← : 10	ml

← Para pasar de una unidad a otra mayor se divide

- Pasar 5 decilitros a mililitros.

  dl → × 10 → cl → × 10 → ml

  dl → × 100 → ml

  $5 \times 100 = 500$ ▸ 5 dl = 500 ml

- Pasar 64 decilitros a hectolitros.

  dl → : 10 → ℓ → : 10 → dal → : 10 → hl

  dl → : 1.000 → hl

  64 : 1.000 = 0,064 ▸ 64 dl = 0,064 hl

1 Expresa en la unidad que se indica.

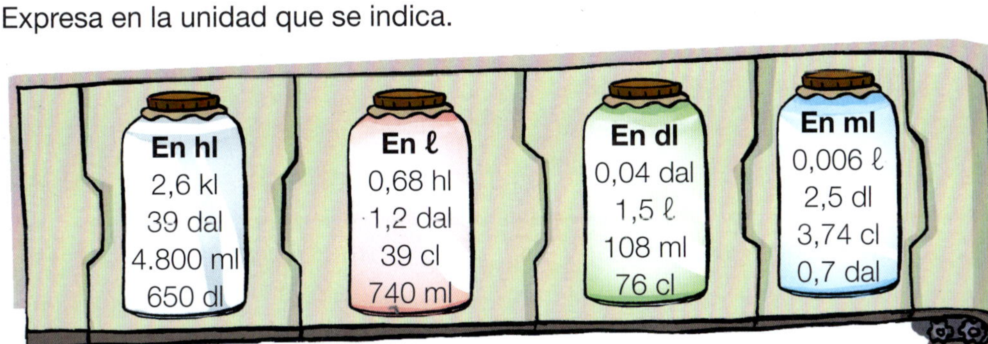

2 Expresa en litros.

- 2 kl, 5 hl y 14 dl
- 6 hl, 9 dal y 25 cl
- 9 dal, 4 ℓ y 425 cl
- 6 dl, 29 cl y 275 ml
- 14 dl, 5 cl y 7 ml
- 2 ℓ, 78 cl y 916 ml

3 Utiliza un cuadro de unidades y expresa cada medida en la unidad que se indica.

- 62,79 ℓ en cl
- 4,8 dal en kl
- 395 ml en dal
- 2,375 cl en hl
- 1,5 kl en cl
- 9,3 cl en hl

4 Expresa todas las medidas en la misma unidad y ordena.

- De menor a mayor: 2,8 hl y 3 dal; 275 ℓ y 960 dl; 0,27 kl y 800 cl.
- De mayor a menor: 0,5 dal y 4 ℓ; 550 dl; 53 ℓ y 287 cl; 0,5 kl.

Relaciones entre unidades de masa

El **kilogramo** o **kilo** es la unidad principal de masa y el **gramo** es una de las unidades más usadas.

En este cuadro están las unidades de masa y sus relaciones:

Para pasar de una unidad a otra menor se multiplica

× 10 →	× 10 →	× 10 →	× 10 →	× 10 →	× 10 →	
kilogramo kg	hectogramo hg	decagramo dag	gramo g	decigramo dg	centigramo cg	miligramo mg
← : 10	← : 10	← : 10	← : 10	← : 10	← : 10	

Para pasar de una unidad a otra mayor se divide

- Pasar 9 kilogramos a decagramos.

  kg → × 10 → hg → × 10 → dag

  kg → × 100 → dag

  9 × 100 = 900 ▸ 9 kg = 900 dag

- Pasar 485 decigramos a decagramos.

  dg → : 10 → g → : 10 → dag

  dg → : 100 → dag

  485 : 100 = 4,85 ▸ 485 dg = 4,85 dag

Otras unidades de masa muy comunes son la **tonelada (t)** y el **quintal (q)**.

1 t = 1.000 kg   1 q = 100 kg   1 t = 10 q

1 ¿En qué unidad lo expresas? Escribe en tu cuaderno *kilogramo*, *gramo* o *miligramo*.

- El peso de una vaca.
- El peso de una pera.
- El peso de una hormiga.
- El peso de un yogur.
- El peso de una mosca.
- El peso de una bicicleta.

2 Expresa en la unidad que se indica.

- 0,25 kg en dg
- 23 cg en g
- 341 mg en dg
- 9.000 kg en t
- 750 dag en kg
- 125 dag en kg
- 6.714 cg en dag
- 7,5 q en kg
- 4,7 dag en g
- 876 dg en hg
- 0,88 hg en cg
- 3,29 t en q

3 Expresa en gramos, en decagramos y en centigramos.

- Medio kilo.
- Un cuarto de kilo.
- Tres cuartos de kilo.
- Tres octavos de kilo.

4 Completa cada hueco en tu cuaderno con un número.

- 45 hg y … g = 490 dag
- … dg y 9 cg = 790 mg
- 2 kg y … dag = 2.352 g y 80 dg

Problemas con unidades de medida 9

En el laboratorio del colegio, los alumnos de 5.° de Primaria han pesado un litro de agua y un litro de aceite.

¿Cuántos gramos pesan 1 litro de agua y 2 litros de aceite?

1.° Calcula los gramos que pesan 1 litro de agua y 2 litros de aceite.

1 ℓ de agua = 1 kg = 1.000 g

2 ℓ de aceite ▶ 900 × 2 = 1.800 g

2.° Calcula los gramos que pesan en total el litro de agua y los 2 litros de aceite.

1.000 g + 1.800 g = 2.800 g

En total pesan 2.800 gramos.

1 Observa algunas unidades de longitud, capacidad y masa, y resuelve.

Algunas son unidades utilizadas en nuestro país hace muchos años y otras son unidades usadas en otros países actualmente.

LONGITUD	CAPACIDAD	MASA
1 pulgada = 2,54 cm	1 cuartillo = 116 cl	1 libra = 453,6 g
1 milla marina = 1,85 km	1 celemín = 4,625 ℓ	1 arroba = 11,502 kg

- ¿Cuántos centímetros son 8 pulgadas? ¿Cuántos kilómetros son 10 millas marinas?
- ¿Cuántos centilitros son 4 cuartillos? ¿Cuántos litros son?
- ¿Cuántos gramos hay en 5 libras? ¿Cuántos kilos son?

2 Resuelve. Fíjate bien en las unidades.

- Isabel tenía una cuerda de 9 m. La ha cortado en trozos de 45 cm. ¿Cuántos trozos ha obtenido?
- En la fiesta sirvieron 80 vasos de zumo de 250 ml y 40 vasos de agua de 30 cl. ¿Cuántos litros de bebida sirvieron en total?
- Para elaborar una receta, una farmacéutica necesita exactamente 15,2 dg de una sustancia. Si ya tiene 20 mg, ¿cuántos centigramos precisa todavía?
- Las monedas de un euro pesan 7,5 g y las de dos euros pesan 8,5 g. ¿Cuál es el peso total de 15 euros si usamos el menor número posible de monedas?

Área de figuras con un cuadrado unidad

Alejandra dibuja figuras sobre cuadrícula y luego mide la superficie de las figuras, es decir, calcula sus áreas.

Observa cómo lo hace en cada caso:

1.º Cuenta los cuadrados completos y los medios cuadrados.

2.º Calcula el número total de cuadrados.

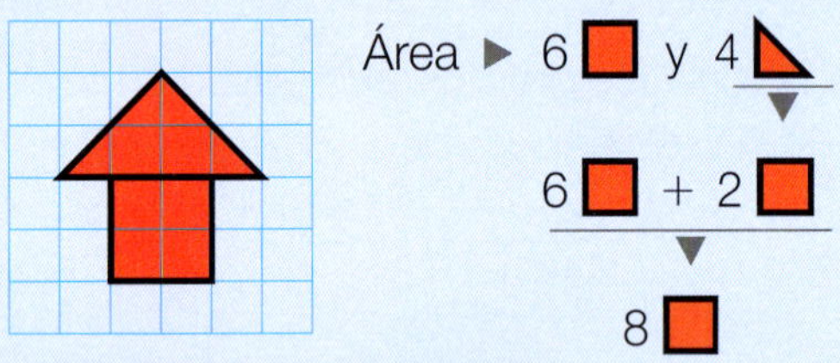

Área = 8

1.º Forma otra figura que tenga igual área en la que sea más fácil contar cuadrados.

2.º Cuenta los cuadrados.

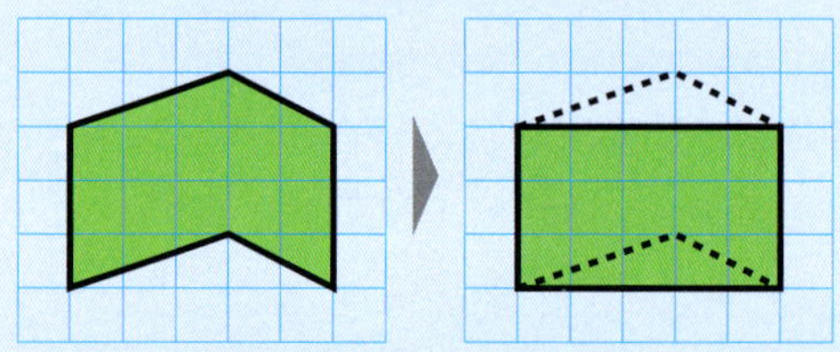

Área = 15

Para medir la superficie de una figura, se elige un cuadrado como unidad y se cuenta cuántos cuadrados unidad forman la figura. Esa medida es el área de la figura.

1 Cuenta y escribe en tu cuaderno el área de cada figura.

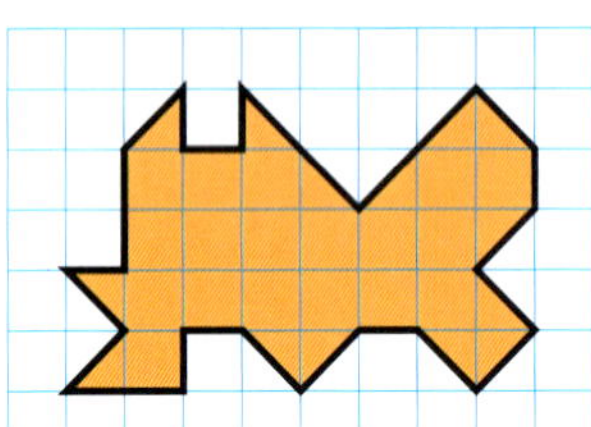

... y ...

Área = ...

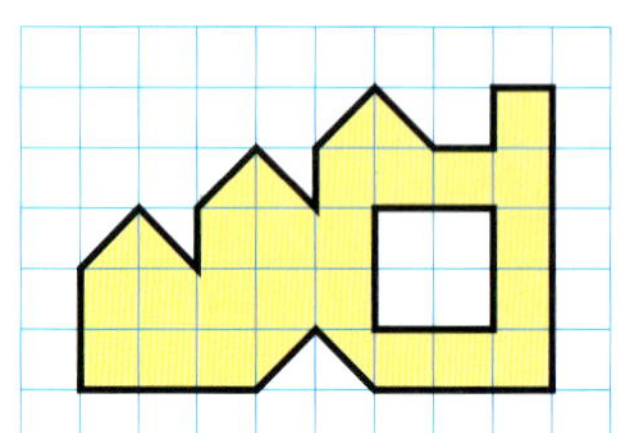

... y ...

Área = ...

2 Dibuja en una cuadrícula otra figura más sencilla que tenga la misma área que cada una de estas figuras, y calcula esa área.

3 Dibuja en tu cuaderno.

- Una figura de 18 cuadrados de área que tenga medios cuadrados.
- Una figura de 12 cuadrados de área con algún borde curvo.

4 Calcula el área de cada figura tomando como unidad de medida primero el cuadrado azul y, después, el gris.

¿Obtienes el mismo resultado?

RETO

¿Existe algún instrumento de medida que pueda medir áreas?

Problemas

5 Resuelve.

Lorena ha hecho un mosaico con azulejos cuadrados.

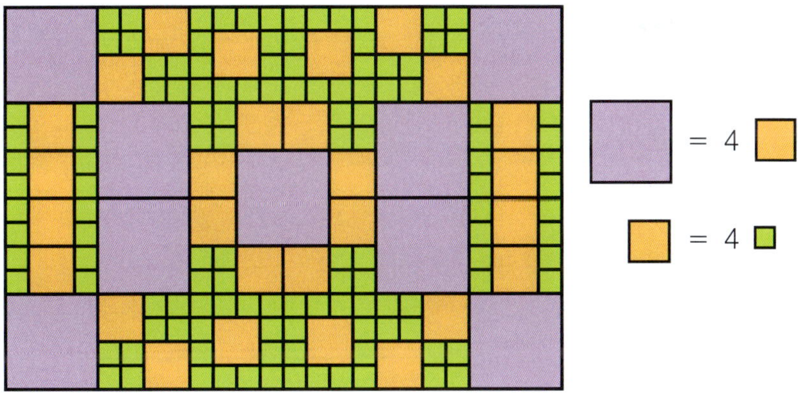

- ¿Cuál es su área si tomamos el azulejo grande como unidad de medida? ¿Y si tomamos el azulejo mediano? ¿Y si tomamos el azulejo pequeño?
- Los azulejos grandes se venden en cajas de 10 unidades, los medianos en cajas de 20 y los pequeños en cajas de 60. ¿Cuántas cajas de cada tipo ha necesitado Lorena?

PENSAMIENTO

Copia la figura en tu cuaderno y responde.

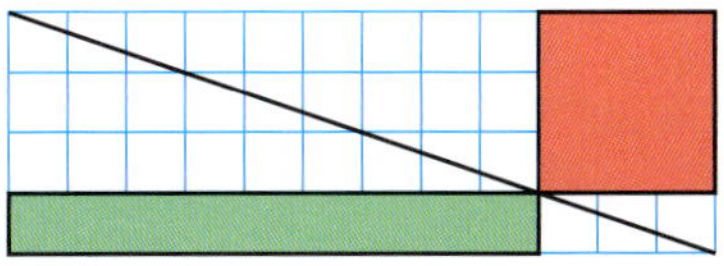

- ¿Qué área de color es la más grande? Explica por qué.

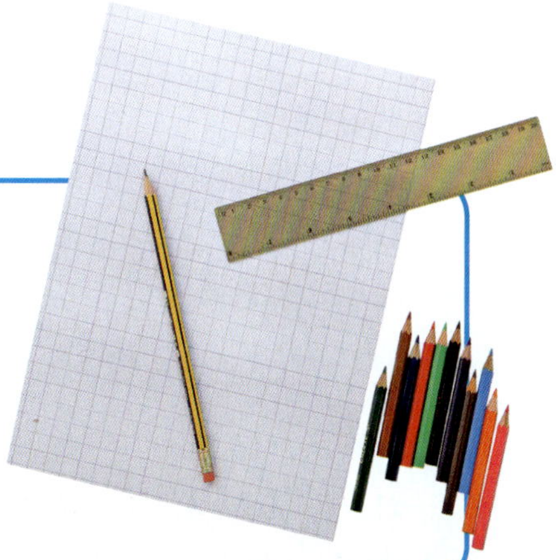

El metro cuadrado y sus submúltiplos. Relaciones

Para medir la superficie de figuras planas y expresar su área, utilizamos las unidades de superficie.

La unidad principal de superficie es el **metro cuadrado**.

Los submúltiplos del metro cuadrado son: el **decímetro cuadrado**, el **centímetro cuadrado** y el **milímetro cuadrado**.

- Un metro cuadrado (1 m^2) es el área de un cuadrado de 1 m de lado.
- Un decímetro cuadrado (1 dm^2) es el área de un cuadrado de 1 dm de lado.
- Un centímetro cuadrado (1 cm^2) es el área de un cuadrado de 1 cm de lado.
- Un milímetro cuadrado (1 mm^2) es el área de un cuadrado de 1 mm de lado.

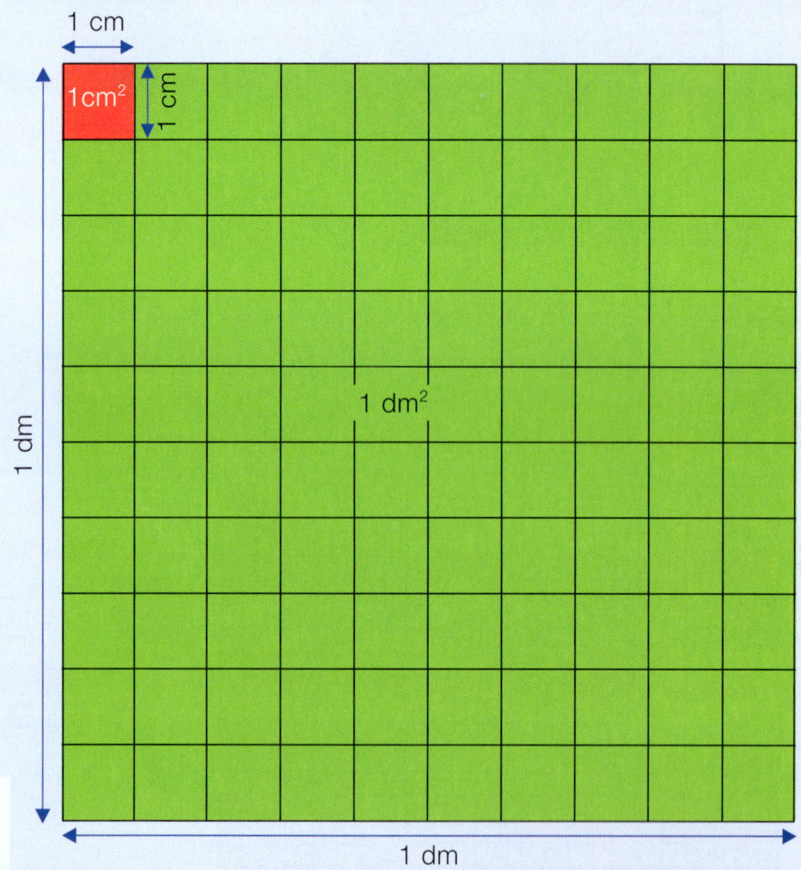

El metro cuadrado es la unidad principal de superficie. Los submúltiplos del metro cuadrado son: el decímetro cuadrado, el centímetro cuadrado y el milímetro cuadrado.

$1\ m^2 = 100\ dm^2$ $1\ m^2 = 10.000\ cm^2$ $1\ m^2 = 1.000.000\ mm^2$

1 Observa las relaciones y completa en tu cuaderno.

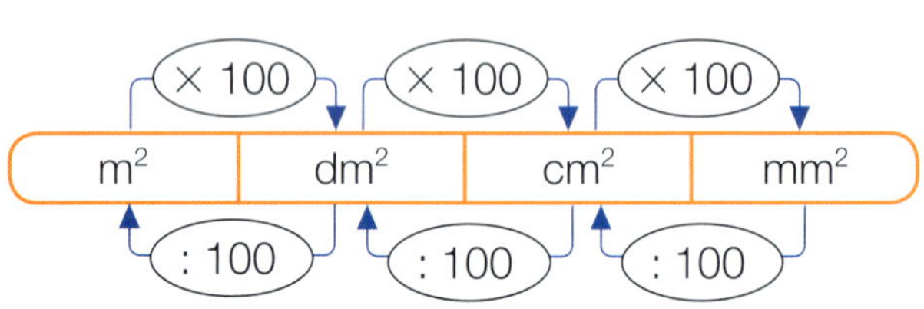

EJEMPLO $5,2\ cm^2 \xrightarrow{5,2 \times 100} 520\ mm^2$

$380\ dm^2 \xrightarrow{380\ :\ 100} 3,8\ m^2$

- $17\ m^2 = \ldots\ dm^2$
- $4,5\ dm^2 = \ldots\ cm^2$
- $0,63\ cm^2 = \ldots\ mm^2$
- $94\ dm^2 = \ldots\ m^2$
- $237\ cm^2 = \ldots\ dm^2$
- $5\ mm^2 = \ldots\ cm^2$

2 Observa cómo se pasa de una unidad de superficie a otra, y completa en tu cuaderno.

HAZLO ASÍ

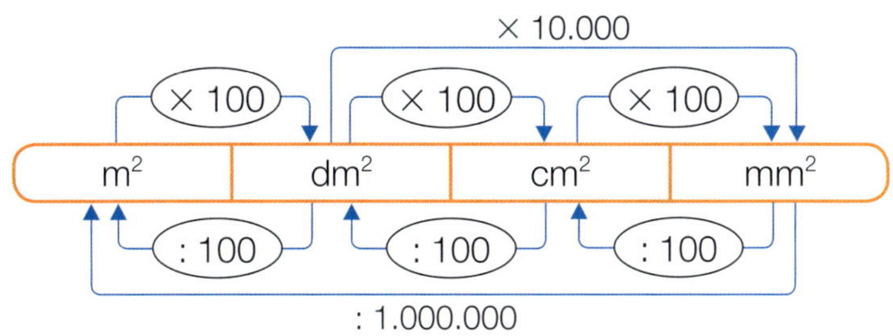

- $0{,}072\ dm^2 \xrightarrow{0{,}072 \times 10.000} 720\ mm^2$
- $56.400\ mm^2 \xrightarrow{56.400 : 1.000.000} 0{,}0564\ m^2$

- $0{,}035\ m^2 = \ldots\ cm^2$
- $0{,}0078\ m^2 = \ldots\ mm^2$
- $2{,}64\ dm^2 = \ldots\ mm^2$
- $4.500\ cm^2 = \ldots\ m^2$
- $9.000\ mm^2 = \ldots\ m^2$
- $18.200\ mm^2 = \ldots\ dm^2$

RETO

Calcula la longitud del lado de la figura, su perímetro y su área. ¿En qué unidad expresas cada medida?

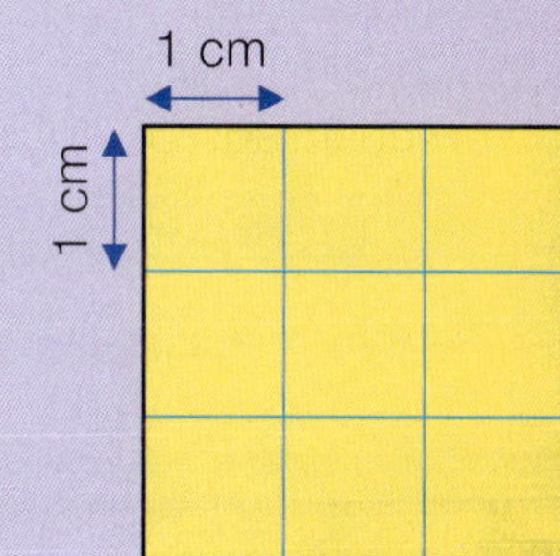

3 Expresa cada medida en la unidad indicada. Después, ordena cada grupo de menor a mayor.

En cm^2	$5{,}2\ dm^2$	$0{,}5\ m^2$	$54.000\ mm^2$
En m^2	$370\ dm^2$	$3.800\ cm^2$	$30.000\ mm^2$

Problemas

4 Resuelve.

- Laura ha construido un tablero de ajedrez. Cada una de las 64 casillas del tablero mide 9 cm^2. ¿Cuántos decímetros cuadrados mide el tablero?
- Gustavo ha forrado una pared de 12,5 m^2 con 50 paneles cuadrados iguales de madera. ¿Cuántos decímetros cuadrados mide cada panel?

CREATIVIDAD

Calca la cuadrícula y dibuja en cada caso una figura.

- Su área es 2 cm^2.
- Su área es 3 cm^2 y su perímetro es 8 cm.
- Su área es 4 cm^2 y su perímetro es 8 cm.
- Su área es 4 cm^2 y su perímetro es 10 cm.

El metro cuadrado y sus múltiplos. Relaciones

Para medir grandes superficies utilizamos los múltiplos del metro cuadrado: el **decámetro cuadrado**, el **hectómetro cuadrado** y el **kilómetro cuadrado**.

- Un decámetro cuadrado (1 dam^2) es el área de un cuadrado de 1 decámetro de lado.
- Un hectómetro cuadrado (1 hm^2) es el área de un cuadrado de 1 hectómetro de lado.
- Un kilómetro cuadrado (1 km^2) es el área de un cuadrado de 1 kilómetro de lado.

Los múltiplos del metro cuadrado son: el decámetro cuadrado, el hectómetro cuadrado y el kilómetro cuadrado.

1 dam^2 = 100 m^2 1 hm^2 = 10.000 m^2 1 km^2 = 1.000.000 m^2

1 Observa las relaciones y completa en tu cuaderno.

km^2 → × 100 → hm^2 → × 100 → dam^2 → × 100 → m^2

m^2 → : 100 → dam^2 → : 100 → hm^2 → : 100 → km^2

- 27 km^2 = … hm^2
- 8,3 hm^2 = … dam^2
- 0,65 dam^2 = … m^2
- 159 hm^2 = … km^2
- 42 dam^2 = … hm^2
- 3,4 m^2 = … dam^2

2 Piensa y completa en tu cuaderno cómo se pasa de una unidad a otra. Después, calcula.

dam^2 → × … → m^2; m^2 → : … → dam^2

- 5,3 dam^2 = … m^2
- 47 m^2 = … dam^2

hm^2 → … → m^2; m^2 → … → hm^2

- 0,82 hm^2 = … m^2
- 16.000 m^2 = … hm^2

km^2 → … → m^2; m^2 → … → km^2

- 0,06 km^2 = … m^2
- 945.000 m^2 = … km^2

3 Expresa en la unidad indicada.

En m^2

- 4 hm^2 y 29 m^2
- 0,07 km^2 y 8,3 dam^2
- 0,5 hm^2, 2 dam^2 y 6 m^2

En km^2

- 5 km^2 y 68 dam^2
- 750 hm^2 y 90.000 m^2
- 2 km^2, 31 hm^2 y 4.080 m^2

4. Completa en tu cuaderno este cuadro de unidades de superficie y los pasos entre ellas.

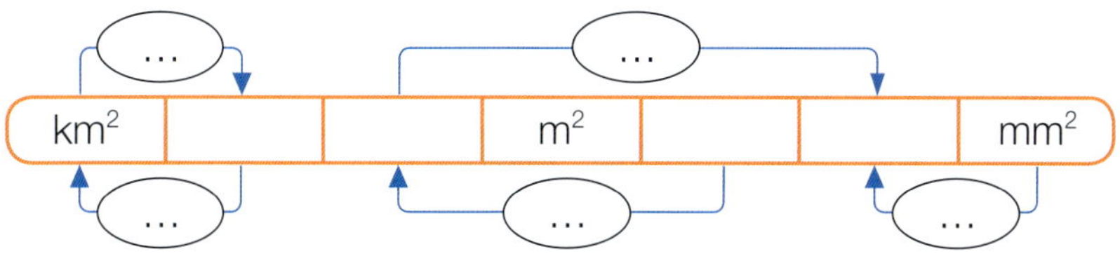

5. Elige la unidad más adecuada para expresar cada superficie.

cm² km² m²

- El suelo de tu clase.
- Un cromo.
- Tu provincia.

6. Expresa cada grupo de medidas en la misma unidad, y ordénalas de mayor a menor.

- $0{,}062\ hm^2$ $68\ m^2$ $6.500\ dm^2$ $6{,}4\ dam^2$
- $17{,}4\ dm^2$ $0{,}005\ dam^2$ $230\ cm^2$ $0{,}46\ m^2$

Problemas

7. Resuelve.

- En un terreno de $12\ dam^2$ se va a construir una piscina que ocupa $4{,}85\ dam^2$, dejando el resto con césped. ¿Cuántos m^2 de césped habrá?
- En una urbanización de $1{,}36\ hm^2$ hay 36 chalés iguales y $9.100\ m^2$ de zonas comunes. ¿Cuántos m^2 mide cada chalé?
- Julián tiene una parcela de $8{,}4\ hm^2$. Ha sembrado trigo en un tercio de la parcela. ¿Cuántos m^2 quedan sin sembrar?

PENSAMIENTO

Piensa y contesta.

Cuatro hermanos han heredado un huerto con árboles frutales y lo quieren repartir entre ellos. Para hacerlo de la forma más justa posible, ponen dos condiciones:

– Todas las partes de la división han de ser iguales y deben tener la misma forma.

– Cada parte debe contener el mismo número de árboles.

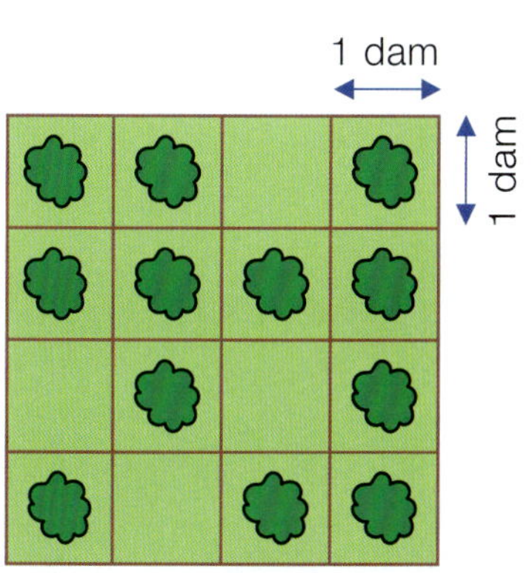

- ¿Cómo pueden hacerlo?
- ¿Qué área tendrá la parte de cada uno?

COMPRUEBO MI PROGRESO

1 Completa en tu cuaderno.

- 375 cm = … dam
- 1,9 hm = … dm
- 9.852 cm = … dam
- 18,3 dm = … mm
- 9,27 dam = … dm
- 2.714 dm = … hm
- 7,4 mm = … cm
- 99,5 dam = … km

2 Observa el cuadro y contesta.

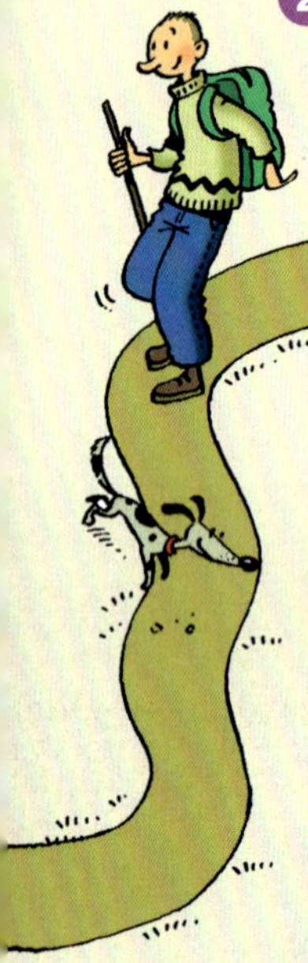

	km	hm	dam	m	dm	cm	mm
A	4	2	9				
B		9	8	6			
C		1	7	3	5		

- ¿Cuántos kilómetros mide el sendero *A*? ¿Cuántos hectómetros son? ¿Y decámetros? ¿Y metros?
- ¿Cuántos hectómetros mide el sendero *B*? ¿Cuántos kilómetros son? ¿Y metros? ¿Y decámetros?
- ¿Cuántos metros mide el sendero *C*? ¿Cuántos decámetros son? ¿Y decímetros? ¿Y hectómetros?

3 Completa en tu cuaderno.

- 0,09 kl = … dal
- 19,37 dal = … kl
- 3,25 dl = … ml
- 2.345 cl = … dal
- 1,4 hl = … dl
- 678 dl = … hl

4 Completa en tu cuaderno.

- 0,06 kg = … dag
- 14 mg = … cg
- 0,013 hg = … dg
- 62,3 dag = … kg
- 39,1 dg = … mg
- 729 cg = … dag

5 Expresa en la unidad indicada.

En hectogramos

- 2 kg y 25 dag
- 4 kg, 3 hg y 75 g
- 35 dag y 2.700 g
- 2 kg, 17 dag y 99 g

En decigramos

- 6 dag y 9 dg
- 7 hg, 3 g y 5 dg
- 19 cg y 450 mg
- 8 g, 7 cg y 9 mg

6 Calcula el área de cada figura. Después, dibuja en una cuadrícula otras figuras que tengan la misma área.

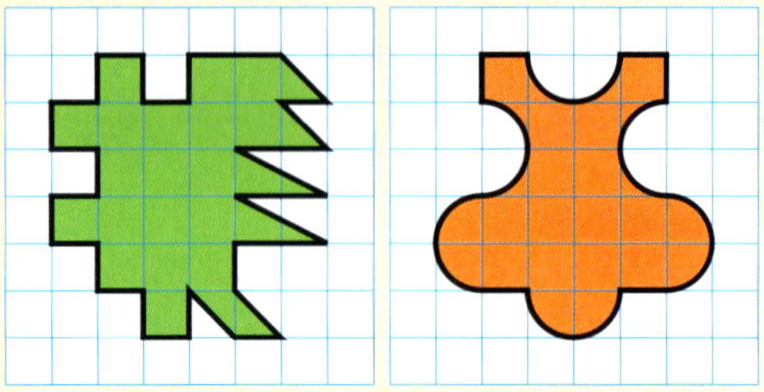

7 Dibuja en una cuadrícula un rectángulo y un cuadrado de área igual a 16 ▢.

- ¿Puedes dibujar otro rectángulo distinto al anterior de área igual a 16 ▢? ¿Y otro cuadrado?

8 Completa.

- 5,2 hm^2 = … m^2
- 0,009 m^2 = … mm^2
- 4.700 dam^2 = … km^2
- 360 dm^2 = … dam^2
- 8,6 cm^2 = … mm^2
- 234 hm^2 = … km^2
- 0,38 m^2 = … cm^2
- 780 dm^2 = … m^2

9 Expresa en la unidad que se indica.

- 0,81 m^2 y 5 dm^2
- 2,3 dm^2 y 790 mm^2

- 0,002 km^2 y 6 dam^2
- 65 dm^2 y 730 cm^2

- 5,9 km^2 y 67 dam^2
- 428 dam^2 y 9.000 m^2

10 Expresa en la misma unidad y ordena de mayor a menor las medidas de cada recuadro.

0,07 dam^2
4,8 m^2
53.000 cm^2

7,5 dm^2 y 29 cm^2
0,6 m^2 y 0,13 dm^2
564 cm^2 y 198 mm^2

Problemas

11 Resuelve.

- La legua es una antigua unidad que equivale a 4.828 m. La milla equivale a 16,1 hm. ¿Qué longitud es mayor: 3,5 leguas, 17.000 m u 11 millas?
- En una prueba de triatlón, los triatletas deben recorrer 15 hm nadando, 14 km corriendo y 15.500 m en bicicleta. ¿Cuántos kilómetros tiene la prueba?
- La leche de un depósito de 3 hl y 5 dal se ha envasado en briks de 75 cl. ¿Cuántos briks se han obtenido? ¿Cuántos centilitros han sobrado?

12 Piensa y contesta.

- En la tienda tienen estas ofertas:

  $\frac{1}{4}$ kg de chorizo: 9,25 €

  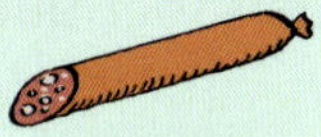

  $\frac{1}{2}$ kg de queso: 8,50 €

  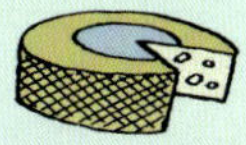

  – ¿Cuánto vale 1 kg de cada producto?
  – ¿Cuánto cuesta un queso de 2 kg?
- Lucía ha comprado un piso de 0,9 dam^2 por 387.450 €. ¿Cuánto cuesta el metro cuadrado de ese piso?

13 Piensa y resuelve.

En una parcela de 5 hm^2 se va a construir un parque, con las siguientes zonas:

Zona	Área
Columpios y arenero	107 dam^2
Cancha de baloncesto	420 m^2
Estanque para patos	10 dam^2 y 80 m^2
Jardines y césped	2 hm^2 y 95 dam^2

- ¿Cuántos m^2 habrá en total de jardines y césped?
- ¿Cuántos m^2 ocupará la zona de columpios y arenero más que la cancha de baloncesto?
- Los caminos de arena ocuparán el resto de la superficie de la parcela. ¿Cuántos hm^2 ocuparán?
- ¿A qué uso se destinará más área? ¿Y menos?

¿CÓMO LO HE HECHO? **Responde en tu cuaderno.**

- ¿Conozco las relaciones entre las unidades de longitud, capacidad y masa?
- ¿Calculo el área de figuras planas con un cuadrado unidad?
- ¿Conozco las relaciones entre el metro cuadrado, sus múltiplos y sus submúltiplos?

Pon una nota a tu trabajo en esta unidad.

Analizar el plano de un piso

Paloma y Antonio están mirando los planos de su casa. Quieren amueblarla y tienen que hacer muchos cálculos para saber qué muebles les caben y cómo les quedarían.

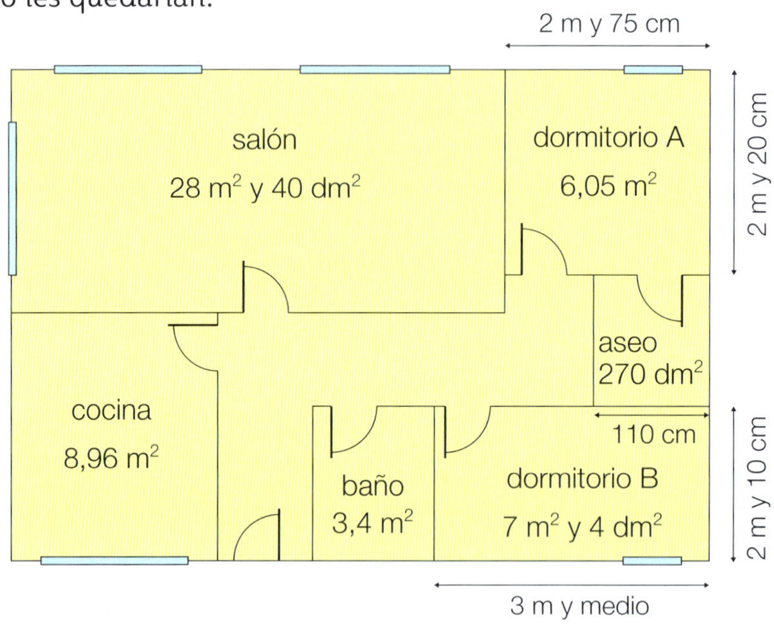

1 Observa el plano, expresa todas las áreas en la misma unidad y resuelve.

- Ordena las habitaciones del piso de mayor a menor según su superficie.
- ¿Cuántos m^2 miden en total todas las habitaciones del piso? ¿Cuántos dam^2 son?
- El piso mide en total 72,72 m^2. ¿Cuántos dm^2 mide la superficie del pasillo?

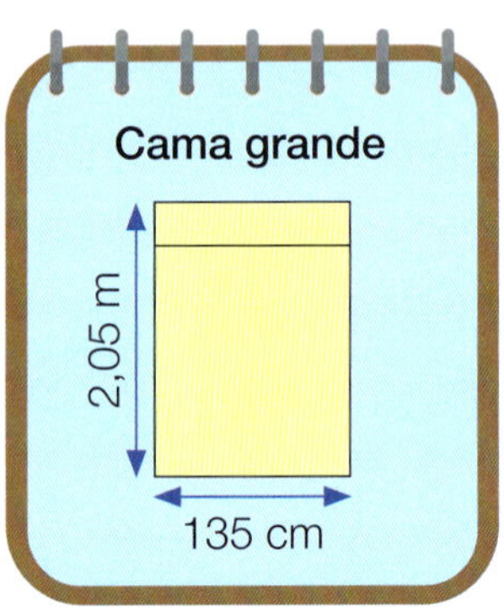

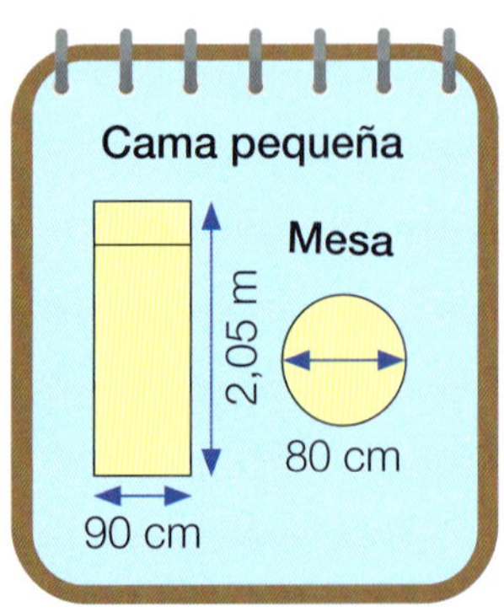

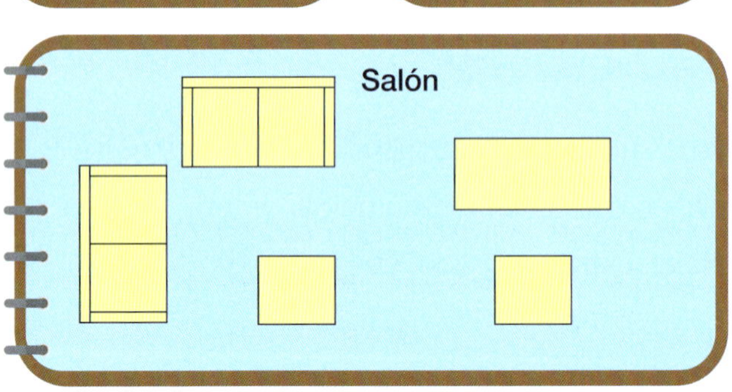

2 Observa el plano y los muebles. Después, resuelve con tu compañero o compañera.

- Colocad la cama grande en el dormitorio más pequeño. Tened en cuenta que la puerta mide 90 cm. ¿En qué pared la colocaríais? ¿Por qué?
- En el dormitorio grande poned la cama pequeña y la mesa redonda. ¿Cómo las colocaríais? ¿Por qué?
- En la mitad del salón poned dos sofás, uno de 180 dm^2 y otro de 144 dm^2, y una mesita de 1 m^2. ¿Cuántos m^2 ocupan?
- En la otra mitad del salón, Paloma y Antonio quieren poner otra mesita de 1 m^2 y una mesa de comedor, de 1,5 m^2 o de 3,75 m^2. ¿Cuál les aconsejarías? ¿Por qué?

Juega con superficies

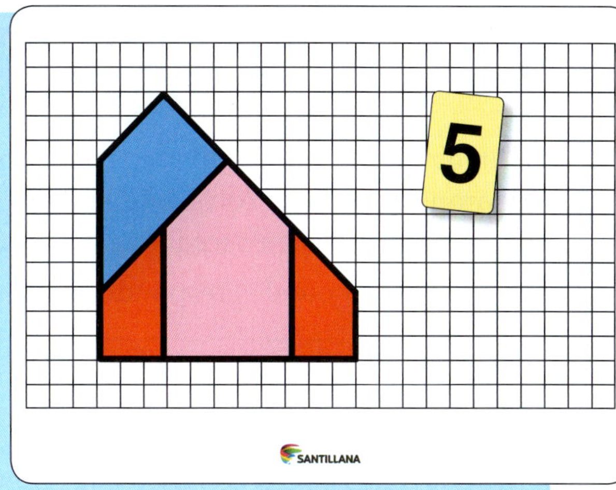

Material: Tablero cuadriculado, baraja de tarjetas numéricas, tangram, papel y lápiz.

Número de jugadores: 5

Reglas del juego:

Se eliminan los números 0, 8 y 9 de las tarjetas numéricas y se barajan las cartas. Por turnos, un jugador levanta una tarjeta que le indicará el número de piezas del tangram con las que tiene que construir una figura.

El jugador o jugadora elige las piezas del tangram y construye una figura con ellas. El resto de participantes anotan en su papel una estimación de la superficie de la figura, para ello utilizan como unidad de medida 1 cuadradito del tablero.

Una vez construida la figura, se coloca sobre el tablero cuadriculado. Se marca el contorno y se retiran las piezas para poder calcular la superficie. Los jugadores o jugadoras que hayan acertado, o los que más se aproximen, obtienen 1 punto.

Ganador: Gana la persona que primero consiga 4 puntos.

1. ¿Cuál es la superficie, en cuadraditos del tablero, de esta figura?

Retos matemáticos

Las 27 bolas

Tenemos 27 bolas con el mismo aspecto, pero hay una que pesa más que las otras.

¿Podrías saber cuál es con solo tres pesadas en una balanza de platillos que no tiene pesas?

Con solo dos pesas

Tenemos una balanza de platillos con solo dos pesas, una de 10 g y la otra de 40 g.

En solo tres pesadas, separa 1.800 g de semillas en dos bolsas de 400 g y 1.400 g.

Medio metro

¿Qué es mayor: el área de un cuadrado de medio metro de lado o medio metro cuadrado?

Solución de problemas

Escribir la pregunta que se responde con unos cálculos

En un almacén tenían 350 sacos de manzanas rojas de 20 kilos cada uno. Llegaron 2 camiones con 1.570 kilos de manzanas verdes cada uno y envasaron todas en sacos del mismo peso que los que había.

¿Qué pregunta puedes responder con estos cálculos?

1.º $2 \times 1.570 = 3.140$ 2.º $3.140 : 20 = 157$ 3.º $350 - 157 = 193$

► Fíjate en qué se halla con cada uno de los cálculos.

1.º Con este producto se calculan cuántos kilos de manzanas verdes llegaron en los camiones.

2.º Con esta división se hallan los sacos de manzanas obtenidos al envasar las manzanas verdes.

3.º Con esta resta se calculan cuántos sacos había de manzanas rojas más que de manzanas verdes.

La pregunta es: ¿cuántos sacos había de manzanas rojas más que de manzanas verdes?

Fíjate en los cálculos y escribe la pregunta que se responde con ellos.

1. El precio de un coche que costaba 12.000 € fue rebajado un 5 % en enero. En febrero rebajaron su precio otros 250 €.

   1.º 5 % de $12.000 = 600$ 2.º $12.000 - 600 = 11.400$ 3.º $11.400 - 250 = 11.150$

2. En un jardín hay 300 rosales rojos y 200 blancos. Han echado abono a un décimo de los rosales. El abono de cada rosal cuesta 2 €.

   1.º $300 + 200 = 500$ 2.º $\frac{1}{10}$ de $500 = 50$ 3.º $50 \times 2 = 100$

3. A una excursión van 275 niños y 320 niñas. Viajarán en autocares de 50 plazas cada uno y contratarán el menor número de autocares posible para que vayan todos.

   1.º $275 + 320 = 595$ 2.º $595 : 50$ → cociente 11, resto 45 (095; 45) 3.º $50 - 45 = 5$

1. Escribe el número anterior y el posterior a cada uno.
   - 8.990.989
   - 189.309.099
   - 70.099.899
   - 316.089.999

2. Divide.
   - 3.647 : 37
   - 20.105 : 285
   - 9.984 : 96
   - 29.632 : 463

3. Piensa y escribe.
   - Dos fracciones mayores que $\frac{2}{7}$.
   - Una fracción equivalente a $\frac{3}{4}$.

4. Calcula.
   - $\frac{3}{8} + \frac{4}{8}$
   - $\frac{13}{17} - \frac{7}{17}$
   - $\frac{2}{9} + \frac{4}{9} + \frac{1}{9}$
   - $\frac{11}{15} - \frac{8}{15}$

5. Calcula.
   - 5,9 + 7,39
   - 6 − 2,71
   - 83,7 + 0,854
   - 15,73 − 4,169
   - 12,8 × 42,3
   - 2,75 : 100
   - 38 × 2,314
   - 378,2 : 1.000

6. Expresa como número decimal.
   - $\frac{79}{10}$
   - $\frac{345}{100}$
   - $\frac{47}{1.000}$
   - $\frac{149}{10}$
   - $\frac{2.079}{100}$
   - $\frac{628}{1.000}$

7. Expresa como fracción decimal.
   - 0,78
   - 6,452
   - 0,034
   - 4,9
   - 2,93
   - 37,6

8. Calcula.
   - El 25 % de 120.
   - El 32 % de 75.
   - El 70 % de 300.
   - El 75 % de 32.

Problemas

9. Tres quintos de los 60 cuadros de una exposición son paisajes y un tercio de ellos son de montañas. ¿Cuántos cuadros son paisajes de montañas?

10. En un concierto hay 170 personas. El 40 % de los asistentes son niñas, el 30 % niños y el resto son adultos. ¿Cuántos adultos hay en el concierto?

11. Juan compró 100 sacapuntas por 95 €. Después, subió el precio de cada uno 15 céntimos y vendió 87. ¿Cuánto dinero ganó en total?

12. Ángela tiene dos cobayas que pesan cinco octavos de kilo y cuatro octavos de kilo, respectivamente. ¿Qué fracción de kilo pesan en total? ¿Pesan juntas más o menos de un kilo?

13. Tomás ha comprado 3 kg de peras a 2,28 € el kilo y 1,5 kg de manzanas a 3 € el kilo. Luisa ha comprado 6 kg de plátanos a 1,94 € el kilo. ¿Quién ha comprado más fruta? ¿Cuál se ha gastado más dinero? ¿Cuánto cuestan los plátanos más que las manzanas?

14. Un teléfono móvil costaba 308 €. Juan pagó 80 € y el resto en pagos mensuales iguales durante un año. La cuota mensual que pagó, ¿fue mayor o menor de 18,90 €?

Coordenadas cartesianas

En la pantalla del videojuego hay varias naves. Observa cómo se expresan las coordenadas de los puntos donde están.

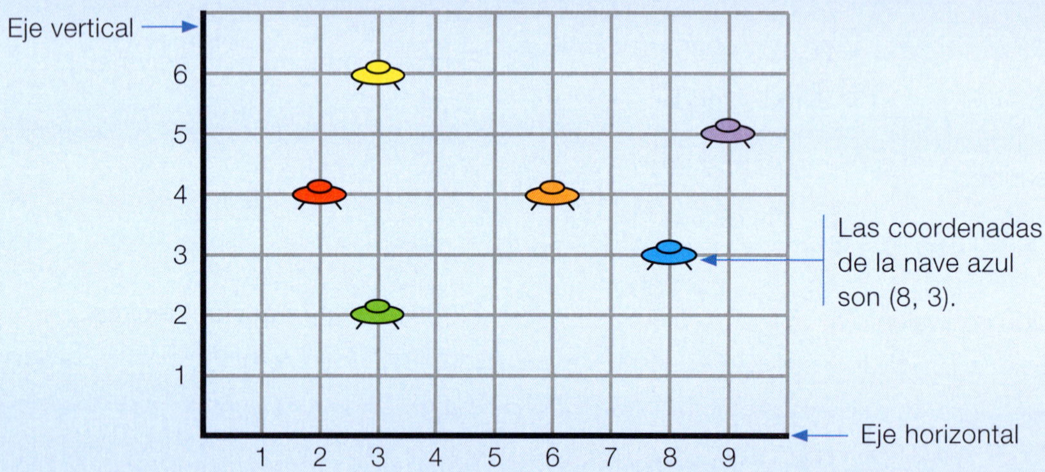

Para escribir las coordenadas cartesianas de un punto, escribe entre paréntesis primero el número del eje horizontal, una coma y después el número del eje vertical.

1 Escribe en tu cuaderno las coordenadas del punto que ocupa cada nave. Después, contesta.

Nave amarilla ▶ … Nave morada ▶ … Nave roja ▶ …

Nave naranja ▶ … Nave verde ▶ …

- ¿Qué naves tienen igual la primera coordenada? ¿Y la segunda?

2 Copia en tu cuaderno y sitúa cada nave en las coordenadas indicadas.

▶ (5, 2)
▶ (1, 3)
▶ (3, 2)
▶ (1, 5)
▶ (4, 6)
▶ (9, 4)

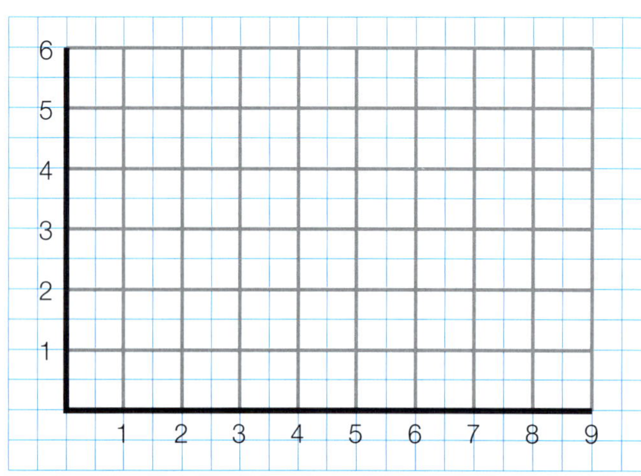

- ¿Qué naves tienen igual la primera coordenada? ¿Y la segunda?

3 Describe el recorrido de cada nave por el espacio.

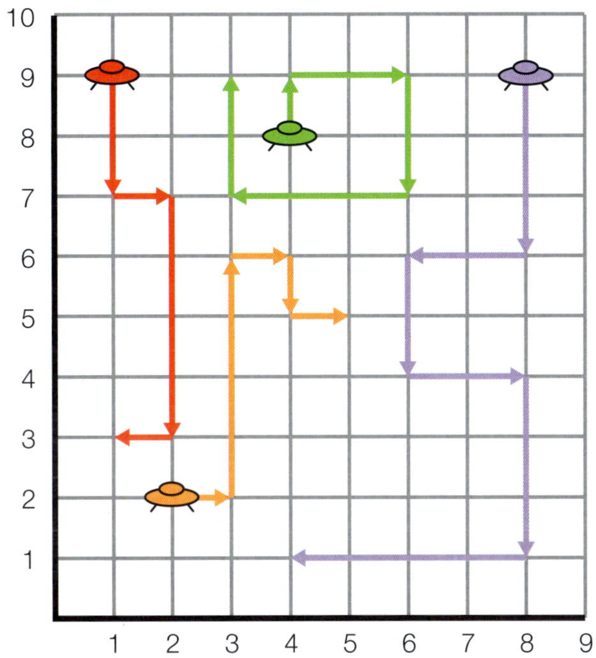

EJEMPLO 

Salió del punto (1, 9),
bajó hasta el punto (1, 7),
fue a la derecha hasta (2, 7),
bajó hasta … y, por último,
fue a la izquierda hasta …

4 Copia la cuadrícula en tu cuaderno y traza el recorrido de cada nave.

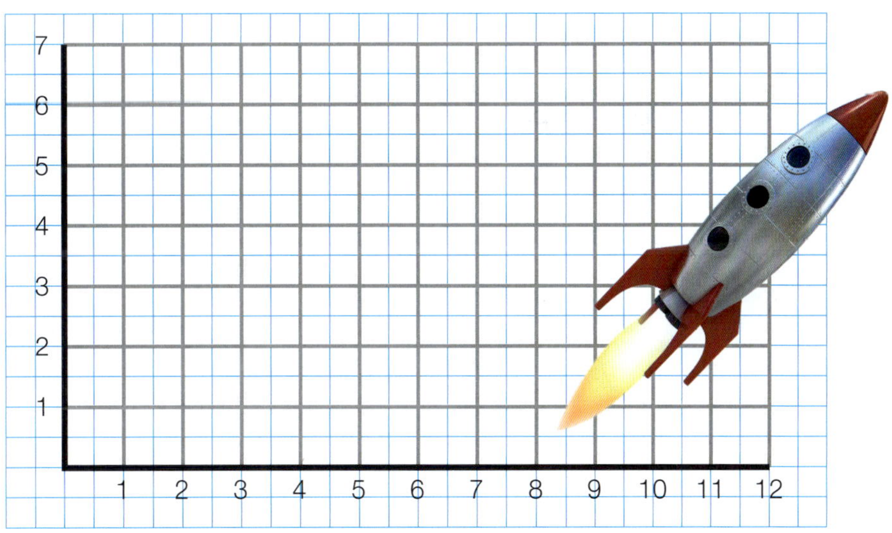

 Salió del punto (1, 5), bajó hasta (1, 3), fue a la derecha hasta (4, 3), bajó hasta (4, 1) y fue a la derecha hasta (6, 1).

 Salió del punto (3, 6), fue a la izquierda hasta (2, 6), bajó hasta (2, 4), fue a la derecha hasta (5, 4) y subió hasta (5, 6).

 Salió del punto (6, 3), fue a la derecha hasta (7, 3), subió hasta (7, 6), fue a la derecha hasta (11, 6) y bajó hasta (11, 5).

 Salió del punto (12, 4), fue a la izquierda hasta (8, 4), bajó hasta (8, 2), fue a la derecha hasta (11, 2) y bajó hasta (11, 1).

Cálculo mental

Divide entre 2 un número con todas sus cifras pares

46 : 2 = 23   284 : 2 = 142   6.208 : 2 = 3.104

28 : 2	80 : 2	426 : 2	208 : 2	2.468 : 2	6.084 : 2
64 : 2	42 : 2	640 : 2	842 : 2	4.620 : 2	8.462 : 2

Divide entre 2 un número par que no tiene todas sus cifras pares

38 : 2 → 19 (30 : 2 = 15; 8 : 2 = 4; 15 + 4 = 19)

32 : 2	52 : 2	74 : 2	302 : 2
34 : 2	54 : 2	76 : 2	504 : 2
36 : 2	58 : 2	98 : 2	708 : 2

Un número, varias divisiones

Escribe una división en la que el divisor sea 2 y su cociente sea:

- 28
- 142

Pequeños problemas

Calcula mentalmente

1. Alejandra y Mateo han ido a cenar. En total pagan 32 € entre los dos. ¿Cuánto pagará cada uno?
2. Natalia cambió 96 € en monedas de 2 €. ¿Cuántas monedas le dieron?

¿Qué sabes ya?

Representación de horas

Las 5 y diez de la tarde.

Las 9 menos veinte de la mañana.

Trazado de ángulos

Para trazar un ángulo que mida 70°, hazlo así:

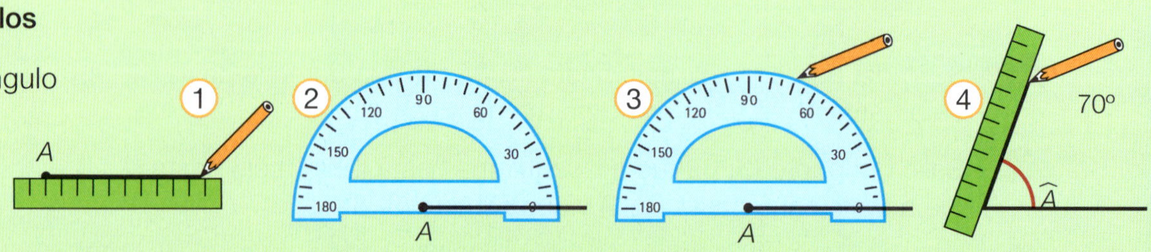

1. Representa en los dos tipos de reloj las 7 y veinticinco de la mañana y las 10 menos diez de la noche.
2. Traza un ángulo de 40°, uno de 8° y uno de 110°.

10 Sistema sexagesimal

Tiempo para leer

A la hora de medir el tiempo, las antiguas civilizaciones anteriores a la época romana se guiaron por el movimiento de los astros. Así, decidieron que un año sería el tiempo que transcurre entre cada dos primaveras, que establecieron en 365 días.

Para dividir el año contaron las veces que durante ese espacio de tiempo había luna llena, unas 12 veces. De esa forma, el año quedaría dividido en 12 períodos (meses) de 30 días cada uno, es decir, 360 días, y los 5 días sobrantes se añadían al final de cada año.

En la civilización romana se estableció un calendario con 365 días, manteniendo los 12 meses, y sumaron un día a algunos meses, que quedaron con 31.

Tiempo para hablar

- Hay luna llena cada 29 días. ¿Cuántas lunas llenas puede haber en un año?
- En realidad, un año dura 365 días, 5 horas y 48 minutos. Si esas casi 6 horas las repartiéramos entre los 12 meses, ¿cuántos minutos aproximadamente corresponderían a cada mes?
- Inventa un calendario suponiendo que el año dura 365 días y 6 horas. Explica sus ventajas y sus inconvenientes.

El reloj

Hoy los estudiantes de 5.° han ido a visitar unas cuevas. Han cogido el tren a las 9 menos cuarto y han llegado a las 10 y media. ¿Cuánto ha durado el viaje?

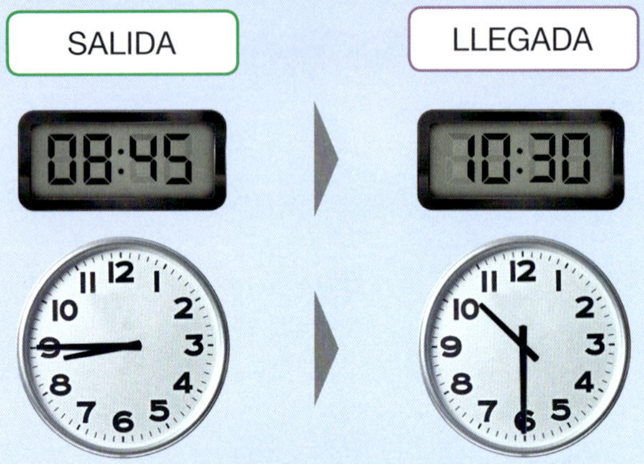

El viaje ha durado 1 hora y tres cuartos.

1. ¿Cuánto tiempo duró el viaje que hizo cada autobús? Observa la tabla y completa.

Salida	06:30	10:15	19:50	23:30
Llegada	07:50	13:30	21:45	01:00

2. Calca los relojes, dibuja las horas en ellos en tu cuaderno y contesta.

- Conchi sale de casa a las 10 y media de la mañana y regresa 2 horas y media después. ¿A qué hora regresa?

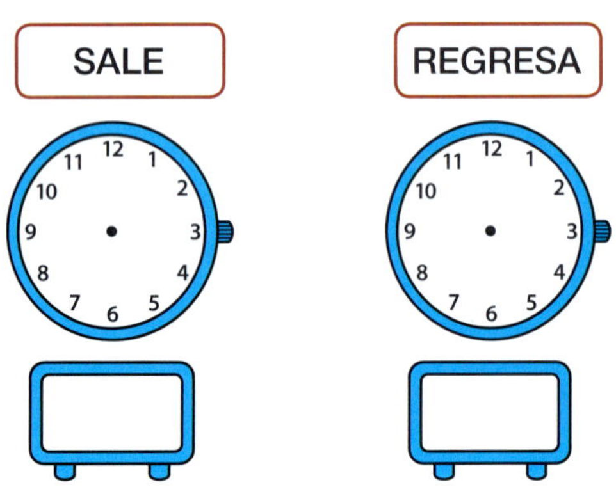

- Israel estuvo en el gimnasio 1 hora y cuarto y salió del gimnasio a las 5 y cuarto de la tarde. ¿A qué hora llegó al gimnasio?

3 Observa el dibujo y calcula.

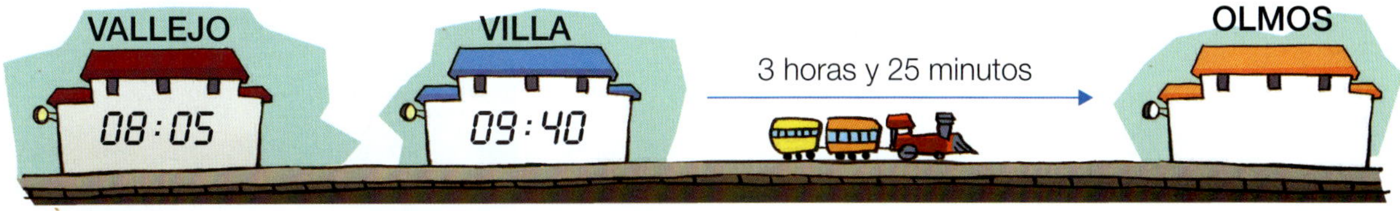

- ¿Cuánto tiempo tardó el tren de Vallejo a Villa?
- ¿A qué hora llegará el tren a Olmos?

4 Aproxima cada hora y dibújala en un reloj analógico.

HAZLO ASÍ

Aproxima los minutos a la decena más cercana y representa esa hora aproximada.

Decena más cercana: 10.
Son casi las 9 y diez.

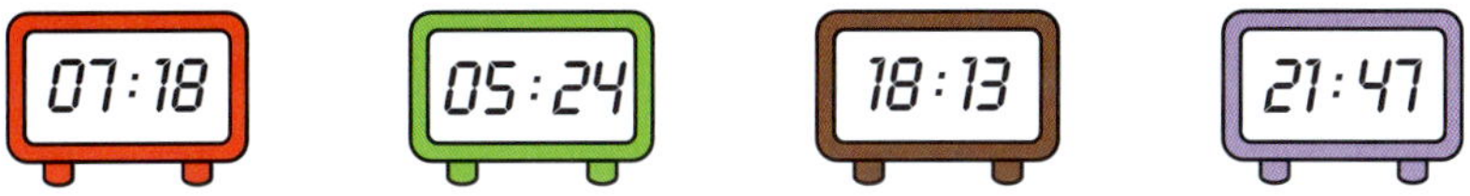

Problemas

5 Resuelve.

- Raquel y Pablo quedaron a las 16:45. Raquel llegó 2 minutos antes de la hora y Pablo 9 minutos después. ¿A qué hora llegó cada uno? ¿Cuánto esperó Raquel?
- Un tren va de Madrid a Sevilla en 2 horas y 9 minutos. Hoy el tren salió de Madrid a las 7:35 y llegó a Sevilla a las 11:00. ¿Cuántos minutos se retrasó el tren?
- Lucía va andando desde su casa a la biblioteca. Sale a las 10 y media y tarda 18 minutos en llegar. ¿A qué hora llega a la biblioteca aproximadamente?

PENSAMIENTO

Piensa y contesta a la pregunta.

- Son las doce de la noche. Marta mira por la ventana y ve que llueve. Si mira por la ventana dentro de 120 horas, ¿hará sol? ¿Por qué?

Unidades de medida de tiempo

La **hora**, el **minuto** y el **segundo** son unidades de tiempo.

1 hora = 60 minutos ▶ 1 h = 60 min

1 minuto = 60 segundos ▶ 1 min = 60 s

La hora, el minuto y el segundo forman un **sistema sexagesimal**. Cada unidad es 60 veces mayor que la unidad inmediatamente inferior.

Observa cómo pasar de una unidad a otra.

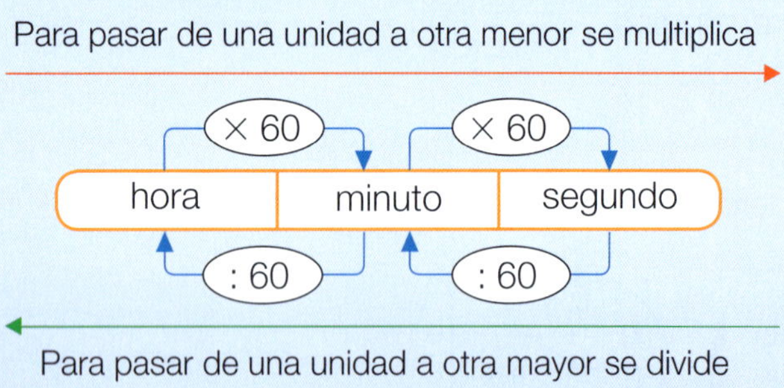

La hora, el minuto y el segundo son unidades de tiempo. Forman un sistema sexagesimal.

1 min = 60 s   1 h = 60 min = 3.600 s

1 Expresa en la unidad indicada.

En minutos
- 3 h
- 8 h
- 11 h
- 2 h y cuarto
- 3 h y media
- 4 h y 35 min

En segundos
- 2 min
- 3 min y 24 s
- Un cuarto de hora
- Tres cuartos de hora
- 2 h y 30 s
- 1 h, 12 min y 15 s

2 Expresa en la unidad que se indica.

En minutos
- 120 s
- 240 s
- 480 s
- 3.000 s
- 4.200 s
- 5.400 s

En horas
- 420 min
- 1.200 min
- 2.940 min
- 7.200 s
- 10.800 s
- 36.000 s

3 Observa los relojes y calcula cuántos segundos han pasado.

09:12 ▶ 09:30

16:30 ▶ 16:45

05:15 ▶ 05:25

21:05 ▶ 21:35

4 Expresa en horas y minutos, o en minutos y segundos.

HAZLO ASÍ

135 minutos	432 segundos
135 ⌊60	432 ⌊60
min ▶ 15 2 ◀ h	s ▶ 12 7 ◀ min
135 min = 2 h y 15 min	432 s = 7 min y 12 s

- 216 min
- 421 min
- 763 min
- 819 min
- 306 s
- 542 s
- 812 s
- 927 s

RETO

Ordena de menor a mayor:

362 minutos
6 horas
21.840 segundos

Problemas

5 Resuelve.

- Un grifo echa 24 litros de agua en un minuto.
¿Cuántos litros de agua echará en una hora?
¿Y en un cuarto de hora?
- Lucas vio el sábado una película que duró 195 minutos, y su amiga Paula, una que duró 2 horas y tres cuartos.
¿Cuál de los dos vio la película de mayor duración?
¿Cuánto duró una película más que la otra?
¿Cuántas horas duraron las dos películas en total?
- Alicia tiene un reloj que se retrasa 3 segundos cada día.
¿Cuántos minutos y segundos se retrasa en un mes?
¿Y en un año?
- Un autobús pasa por la parada Sol cada 12 minutos.
Javier coge este autobús en la parada Sol a las 17:10.
¿A qué hora pasa el primer autobús pasadas las 19:00?
- Una máquina tarda 30 minutos en etiquetar 900 botes.
¿Cuántos segundos tarda en etiquetar un bote?
¿Cuántos minutos tardará en etiquetar 1.350 botes?

PENSAMIENTO

Lee y contesta.

▶ Un reloj funciona mal y se retrasa 10 minutos cada hora.
A las 12 del mediodía ha marcado bien la hora.
¿Qué hora marcará a las 12 de la noche?
¿Y a las 12 del mediodía del día siguiente?
¿Cuánto tiempo pasará hasta que vuelva a marcar la hora correcta?

Unidades de medida de ángulos

La medida de los ángulos la expresamos en grados. A veces, necesitamos expresar una medida con mayor precisión; entonces, utilizamos dos unidades menores que el **grado**: el **minuto** y el **segundo**.

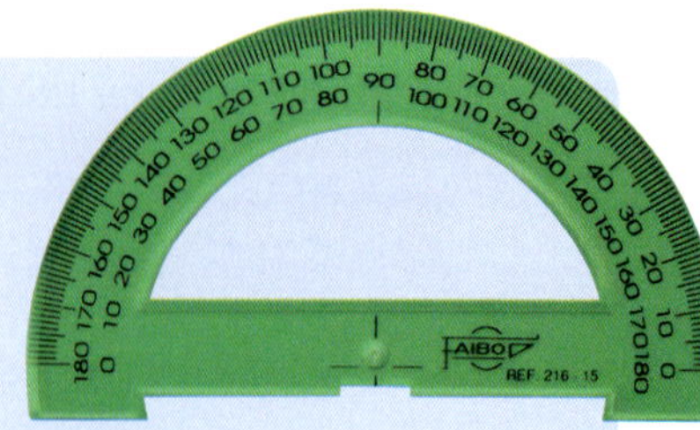

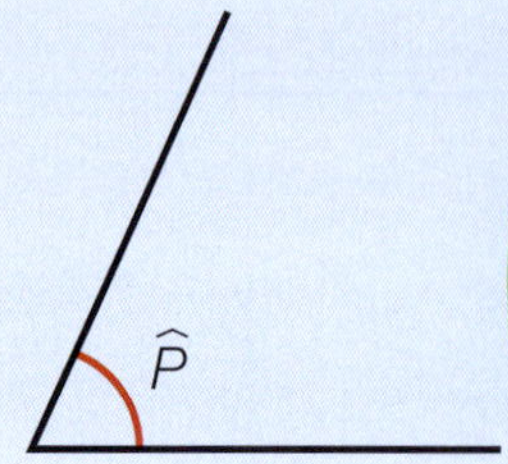

1 grado = 60 minutos   1 minuto = 60 segundos

$1^\circ = 60'$ $1' = 60''$

El ángulo $\widehat{P}$ mide 65 grados, 42 minutos y 18 segundos. ▶ $\widehat{P} = 65^\circ\ 42'\ 18''$

El ángulo $\widehat{P}$ mide entre 65° y 66°.

El grado, el minuto y el segundo forman también un **sistema sexagesimal**. Cada unidad de un orden es 60 veces mayor que la unidad inmediatamente inferior.

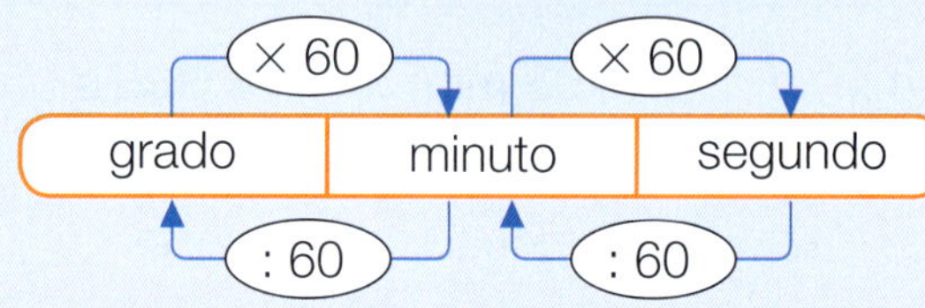

Las unidades de medida de ángulos son: el grado (°), el minuto (') y el segundo (").
Estas unidades forman un sistema sexagesimal.

$1' = 60''$ $1^\circ = 60' = 3.600''$

1 Expresa la medida de cada ángulo en la unidad que se indica.

HAZLO ASÍ

Expresa 8° 9' 7" en segundos.

Pasa los grados y los minutos a segundos y suma.

$8^\circ\ 9'\ 7'' = 28.800'' + 540'' + 7'' = 29.347''$

(8° × 3.600 → 28.800"; 9' × 60 → 540")

En minutos

- 12° 25'
- 30° 19'
- 49° 15'
- 53° 15'

En segundos

- 21' 7"
- 5° 9"
- 9° 34' 18"
- 4° 12' 5"

2 Contesta y después expresa cada medida en la unidad que se indica.

PRESTA ATENCIÓN

Para pasar de una unidad a otra mayor hay que dividir.

- ¿Cómo se pasa de segundos a minutos?
- ¿Cómo se pasa de minutos a grados? ¿Y de segundos a grados?

En minutos: 300" 480" 1.080" 2.520" 12.480"

En grados: 240' 540' 4.740' 5.520' 7.200" 18.000" 32.400"

3 Calcula y completa en tu cuaderno.

HAZLO ASÍ

- ¿Cuántos minutos y segundos son 398"?

```
           398 | 60
segundos ▶  38    6 ◀ minutos
```

398" = 6' 38"

- ¿Cuántos grados y minutos son 472'?

```
          472 | 60
minutos ▶  52    7 ◀ grados
```

472' = 7° 52'

- ¿Cuántos grados, minutos y segundos son 12.760"?

Pasa los segundos a minutos y después los minutos que has obtenido a grados.

```
           12760 | 60
             076   212 ◀ minutos  ──▶ 212 | 60
              160              minutos ▶  32    3 ◀ grados
segundos ▶     40
```

12.760" = 3° 32' 40"

529" = ...' ..." 866' = ...° ...' 32.590" = ...° ...' ..."

1.532" = ...' ..." 2.228' = ...° ...' 54.527" = ...° ...' ..."

RETO

Ordena de menor a mayor estos ángulos. ¿Cómo lo haces?

- 7° 35'
- 459'
- 27.480"

Problemas

4 Lee y resuelve.

- La Tierra gira sobre sí misma un ángulo de 900' cada hora. ¿Cuántos grados son? ¿Y segundos?
- Un planeta gira sobre sí mismo un ángulo de 50.400" cada hora. ¿Cuántos minutos son? ¿Y grados?
- La rueda de una bicicleta ha girado durante un paseo un ángulo de 4.320.000'. ¿Cuántos grados son? Si cada vuelta son 360°, ¿cuántas vueltas ha dado la rueda?

PENSAMIENTO

Completa los huecos en tu cuaderno. Hay varias soluciones.

- 10° < □' < 12°
- 20' < □" < 21'
- 9° 5' < □" < 9° 6'
- 7° 9" < □' □" < 7° 19"

Clasificación de ángulos

Observa estos ángulos y sus medidas en grados.

Ángulo agudo

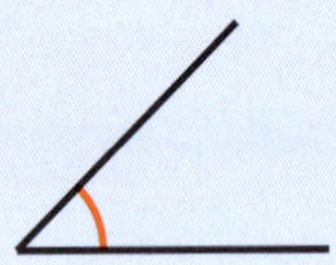

Mide menos de 90°.

Ángulo recto

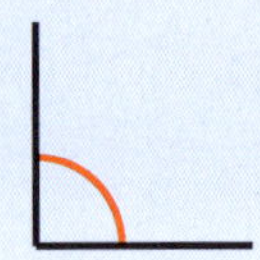

Mide 90°.

Ángulo obtuso

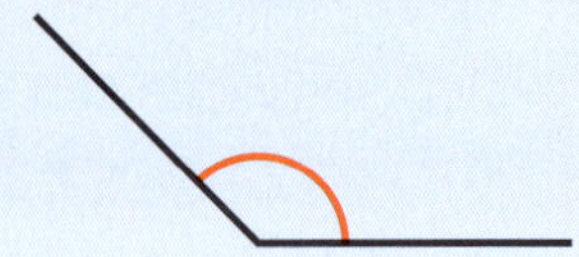

Mide más de 90°.

Ángulo llano

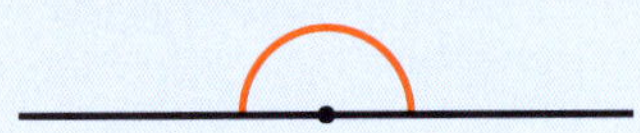

Sus lados están en la misma recta.

Mide 180°.

Ángulo completo

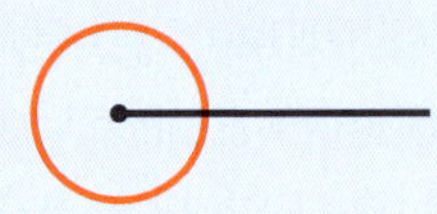

Sus lados coinciden.

Mide 360°.

1 Calca y mide cada ángulo con el transportador. Después, escribe debajo qué tipo de ángulo es (agudo, recto, obtuso o llano).

RECUERDA

En algunos casos, para poder medir el ángulo tienes que prolongar sus dos lados.

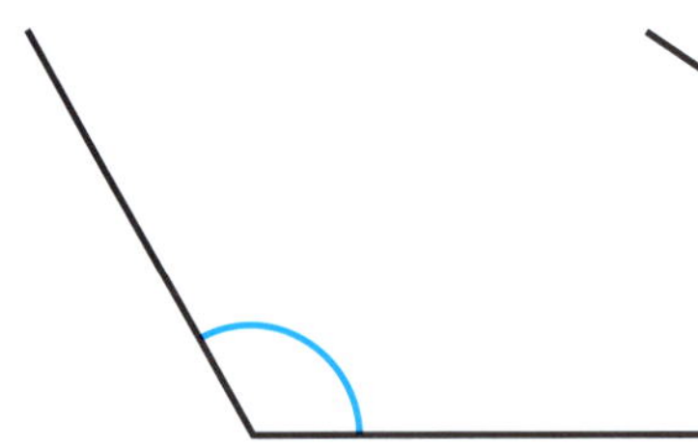

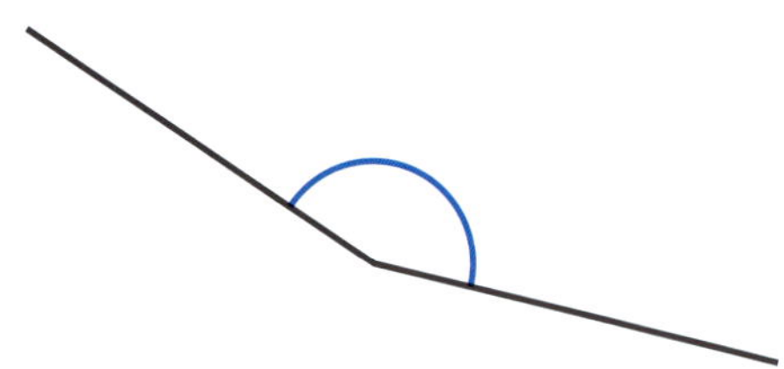

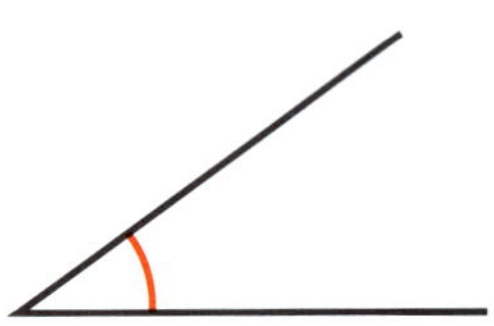

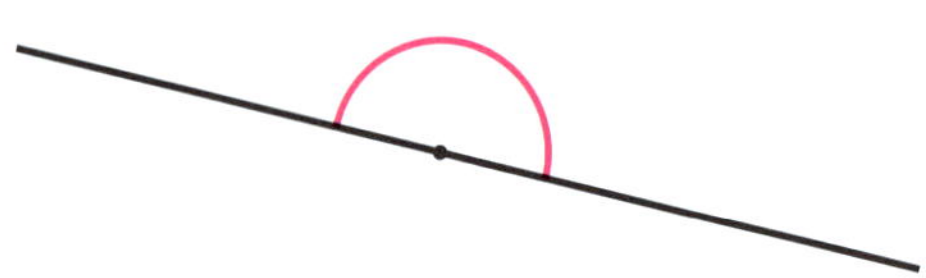

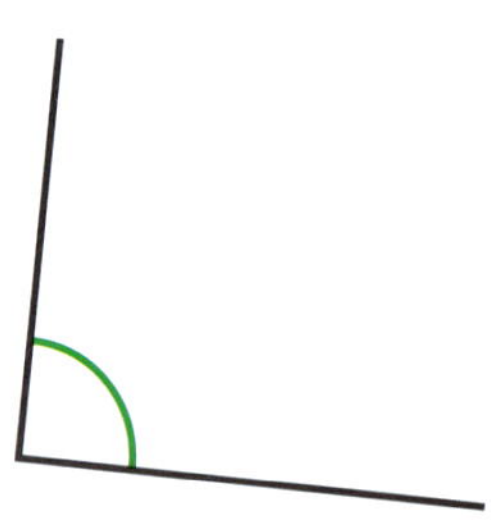

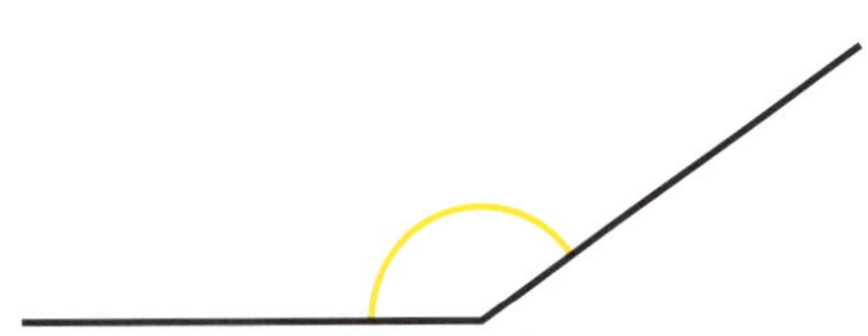

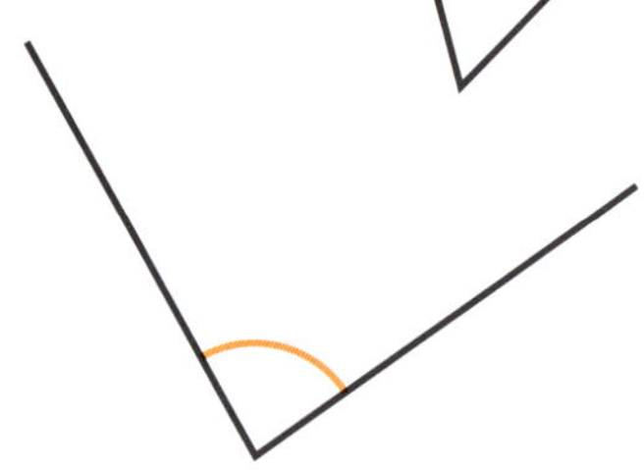

2 Dibuja dos ángulos agudos y dos obtusos de diferentes medidas. Di cuánto mide cada uno.

3 Escribe dos horas distintas en las que las agujas formen estos ángulos.

- Un ángulo agudo.
- Un ángulo recto.
- Un ángulo obtuso.
- Un ángulo llano.

Tipos de ángulos

Observa cada pareja de ángulos y sus elementos comunes.

Consecutivos

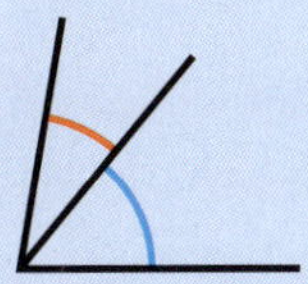

Tienen en común un lado y el vértice.

Adyacentes

Son consecutivos y sus lados no comunes están en la misma recta. Siempre suman 180°.

Opuestos por el vértice

Tienen el mismo vértice y sus lados están en la misma recta. Los dos ángulos miden lo mismo.

1 Observa los ángulos dibujados y escribe.

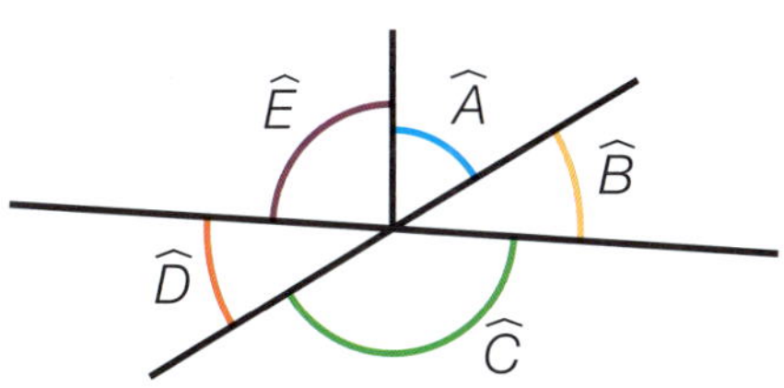

- Dos ángulos consecutivos.
- Dos ángulos adyacentes.
- Dos ángulos opuestos por el vértice.
- Tres ángulos que sumen 180°.

2 Mide los ángulos marcados en esta figura y contesta. Después dibuja en tu cuaderno dos rectas que se corten y comprueba que obtienes los mismos resultados.

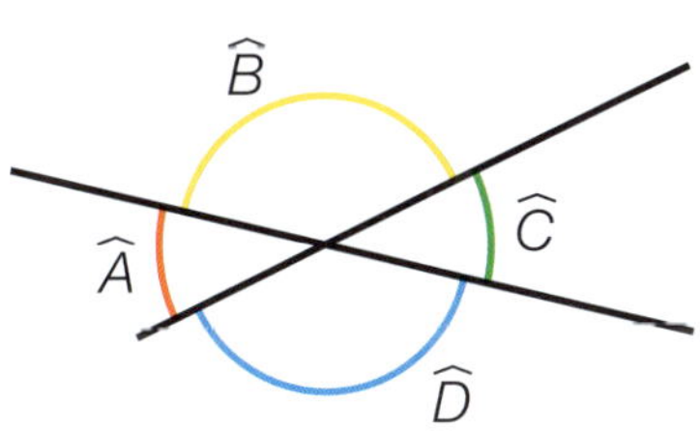

- ¿Cómo son los ángulos $\widehat{A}$ y $\widehat{B}$? ¿Y los ángulos $\widehat{B}$ y $\widehat{C}$?
- ¿Cómo son los ángulos $\widehat{A}$ y $\widehat{C}$? ¿Y los ángulos $\widehat{B}$ y $\widehat{D}$?

3 Piensa y contesta. Puede ayudarte hacer un dibujo.

- Todos los ángulos consecutivos, ¿son adyacentes? Todos los adyacentes, ¿son consecutivos?
- Dos ángulos adyacentes, ¿pueden ser agudos? ¿Y rectos?
- De dos ángulos adyacentes, uno es obtuso. ¿Cómo es el otro ángulo?
- Dos ángulos opuestos por el vértice, ¿pueden ser obtusos?

PENSAMIENTO

¿Cómo puedes medir un ángulo mayor de 180° con el transportador? Contesta y dibuja en tu cuaderno.

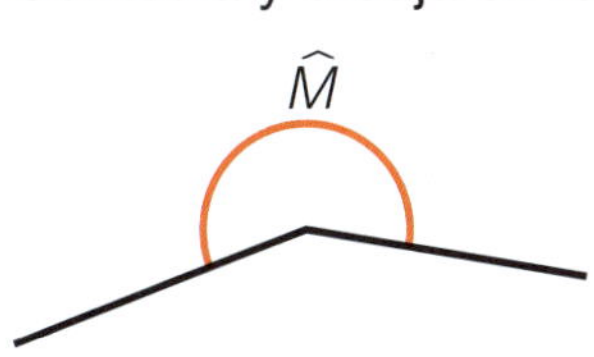

- ¿Cuánto mide el ángulo $\widehat{M}$?
- Dibuja un ángulo que mida 270°.

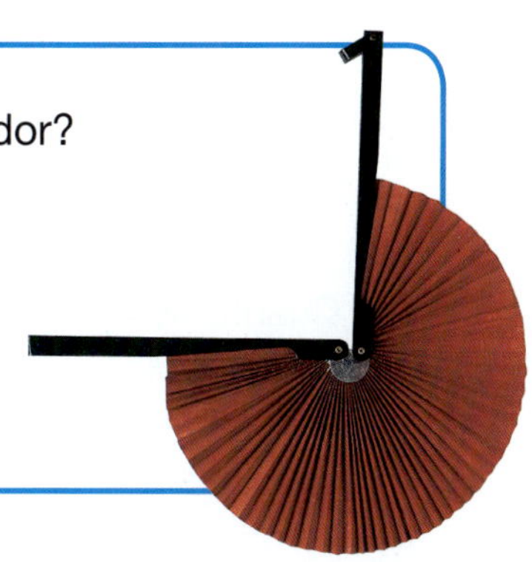

1 Representa cada hora en un reloj de agujas y en uno digital.

2 Calcula cuánto tiempo ha pasado entre cada par de horas.

3 Copia y completa la tabla escribiendo cada hora en un reloj digital.

- La librería abre a las 9 y media de la mañana y cierra a las 6 de la tarde.
- La panadería abre a las 8 y cuarto de la mañana y cierra a las 5 y media de la tarde.
- El taller de coches abre a las 7 menos cuarto de la mañana y cierra a las 8 menos cuarto de la tarde.

	Abre	Cierra
Librería	:	:
Panadería	:	:
Taller	:	:

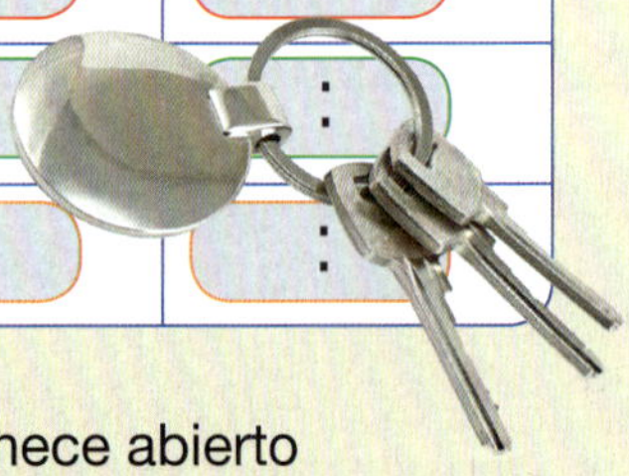

4 ¿Cuánto tiempo permanece abierto cada establecimiento de la actividad 3? ¿Cuál permanece abierto más tiempo? ¿Y menos?

5 Observa las horas de salida y escribe el código del tren que coge cada persona.

	Salida
HX-321	09:12
LZ5678	14:26
TW-9009	21:03
PGS 7654	02:55

- El tren de Mariano sale aproximadamente a las 3 de la mañana.
- El tren de Carmela sale aproximadamente a las 9 de la noche.
- El tren de Paco sale aproximadamente a las 2 y media de la tarde.

6 Expresa en la unidad que se indica.

- **En segundos**
  - 4 minutos y 18 segundos
  - 2 horas y 9 minutos
- **En minutos y segundos**
  - 546 segundos
  - 800 segundos
- **En grados, minutos y segundos**
  - 39.106"
  - 42.152"
  - 97.004"

7 Calca estos ángulos en tu cuaderno y dibuja:

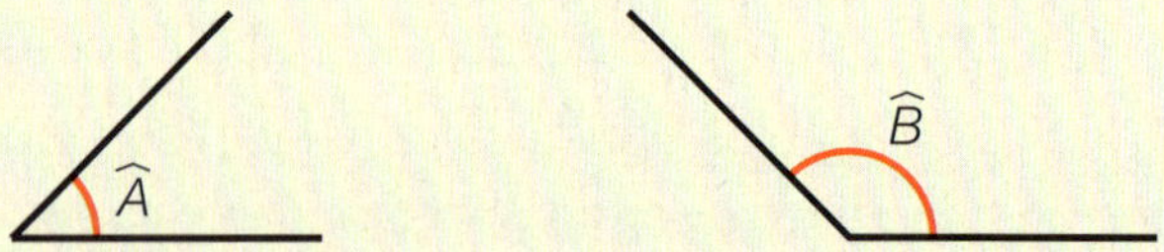

- Un ángulo consecutivo al ángulo $\widehat{A}$.
- Un ángulo adyacente al ángulo $\widehat{B}$.
- Un ángulo opuesto por el vértice a $\widehat{A}$.
- Un ángulo $\widehat{C}$, de manera que los ángulos $\widehat{A}$ y $\widehat{C}$ sumen 90º.
- Un ángulo $\widehat{C}$, de manera que los ángulos $\widehat{B}$ y $\widehat{C}$ sumen 180º.

Problemas

8 **Resuelve.**

- Daniel fue a ver una obra de teatro que duró 115 minutos. El teatro comenzó a las 8 de la tarde. ¿Cuántas horas y minutos duró la obra? ¿A qué hora terminó?
- Una impresora imprime 20 páginas por minuto. ¿Cuántas páginas se pueden imprimir en 1 hora? ¿Cuántas páginas se pueden imprimir en 3 minutos y medio? ¿Y en 15 segundos?
- Para llenar un depósito de 19.300 litros se abre un grifo que echa 5 litros por segundo. ¿Cuántas horas, minutos y segundos tarda en llenarse el depósito?

9 **Piensa y resuelve.**

- Un anuncio de televisión dura 82 s y cada día aparece cuatro veces. ¿Cuántos segundos al día emiten este anuncio? ¿Cuántos minutos y segundos son?
- Un piloto de avión hizo el lunes un vuelo de 3 h y 45 min y el martes otro de 4 h y 38 min. ¿Cuántos minutos de vuelo hizo entre los dos días?
- Un ciclista salió a las 10:30 de Castañar a Montes. Desde Castañar a Palmar tardó 12 minutos y 35 segundos, y desde Palmar a Montes tardó 5 minutos y 25 segundos. ¿A qué hora llegó a Montes?

10 **Observa el horario del museo y el número de entradas vendidas y contesta.**

HORARIO

De jueves a sábado: de 10:00 a 20:00 h.

Domingos y festivos: de 10:00 a 19:00 h.

- ¿Cuántas horas estuvo abierto el museo en la semana? ¿Cuántas entradas se vendieron?
- El viernes, cada hora se vendió el mismo número de entradas. ¿Cuántas entradas se vendieron antes del mediodía? ¿Y de las 16:00 h hasta el cierre?
- Juan llegó el sábado al museo a las tres y cuarto. ¿Cuántos minutos llevaba abierto el museo?

¿CÓMO LO HE HECHO? **Responde en tu cuaderno.**

- ¿Sé leer las horas en un reloj digital?
- ¿Conozco las relaciones en el sistema sexagesimal?
- ¿Identifico el tipo de ángulo por su medida en grados?
- ¿Reconozco ángulos consecutivos, adyacentes y opuestos por el vértice?

Pon una nota a tu trabajo en esta unidad.

Calcular diferencias horarias entre países

Tres amigos se han ido de vacaciones a distintas ciudades del mundo, pero han decidido seguir en contacto. Saben que la hora en las ciudades donde estarán no es la misma y para comunicarse van a utilizar internet. Así que tienen que acceder a internet los tres a la vez.

Han buscado información y han averiguado que, en el momento en que hicieron la consulta, estas eran las horas en cada ciudad:

Nueva York
De madrugada

París
Por la mañana

Sídney
Por la tarde

1. ¿A qué ciudades van a ir de vacaciones? ¿Qué hora era en cada una cuando consultaron?
2. ¿Cuántas horas menos son en Nueva York que en París? ¿Y en París que en Sídney? ¿Y en Nueva York que en Sídney?
3. Miguel está en París y propone quedar para contactar a las cuatro de la tarde en su ciudad. ¿Qué hora será en las otras dos ciudades?
4. Laura está en Nueva York y quiere quedar para contactar a las nueve de la mañana en su ciudad. ¿Qué hora será en las otras dos ciudades?
5. Carmen está en Sídney y quiere quedar para contactar a las tres de la tarde en su ciudad. ¿Qué hora será en las otras dos ciudades?
6. Razona con tu compañero o compañera qué hora puede ser la más apropiada para conectarse a la vez en las tres ciudades.

Juega con el tiempo

Material: Un reloj con cronómetro, lápiz y papel.

Número de jugadores: 4

Reglas del juego:

Por turnos, uno de los jugadores se hace cargo del reloj.

Cuando los demás participantes estén preparados, el jugador o jugadora que tiene el reloj dirá «ya» y pondrá en marcha el cronómetro. Cuanto estime oportuno, volverá a decir «basta» y parará el cronómetro. El tiempo transcurrido puede ser solo segundos o minutos y segundos.

Cuando el cronómetro pare, cada participante estimará el tiempo que ha pasado y lo apuntará en su hoja de papel. Los jugadores o jugadoras que hayan acertado, o que más se aproximen, obtienen 1 punto.

Ganador: Gana la persona que primero consiga 5 puntos.

1. Estas son las estimaciones que han escrito tres participantes del juego. El tiempo transcurrido ha sido 1 min 12 s. ¿Quién obtiene 1 punto?

76 segundos

1 min 10 s

1 min 13 s

Retos matemáticos

Los paseos del perro

Mi hermano saca a pasear a su perro tres veces al día.

Cada paseo dura 13 minutos.

¿Cuántas veces saca a pasear al perro en un año?

Con 5 velas

Una vela tarda una hora en consumirse tras encenderla. ¿Cuánto tardan 5 velas iguales en consumirse si las encendemos todas a la vez?

Solución de problemas

Encontrar preguntas que se pueden resolver a partir de una tabla o un gráfico

Encuentra las preguntas que se pueden responder a partir de los datos de la tabla.

Plantas en el huerto	Plantas de lechuga	Plantas de lechuga verde	Plantas de lechuga verde de hoja rizada
200	145	120	90

A. ¿Cuántas plantas en el huerto no son de lechuga?
B. ¿Cuántas plantas en el huerto son de tomate?
C. ¿Cuántas plantas de lechuga no son de lechuga verde?
D. ¿Cuántas plantas de lechuga verde no tienen hoja rizada?
E. ¿Cuántas plantas de lechuga no verde tienen hoja rizada?

▶ La pregunta A puede contestarse con los datos de la tabla. La pregunta B no, porque no hay datos suficientes.

Piensa y copia el resto de preguntas que pueden contestarse.

1. Elige las preguntas que pueden contestarse a partir del gráfico y resuélvelas.

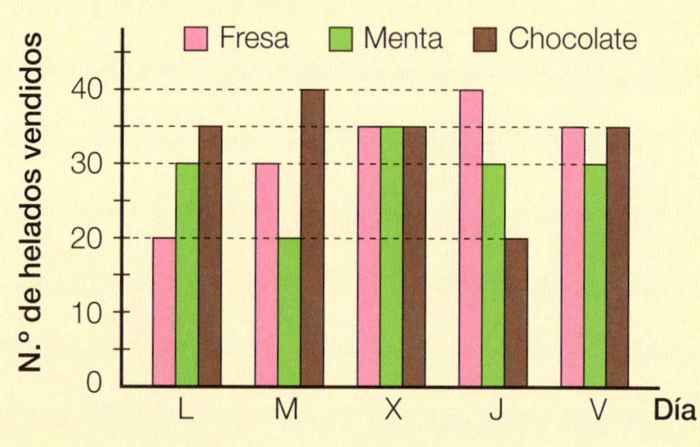

A. ¿Cuántos helados de menta más que de chocolate se vendieron el jueves?
B. ¿Cuántos helados de fresa se vendieron los tres primeros días?
C. ¿Cuántos helados de chocolate se vendieron el martes por la mañana?
D. ¿Cuántos helados de cada sabor se vendieron el sábado?
E. ¿Cuántos helados de limón se vendieron el lunes?

1. Escribe con cifras.
   - Cuatrocientos millones ochenta mil.
   - Veinticinco millones ciento dos mil tres.
   - Tres millones cuarenta mil noventa.

2. Estima aproximando como se indica.
   - A las centenas: 4.025 + 3.915, 26.714 − 12.299.
   - A los millares: 8.894 + 2.610, 34.398 − 11.721.

3. Calcula.
   - (3 + 5) × 2 − 4
   - 7 + 6 − 9 + 1
   - 9 − 3 − 2 × 3
   - 6 − (3 − 2) × 5
   - (5 − 2) : 3 + 2 × 6
   - 18 : 2 − (1 + 2) × 3

4. Completa.
   - $\frac{3}{7} = \frac{9}{\blacksquare}$
   - $\frac{\blacksquare}{5} = \frac{18}{45}$
   - $\frac{4}{\blacksquare} = \frac{48}{84}$

5. Descompón cada número decimal y escribe cómo se lee.
   - 9,07
   - 5,003
   - 48,6
   - 4,3
   - 12,19
   - 9,024

6. Calcula.
   - 4,09 + 7,88
   - 12,5 − 4,666
   - 2,04 × 3,79
   - 45 : 0,15
   - 3,23 : 19
   - 4,14 : 1,8

7. Expresa en la unidad indicada.
   - En hm: 3,74 km; 19,2 dam; 3.506 m
   - En dal: 28 ℓ; 130 dl; 574 cl; 9.000 ml
   - En cg: 4,7 g; 0,06 kg; 12,7 dg; 0,3 dag

8. Completa en tu cuaderno.

   3,4 m^2 = … cm^2

   850 dm^2 = … m^2

   0,7 km^2 = … dam^2

   27 hm^2 = … km^2

   910 dam^2 = … m^2

   1.530 m^2 = … hm^2

Problemas

9. La semana pasada Lola hizo en su pastelería 32 kg de bollos de distintas clases. Un cuarto de los bollos los vendió a 9 € el kilo, y el resto a 8,50 € el kilo. ¿Cuánto recaudó en total por la venta?

10. El contenido de un camión de harina se ha envasado en bolsas de 500 g. Cada una se ha vendido a 1,50 €. ¿Cuánto dinero se ha obtenido?

11. Alberto tenía 26,84 € en su hucha. Su abuelo le ha dado 20 €. Ha dejado 13 € en la hucha y el resto de todo su dinero lo ha repartido en partes iguales entre sus 3 hermanos. ¿Cuánto dinero ha dado a cada hermano?

12. En una encuesta hecha a 2.000 personas sobre su fruta preferida, el 28 % eligió naranja, el 32 % melocotón y el resto fresa. ¿Cuántas personas eligieron fresa?

13. Los siete octavos de los 80 alumnos de 5.º han ido hoy a clase. De ellos, dos séptimos han ido en metro. ¿Cuántos alumnos de 5.º han ido hoy en metro?

14. Raquel quiere vallar un terreno de 267 m de perímetro con una alambrada. La alambrada se vende en rollos de 2 dam a 10 € cada uno, o rollos de 50 m a 24 € cada uno. ¿Qué tipo de rollo es más conveniente que compre?

15. Un bote de jarabe tiene 5 dl. Juan debe tomar cada día 8 ml. ¿Para cuántos días tendrá jarabe?

Antes de empezar

Cálculo mental

Multiplica por 5

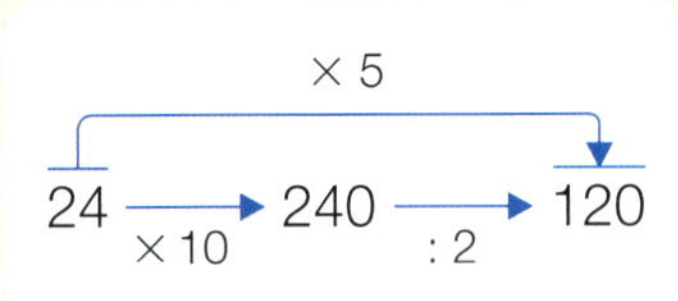

42 × 5	84 × 5
26 × 5	426 × 5
68 × 5	628 × 5

Multiplica por 50

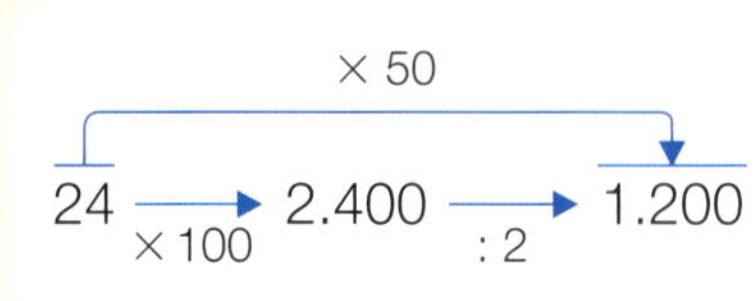

26 × 50	82 × 50
44 × 50	244 × 50
68 × 50	682 × 50

Divide entre 5

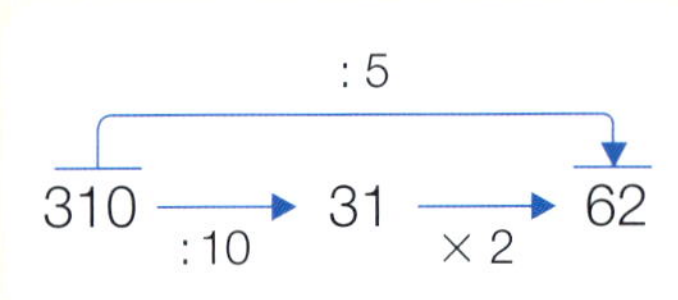

80 : 5	420 : 5
90 : 5	330 : 5
140 : 5	250 : 5

Divide entre 50

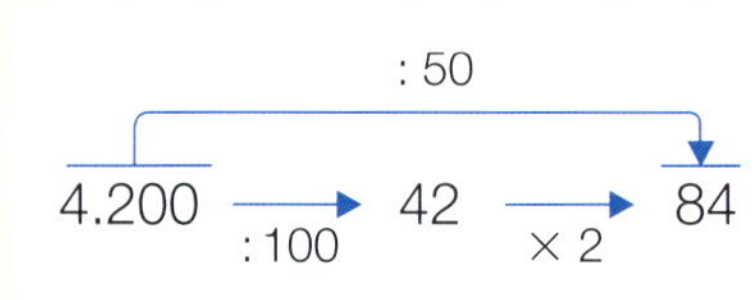

600 : 50	4.200 : 50
700 : 50	3.500 : 50
2.400 : 50	1.300 : 50

Un número, una multiplicación y una división

Escribe 180 como resultado de:

- Una multiplicación con uno de sus factores 5.
- Una división con divisor 50.

Pequeños problemas

Calcula mentalmente

1. Paula ha sacado del banco 1.400 € que le han dado en billetes de 50 €. ¿Cuántos billetes le han dado?
2. La recaudación de un restaurante durante el día de hoy ha sido de 14 billetes de 50 € y 21 de 5 €. ¿Cuánto dinero han recaudado en total?

¿Qué sabes ya?

Unidades de medida de superficie

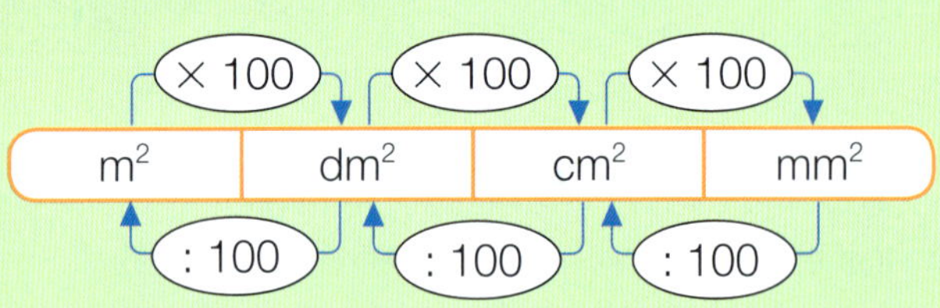

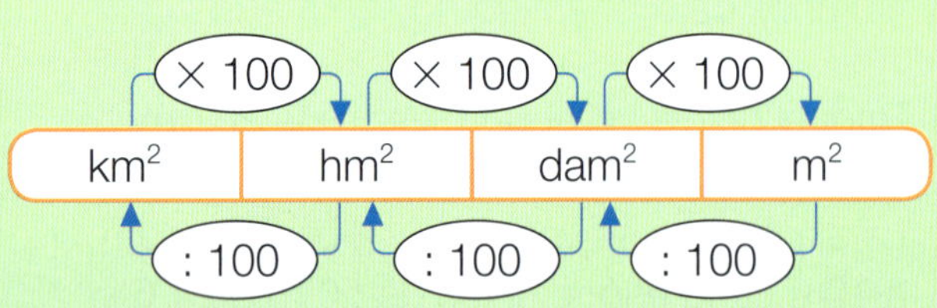

1 Completa en tu cuaderno.

$5\ m^2 = \dots\ cm^2$	$37\ cm^2 = \dots\ dm^2$
$11\ m^2 = \dots\ dm^2$	$21{,}3\ cm^2 = \dots\ mm^2$
$102\ m^2 = \dots\ mm^2$	$4{,}12\ cm^2 = \dots\ m^2$
$0{,}3\ dm^2 = \dots\ cm^2$	$12{,}3\ mm^2 = \dots\ cm^2$

Perímetro de un polígono

El perímetro de un polígono, P, es la suma de las longitudes de sus lados.

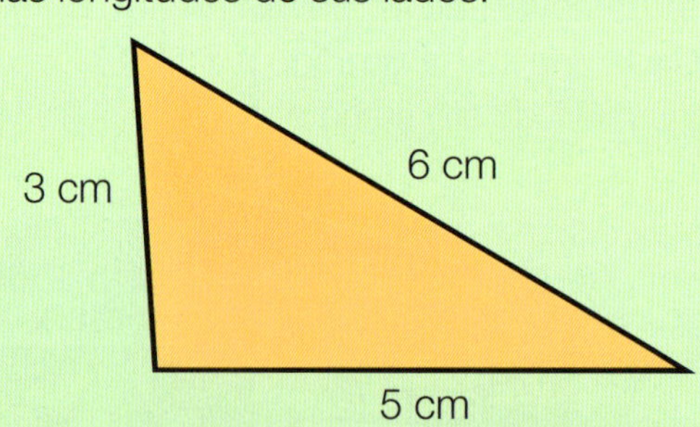

$P = 3\ cm + 5\ cm + 6\ cm = 14\ cm$

2 Mide los lados de este polígono y calcula su perímetro.

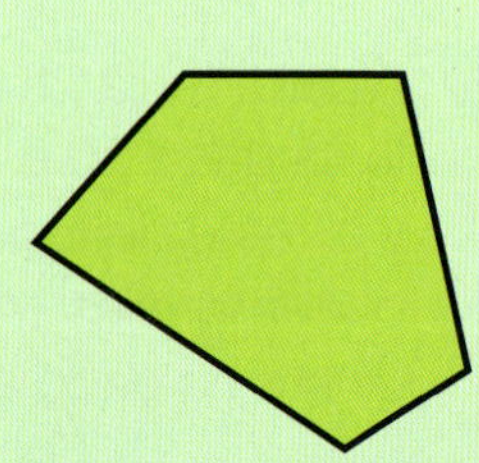

CARACTERÍSTICAS DE UNA PISCINA OLÍMPICA

Largo	50 m
Ancho	25 m
Profundidad	2 m
Capacidad	2.500 kl
Número de carriles	10
Ancho de cada carril	2,5 m

11 Área de figuras planas

Tiempo para leer

Las piscinas suelen tener forma geométrica, generalmente rectangular, y su tamaño puede variar en función del uso. Están las pequeñas piscinas familiares, las piscinas de las instalaciones deportivas, las piscinas olímpicas, o las de los hoteles y complejos turísticos.

La piscina más grande del mundo está en un complejo turístico de Chile, un país de América del Sur. La piscina tiene 1.013 m de largo y 3 m de profundidad. Ocupa 8 hm^2, lo que equivale a 2.000 piscinas familiares.

Esta piscina, que se llena con agua de mar, supera los 250.000 kl de capacidad y en ella se pueden practicar deportes acuáticos propios del mar como la navegación a vela.

Tiempo para hablar

- ¿Las piscinas olímpicas tienen forma de polígono? ¿Qué clase de polígono es? ¿Cuánto miden sus lados?
- ¿Qué forma tienen los carriles de las piscinas olímpicas? ¿Cuánto miden sus lados?
- La lona térmica que se utiliza para cubrir una piscina olímpica tiene una superficie de 1.250 m^2. ¿Cuál es la superficie de cada uno de los carriles de una piscina olímpica?
- ¿Cuál es la superficie de la piscina más grande del mundo? ¿A cuántas piscinas familiares equivale? ¿Cuál es la superficie de una piscina familiar?

Base y altura de triángulos

Marcos ha pintado en cada triángulo la **base** *AB* de naranja. También son bases los lados *BC* y *AC*.

Después, ha trazado de rojo la **altura** correspondiente a la base *AB*. La altura parte del vértice *C* y es perpendicular a la base *AB* o a su prolongación.

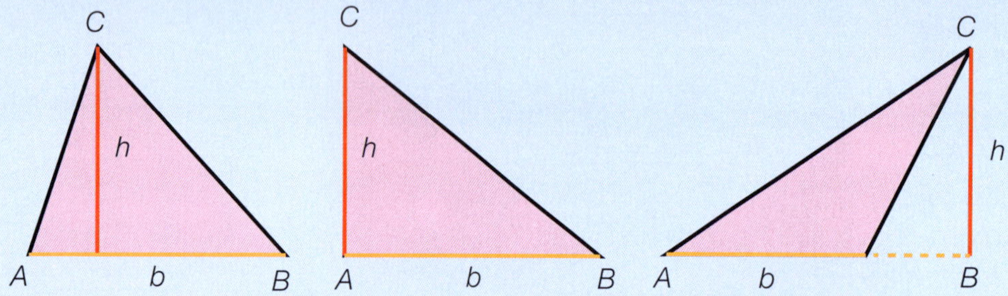

- Base de un triángulo es uno cualquiera de sus lados.
- Altura de un triángulo es el segmento perpendicular a la base o a su prolongación, trazado desde el vértice opuesto.

1 Observa el triángulo y contesta.

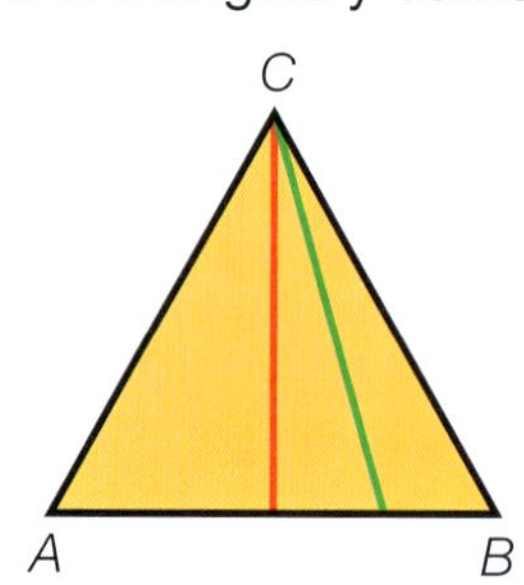

- ¿Cuántas bases tiene un triángulo? Escribe las bases de este triángulo.
- El segmento verde, ¿es una altura? ¿Y el segmento rojo? ¿A qué lado corresponde esa altura?

2 Calca cada triángulo y traza la altura correspondiente al lado *AB*. Después, fíjate en los ángulos de cada triángulo y contesta.

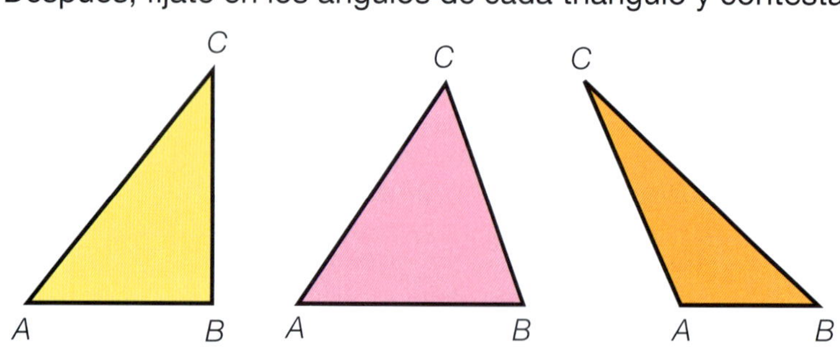

- ¿En qué tipo de triángulo coincide la altura con uno de sus lados?
- ¿En qué tipo has prolongado la base para trazar la altura?
- ¿En qué tipo has dibujado la altura en su interior?

3 Calca el triángulo y colorea como se indica.

—— Las tres bases.

—— Las tres alturas.

Pedro está estudiando las bases y alturas de unos paralelogramos.

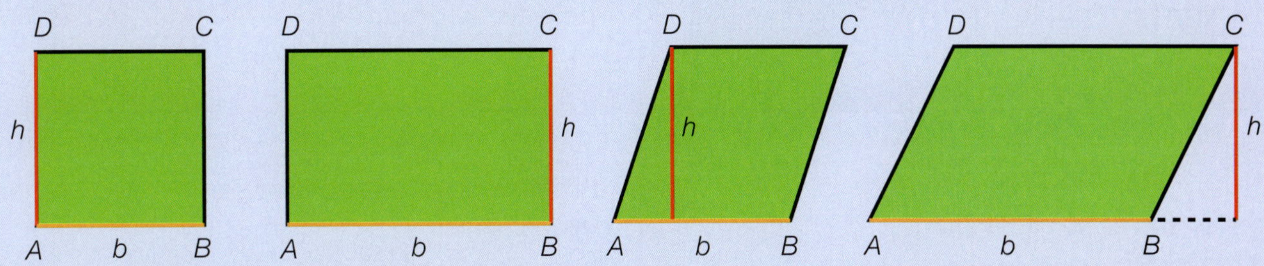

El lado *AB* es una **base** del paralelogramo. También lo son los lados *BC*, *CD* y *AD*.

El segmento rojo es la **altura** correspondiente a la base *AB*. Es un segmento perpendicular a ella o a su prolongación, y uno de sus extremos es uno de los vértices opuestos, *C* o *D*.

- Base de un paralelogramo es uno cualquiera de sus lados.
- Altura de un paralelogramo es el segmento perpendicular a la base o a su prolongación, trazado desde el vértice opuesto.

1 Calca y traza la altura correspondiente a la base *AB* desde el vértice *D*.

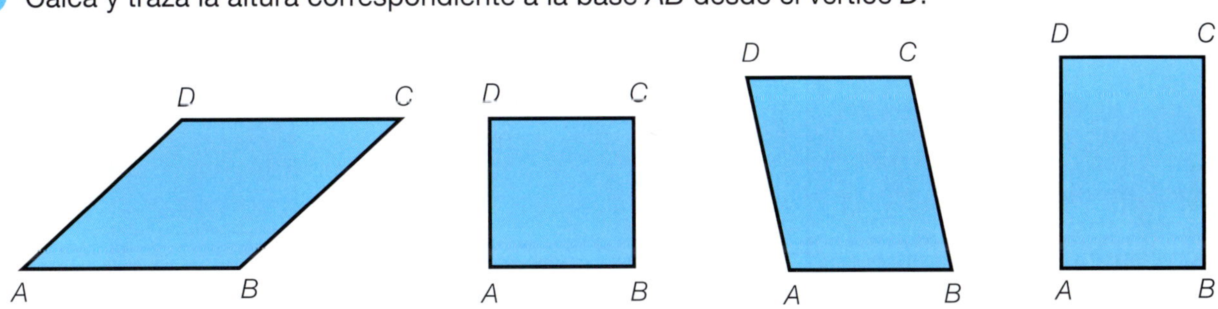

- ¿En qué paralelogramos coincide la altura con uno de sus lados? ¿En cuál has prolongado la base para trazar la altura?
- ¿Desde qué otro vértice puedes trazar la altura a la base *AB* en cada paralelogramo? Trázala.

PENSAMIENTO

Lee, contesta y explica tu razonamiento.

Silvia le dice a su amiga Vanesa:

«He dibujado un rectángulo cuyo lado mayor mide 6 cm y el menor mide 3 cm. ¿Cuánto medirán las alturas de este rectángulo?».

Áreas del rectángulo y del cuadrado

¿Cuál es el área
de este rectángulo?

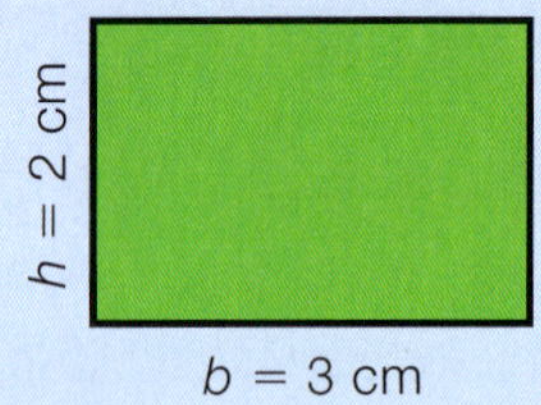

El largo del rectángulo es su base, b,
y el ancho es su altura, h.
Su área se calcula así:

Área = largo × ancho = base × altura

Área = $b \times h$ = 3 cm × 2 cm = 6 cm^2

¿Cuál es el área
de este cuadrado?

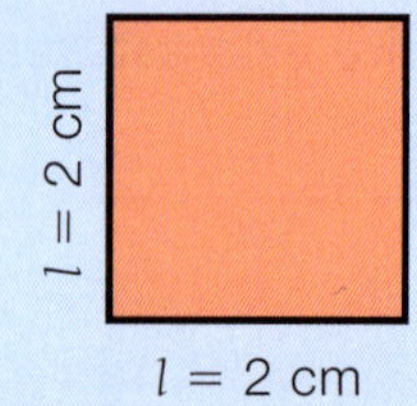

El cuadrado es un tipo especial
de rectángulo.
Su base y su altura son iguales al lado, l.

Área = lado × lado = lado^2

Área = $l \times l = l^2 = 2^2$ cm^2 = 4 cm^2

- El área de un rectángulo es el producto de su base por su altura. ▶ Área del rectángulo = $b \times h$
- El área de un cuadrado es su lado elevado al cuadrado. ▶ Área del cuadrado = l^2

1 Mide y calcula el área de cada figura en centímetros cuadrados.

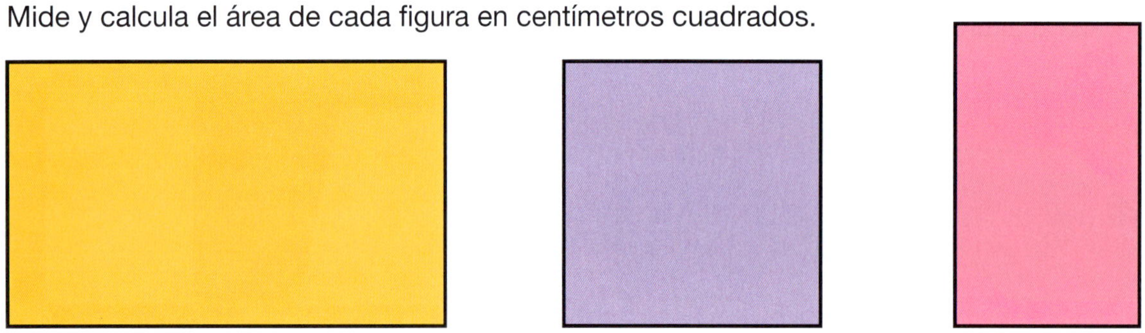

2 Haz un croquis en una hoja cuadriculada y calcula el área de cada figura.

- Un rectángulo de 5 cm de largo y 2 cm de ancho.
- Un cuadrado de 4 m de lado.
- Un cartel rectangular de 2 m de largo y 1,5 m de ancho.
- Un cristal cuadrado de 30 cm de lado.

3 Contesta y calcula el área total de esta figura.

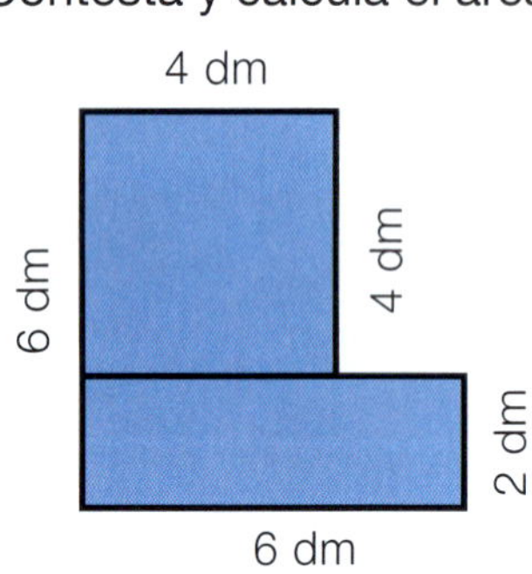

- ¿Qué dos cuadriláteros forman esta figura?
- ¿Cuánto mide el lado del cuadrado? ¿Cuál es su área?
- ¿Cuánto mide cada lado del rectángulo? ¿Cuál es su área?
- ¿Cuál es el área de la figura?

Área del triángulo

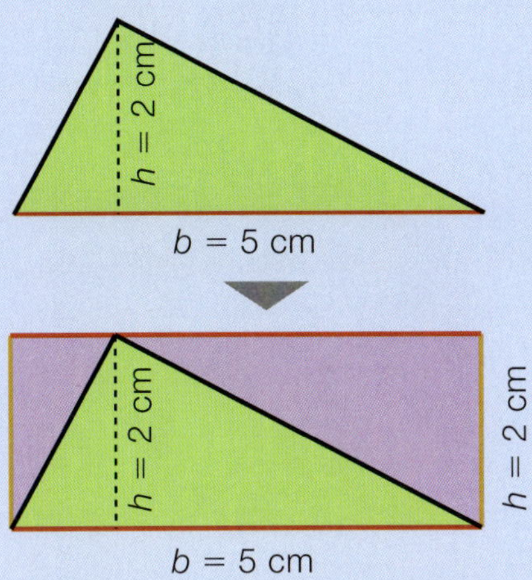

¿Cuál es el área de este triángulo?

Fíjate en que, si trazamos paralelas a la base y a la altura del triángulo, se forma un rectángulo.

Este rectángulo tiene la misma base, *b*, y la misma altura, *h*, que el triángulo.

Observa que la parte verde es igual que la morada. Es decir, el área del triángulo es la mitad del área del rectángulo.

$$\text{Área del triángulo} = \frac{\text{Área del rectángulo}}{2} = \frac{\text{base} \times \text{altura}}{2}$$

$$\text{Área} = \frac{b \times h}{2} = \frac{5\ \text{cm} \times 2\ \text{cm}}{2} = 5\ \text{cm}^2$$

El área de un triángulo es el producto de su base por su altura dividido entre 2.

$$\text{Área del triángulo} = \frac{b \times h}{2}$$

1 Mide la base y la altura de cada triángulo y calcula su área.

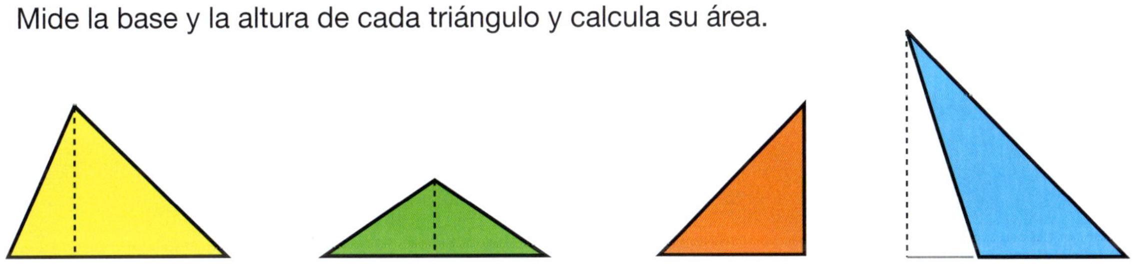

2 Dibuja varios triángulos en tu cuaderno y calcula el valor de sus áreas.

CREATIVIDAD

Observa los triángulos y contesta.

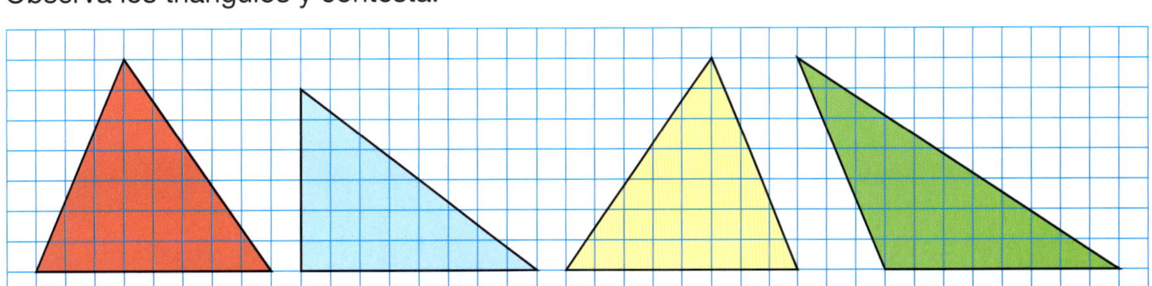

- ¿Qué triángulos tienen la misma área? ¿Por qué?
- Dibuja un triángulo rectángulo con la misma área que el triángulo rojo.

El número π y la longitud de la circunferencia

Juan bordea con una cinta dos círculos de cartón, es decir, marca las circunferencias.

Al estirar las cintas, Juan observa que la longitud de cada circunferencia es un poco más de 3 veces el diámetro del círculo.

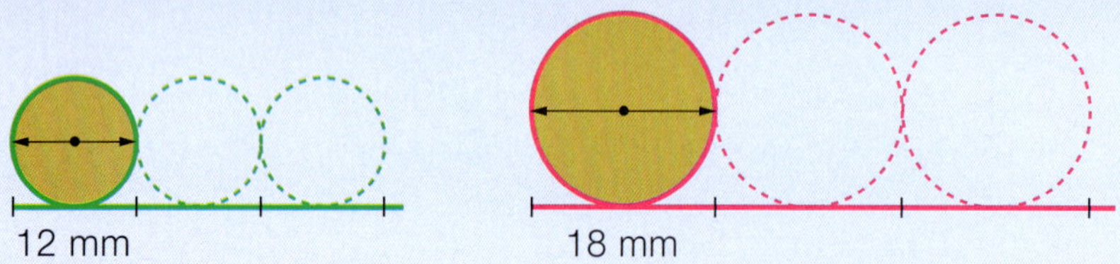

Juan comprueba que:

- Al dividir la longitud de la circunferencia entre el diámetro del círculo, el cociente es siempre el mismo número, cuyo valor aproximado es 3,14. Ese número se llama π (pi). ▶ $\frac{L}{d} = \pi = 3{,}14$
- La longitud de la circunferencia es, aproximadamente, el producto de 3,14 por el diámetro, es decir, 3,14 por 2 veces el radio. ▶ $L = \pi \times d = \pi \times 2 \times r$

Observa cómo calcula la longitud de las dos circunferencias.

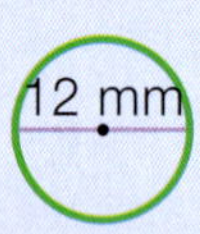

▶ $L = 3{,}14 \times 12 \text{ mm} = 37{,}68 \text{ mm}$

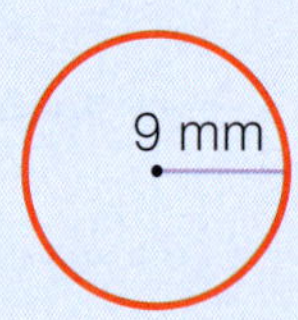

▶ $L = 3{,}14 \times 2 \times 9 \text{ mm} = 56{,}52 \text{ mm}$

La longitud de la circunferencia es igual al producto de 3,14 por su diámetro.

$$L = \pi \times d = \pi \times 2 \times r$$

1. Mide en milímetros el diámetro de cada circunferencia y calcula su longitud.

2. Traza una circunferencia de 3 cm de radio y calcula su longitud.

3. Piensa y contesta.

   Si el diámetro de una circunferencia es el doble que el diámetro de otra, ¿su longitud también es el doble?

Área del círculo 11

¿Cuál es el área de este círculo?

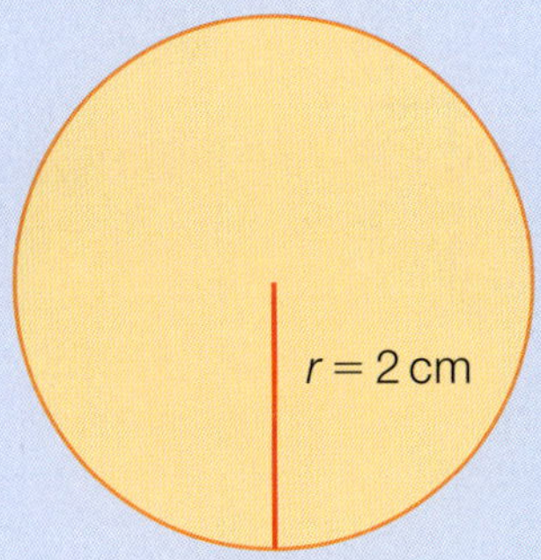

Fíjate en el dibujo de abajo. El área del círculo es igual a la suma de las áreas de muchos triángulos iguales con un vértice común en el centro del círculo.

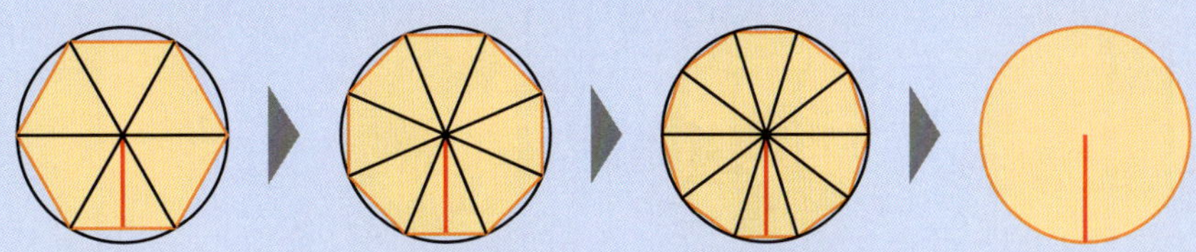

La suma de las bases de los triángulos es la longitud de la circunferencia y la altura de los triángulos es el radio del círculo.

Suma de las áreas de los triángulos ▼ Área del círculo ▼

$$\frac{\text{suma bases} \times \text{altura}}{2} = \frac{\text{longitud de la circunferencia} \times \text{radio}}{2} = \frac{2 \times \pi \times r \times r}{2} = \pi \times r^2$$

$$\text{Área} = \pi \times r^2 = 3{,}14 \times 2^2 \text{ cm}^2 = 3{,}14 \times 4 \text{ cm}^2 = 12{,}56 \text{ cm}^2$$

El área de un círculo es el producto del número π por su radio al cuadrado. ▶ Área del círculo $= \pi \times r^2$

1 Calcula el área de cada círculo.

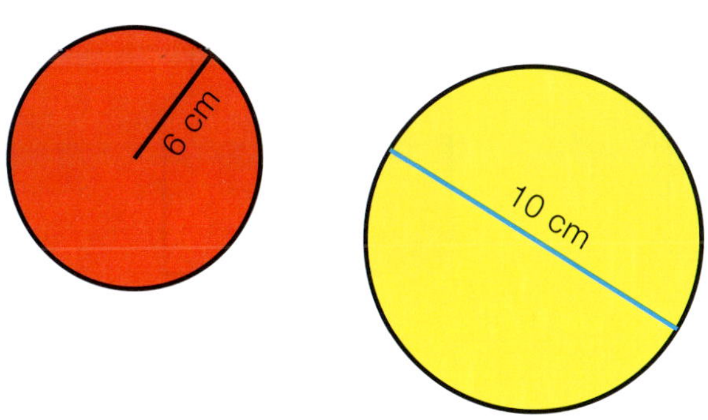

2 Dibuja, piensa y contesta.

En tu cuaderno traza dos círculos, uno de 4 cm de radio y otro de 8 cm de radio.

- ¿Crees que el área del segundo es el doble del área del primero?
- Calcula sus áreas y comprueba si tu respuesta es correcta.

¿De cuántas formas distintas se te ocurre dividir un círculo en dos partes iguales?

Haz un dibujo aproximado en tu cuaderno.

Área de figuras planas

El ayuntamiento de una ciudad ha comprado este terreno para construir un parque infantil. ¿Cuál es su área?

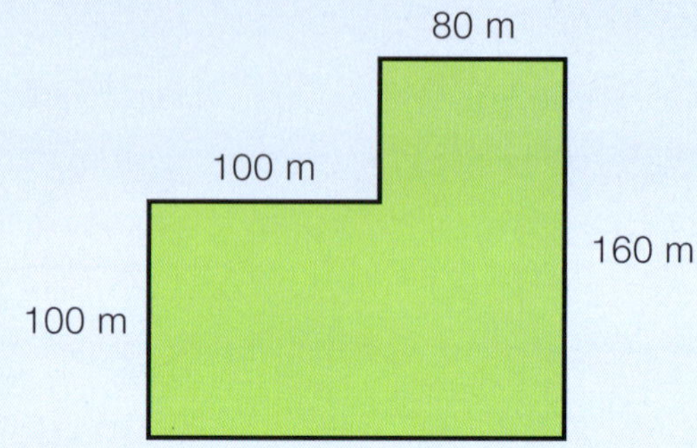

Para calcular el área del terreno, descomponemos el plano del terreno en figuras de área conocida. En este caso, lo descomponemos en un cuadrado y un rectángulo y calculamos el área de cada figura.

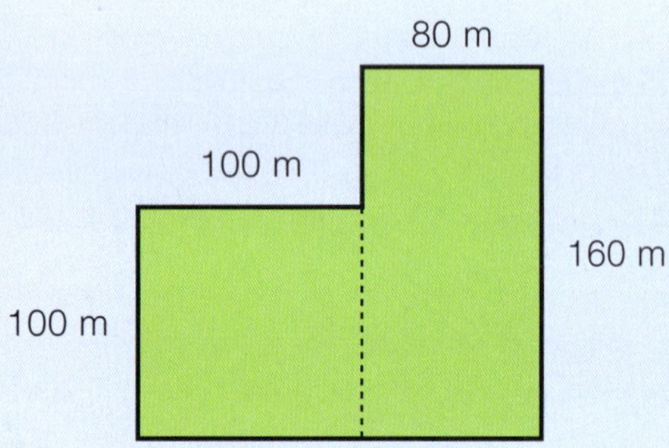

Área del cuadrado = 100 m × 100 m = 10.000 m^2

Área del rectángulo = 80 m × 160 m = 12.800 m^2

El área del terreno es la suma de las áreas del cuadrado y del rectángulo.

10.000 m^2 + 12.800 m^2 = 22.800 m^2

El área del terreno es 22.800 m^2.

1. Descompón cada figura en otras de área conocida y calcula su área.

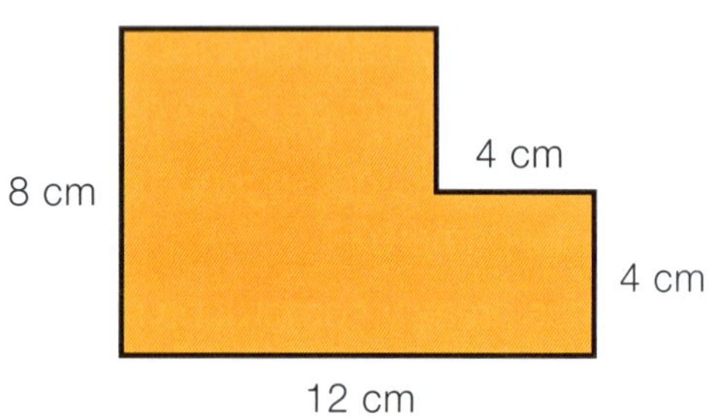

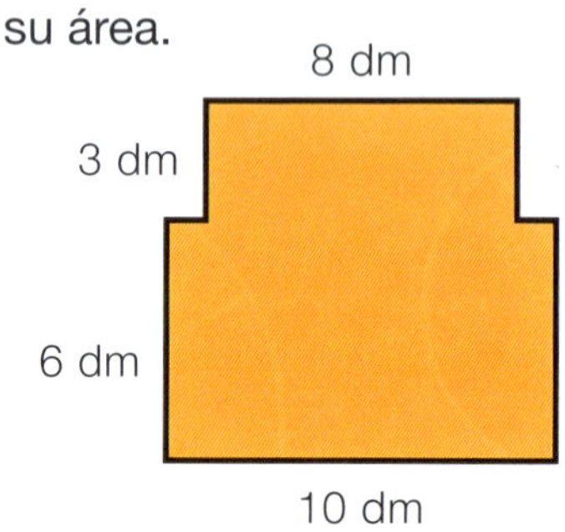

2. Calcula el área de las figuras.

HAZLO ASÍ

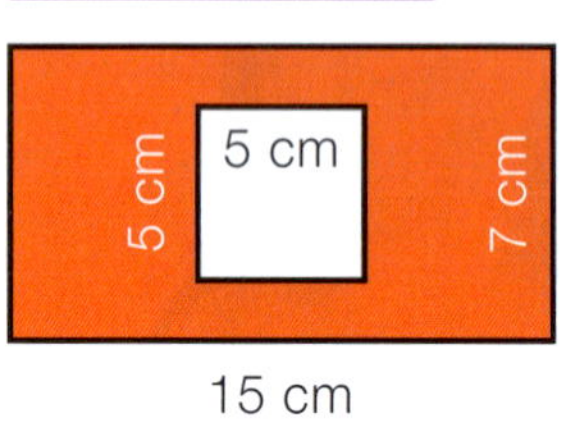

Área del rectángulo =
= 15 cm × 7 cm = 105 cm^2

Área del cuadrado =
= 5 cm × 5 cm = 25 cm^2

Área de la figura =
= 105 cm^2 – 25 cm^2 = 80 cm^2

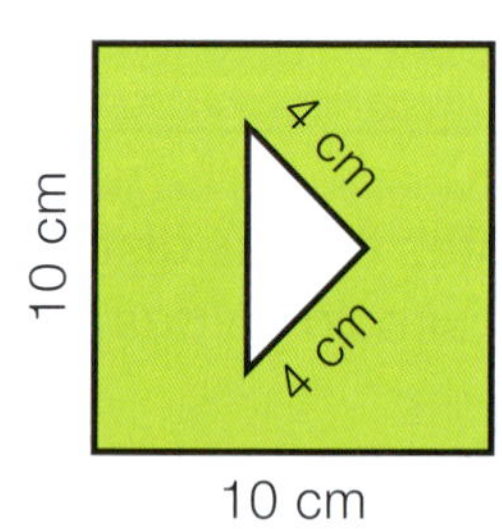

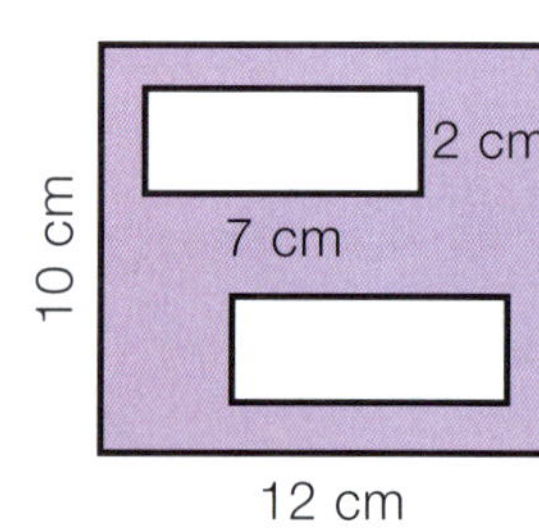

3 Mide estas figuras y calcula su área.

RETO

¿Cómo calcularías el área de la zona coloreada?

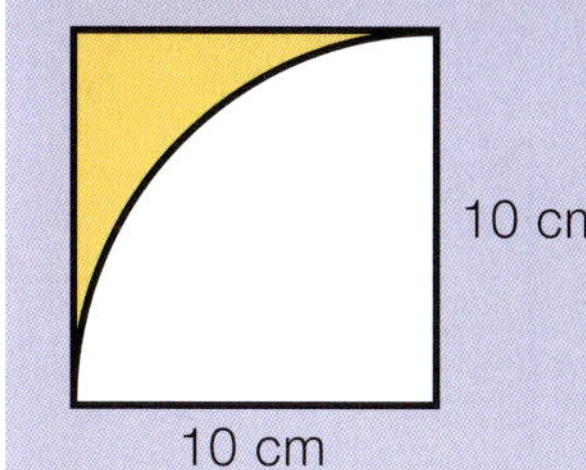

4 Haz un dibujo aproximado de cada situación y resuelve.

- En una urbanización hay un jardín rectangular de 30 m de largo por 25 m de ancho. En el jardín hay una piscina cuadrada de 10 m de lado. ¿Cuál es el área del jardín alrededor de la piscina?
- En una pared cuadrada de 3 m de lado se ha colocado un tapiz triangular de 2 m de largo y 0,5 m de ancho. ¿Qué área de pared ha quedado sin cubrir?
- Teresa tiene una cartulina de 70 cm de largo y 50 cm de ancho. Recorta un cuadrado de 12 cm de lado y un triángulo de 20 cm de largo y 10 cm de alto. ¿Qué área de cartulina le queda?

PENSAMIENTO

Piensa y contesta.

El tangram es un juego chino formado por siete piezas con las que se pueden formar diversas figuras. El área del cuadrado que forman las siete piezas de este tangram es igual a 64 cm^2.

- ¿Qué piezas tienen igual área?
- ¿Cuál es el área de cada una?
- ¿Cómo lo has calculado?

COMPRUEBO MI PROGRESO

1 **Observa las figuras y contesta.**

Se ha tomado como unidad de medida un triángulo equilátero.

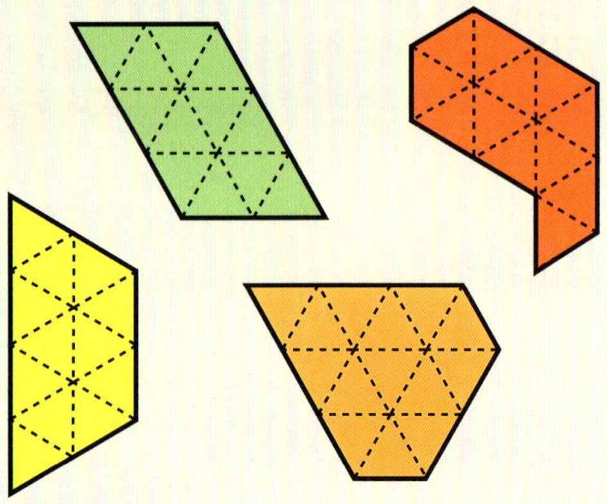

- ¿Qué figura tiene mayor área?
- ¿Qué figuras tienen igual área?
- ¿Cuáles tienen el mismo perímetro?

2 **Explica a un compañero qué debes medir en un triángulo y en un círculo para hallar su área y qué fórmula usas en cada caso.**

3 **Mide y calcula el área de cada triángulo. Después, contesta.**

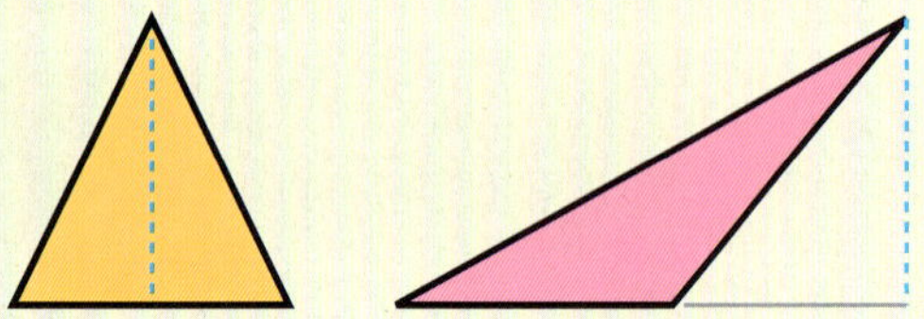

- ¿Tienen la misma área? ¿Por qué?
- Dibuja tú otro triángulo distinto con la misma área.

4 **Calcula el área de cada figura. Fíjate bien en las unidades de medida.**

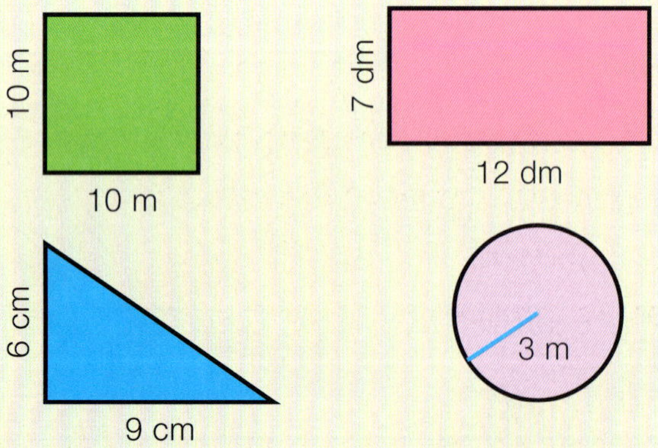

5 **Haz un croquis de cada figura y calcula su área.**

- Un rectángulo cuya base mide 8 cm y cuya altura mide 6 cm.
- Un triángulo de 20 cm de base y 12 cm de altura.
- Un círculo de 10 cm de radio.
- Un cuadrado cuyo perímetro es 20 cm.
- Un rectángulo cuyo lado mayor mide 8 cm y el lado menor es la mitad que el mayor.

6 **Observa las figuras que forman el dibujo y calcula el área total.**

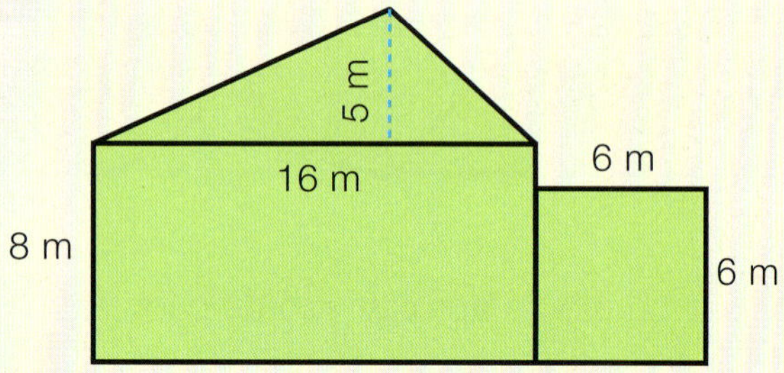

7 **Mide y halla el área de la zona roja.**

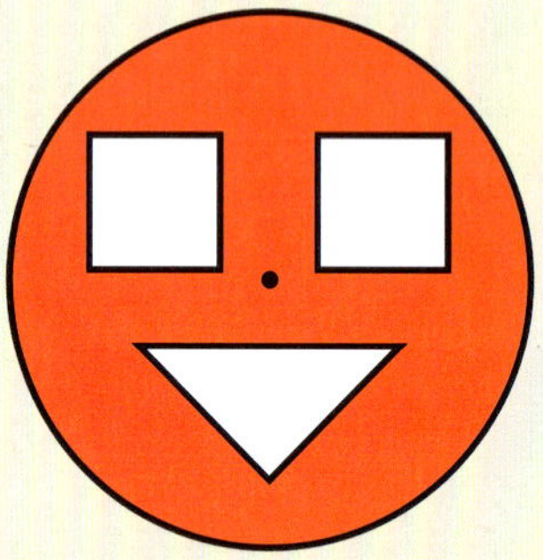

8 **Traza las líneas necesarias, mide y calcula el área de la figura.**

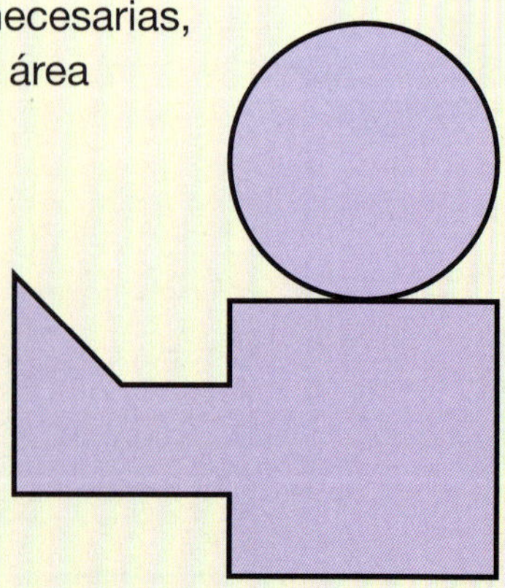

Problemas

9 Resuelve.

- Lucía necesita 38 m^2 de tela para forrar un sofá. ¿Tendrá suficiente tela con esta pieza?

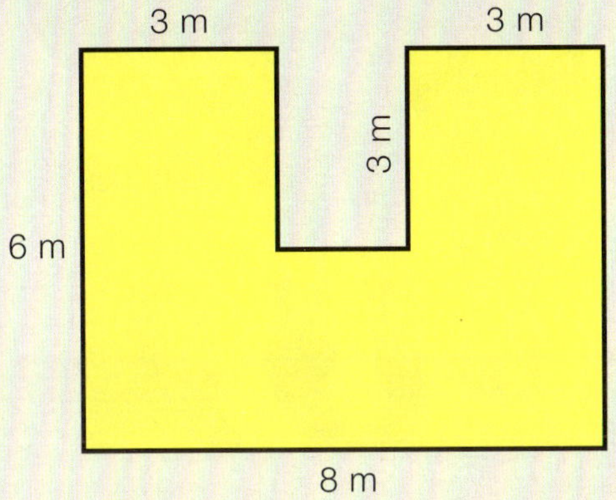

- Un albañil pone azulejos a una pared de 6 m de largo y 2,4 m de alto. Los azulejos son cuadrados de 20 cm de lado.
  - ¿Cuántos azulejos necesita?
  - ¿Cuántas cajas tendrá que comprar si en una caja hay 25 azulejos?
- Para un trabajo, Elena necesita preparar 9 tarjetas cuadradas de 10 cm de lado y 5 tarjetas rectangulares de 15 cm de largo y 6 cm de ancho. Para hacerlas tiene una cartulina de 70 cm de largo y 50 cm de ancho. ¿Le sobrará o le faltará cartulina?

10 Piensa y resuelve.

Ana y Gustavo quieren cubrir con placas de madera el suelo de una habitación. Las placas de madera pueden ser cuadradas de 25 cm de lado o rectangulares de 1 m de largo por 50 cm de ancho.

Este es el plano de la habitación que quieren cubrir con madera.

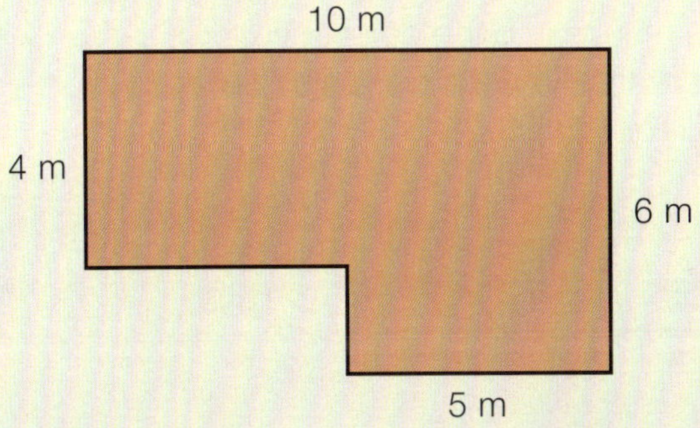

- ¿Cuál es el área de la habitación? ¿Y el área de cada tipo de placa?
- ¿Cuántas placas de cada tipo necesitarán si solo usan de un tipo?
- Deciden al final poner placas cuadradas. ¿Cuánto pagarán por las placas si cada una cuesta 3,50 €?

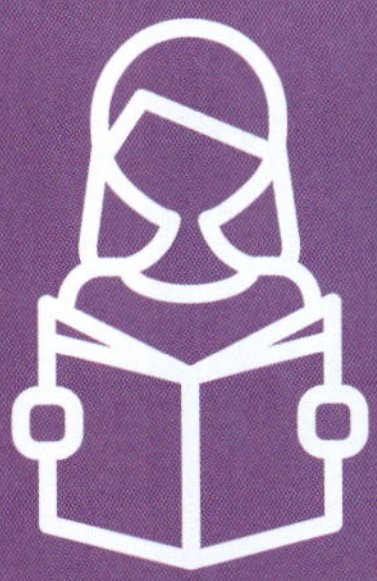

¿CÓMO LO HE HECHO? **Responde en tu cuaderno.**

- ¿Reconozco la base y la altura de triángulos y paralelogramos?
- ¿Sé calcular el área de rectángulos, cuadrados, triángulos y círculos?
- ¿Conozco la longitud de una circunferencia?
- ¿Sé calcular el área de figuras compuestas?

Pon una nota a tu trabajo en esta unidad.

SABER HACER

Calcular áreas de objetos reales

Algunas comunidades de vecinos, chalés o casas pueden tener una piscina.

El agua de una piscina debe mantenerse en buen estado añadiéndole cloro, filtrándola y limpiándola. De esta manera, puede usarse la misma agua durante bastante tiempo.

Los abuelos de Sara tienen una casa en el pueblo con una gran parcela y están pensando poner en ella una piscina.

1 Observa el plano de la parcela y de la piscina y contesta.

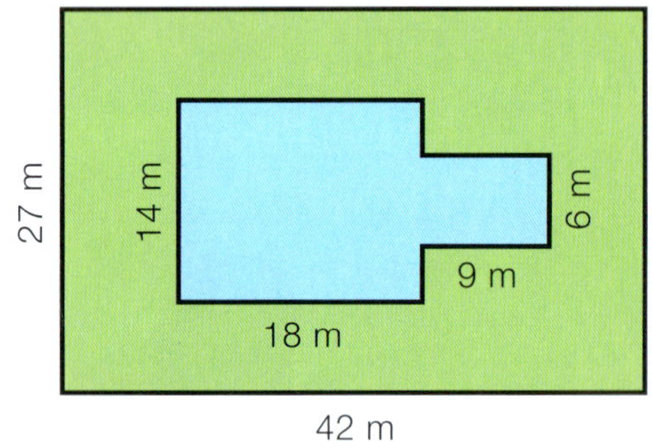

- ¿Cuál es la superficie de la piscina en metros cuadrados? ¿Cómo lo has calculado?
- ¿Cuánto mide la parcela en total?
- ¿Cuánto medirá la parte de césped que hay alrededor de la piscina? ¿Cómo lo obtienes?

2 Calcula y responde.

Además, los abuelos de Sara quieren poner una jardinera circular de 2 m de diámetro en cada esquina de la parcela.

- ¿Cuál será la superficie que ocupará cada jardinera?
- ¿Qué superficie de césped les quedará en la parcela?

3 Razonad en parejas y responded.

Al ver el plano anterior, los abuelos de Sara piensan que sería mejor colocar la piscina más hacia arriba y cercana a la esquina de la derecha. Si deciden mover la piscina, ¿cambiarían las respuestas de las actividades 1 y 2?

Juega con las áreas

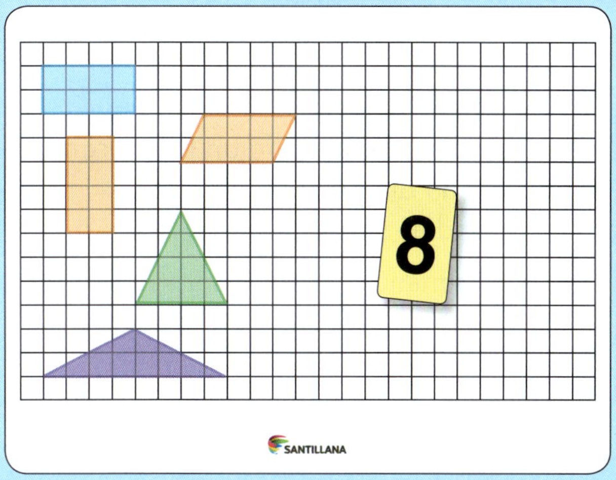

Material: Baraja de tarjetas numéricas, tablero cuadriculado y lápiz.

Número de jugadores: 5

Reglas del juego:

Se elimina la tarjeta con el número 0 de la baraja numérica y se barajan el resto de cartas. Por turnos, se extrae una tarjeta que se enseña a los demás. El número de esta tarjeta indicará el área en número de cuadraditos del tablero que deben tener los polígonos a representar.

Todos los participantes tienen un minuto para dibujar en su tablero el mayor número de polígonos de esa área con cualquier número de lados. El jugador o jugadora con mayor número de figuras correctas obtiene 1 punto.

Ganador: Gana el jugador o la jugadora que primero consiga 5 puntos.

1 Toma una hoja de papel cuadriculado y dibuja 5 figuras que tengan un área de 6 cuadrados.

Retos matemáticos

Tapar el tablero

Si quitamos dos casillas de distinto color de cualquier lugar de este tablero de 42 casillas, ¿se puede tapar todo el tablero con 20 fichas de dominó si cada ficha cubre exactamente 2 casillas?

Ventana dividida en dos

Teníamos una ventana con un cristal cuadrado de 1 m de lado. Como estaba orientada al sur y entraba demasiada luz, se disminuyó su superficie a la mitad, tapando una parte.

Después, el cristal seguía teniendo forma cuadrada y sus diagonales también medían 1 m.

¿Cómo tapamos el cristal? Dibújalo.

Solución de problemas

Elegir la solución correcta entre varias

Mario debe darle a su mascota una medicina cada día. El veterinario le ha entregado un frasco con 5 dl de jarabe y cada día debe darle 5 ml. ¿Para cuántos días tiene suficiente jarabe?

Calcula mentalmente y elige la solución correcta del problema.

A. Tiene suficiente jarabe para 20 días.

B. Tiene suficiente jarabe para 5 días.

C. Tiene suficiente jarabe para 100 días.

D. Tiene suficiente jarabe para 75 días.

▸ Sabemos que 1 dl = 100 ml, luego 5 dl = 500 ml.
500 : 5 = 100. Tendrá medicina para 100 días.

La respuesta correcta es la C.

Elige la solución correcta calculando mentalmente. Después, comprueba tu respuesta.

1. Mirta tiene una cinta de 2,5 m de longitud. La va a partir en 5 trozos iguales para envolver unos regalos. ¿Cuánto medirá cada trozo?

   A. Medirá 2,5 cm. C. Medirá 50 cm.

   B. Medirá 5 cm. D. Medirá 25 cm.

2. Un camión puede transportar 4,5 toneladas de carga. Quieren cargarlo con contenedores de 500 kilos cada uno. ¿Cuántos contenedores puede llevar?

   A. Puede llevar 90 contenedores.

   B. Puede llevar 9 contenedores.

   C. Puede llevar 900 contenedores.

   D. Puede llevar 4.000 contenedores.

3. Susana tiene un bidón con 24 ℓ de zumo. Quiere llenar vasos de 40 cl cada uno. ¿Cuántos vasos puede llenar?

   A. Puede llenar 600 vasos de zumo.

   B. Puede llenar 6 vasos de zumo.

   C. Puede llenar 200 vasos de zumo.

   D. Puede llenar 60 vasos de zumo.

1 Calcula.

- 2 × (5 + 2 − 4) + (9 − 3) × 4
- (10 − 3 + 2) : 3 + 2 × (5 + 4)
- 9 − 2 + 6 − 4 × 2 − 12 : 4
- 16 : 2 + 3 × 6 − 2 + 6 − 5

2 Escribe cómo se lee cada número.

- $\frac{3}{5}$
- $\frac{4}{9}$
- $\frac{7}{10}$
- $\frac{9}{11}$
- $\frac{8}{21}$
- 1,7
- 2,35
- 0,09
- 3,462

3 Coloca los números y calcula.

- 2,89 + 13,6
- 26,5 − 9,486
- 23,5 + 5,453
- 123,9 − 86,56

4 Calcula.

- 23,4 × 12
- 95 : 10
- 478 × 0,24
- 12,3 : 100
- 8,15 × 1.000
- 74,2 : 1.000

5 Expresa en la unidad que se indica.

En metros
- 2 hm, 3 dam y 25 dm
- 12 dm, 24 cm y 18 mm

En litros
- 4 dal, 3 hl y 2 dl
- 3 kl, 37 cl y 95 ml

En gramos
- 3 kg, 2 hg y 18 dg
- 9 dag, 21 cg y 97 mg

6 Expresa como se indica.

- En horas y minutos: 490 min, 893 min.
- En horas, minutos y segundos: 23.875 s, 40.000 s, 37.519 s.

7 Dibuja en una hoja cuadriculada.

- Un triángulo obtusángulo isósceles.
- Un triángulo rectángulo escaleno.
- Un cuadrado de 5 cm de lado.

8 Dibuja en tu cuaderno un polígono y trasládalo 8 cuadritos a la derecha.

Problemas

9 Susana compra una camiseta por 24 €. Si compra otra, en la segunda le hacen un 10 % de descuento. ¿Cuánto pagaría Susana por las dos camisetas?

10 Todas las mañanas, Alfredo da 5 vueltas a un parque de 3 hm y 45 m de perímetro. ¿Cuántos kilómetros recorre Alfredo en una semana?

11 La capacidad de una piscina es de 48 kl. Se está llenando con un caño que echa 120 litros en un minuto. ¿Cuántas horas y minutos tardará la piscina en llenarse?

12 Un depósito contiene 35 litros de zumo. Se han llenado 25 botellas de 50 cl cada una y 75 botellas de 25 cl cada una. ¿Cuántos litros de zumo quedan en el depósito? ¿En qué tipo de botellas se ha envasado más zumo?

13 La carga máxima que puede transportar un camión es 3 t y 450 kg. En una fábrica ha cargado 3 contenedores de 520 kg cada uno y una máquina que pesa 1 t y 375 kg. ¿Podrá cargar además otra máquina que pesa 875 kg?

14 El lunes Lorena estuvo jugando al tenis 45 minutos, el martes 10 minutos menos y el miércoles el doble que el lunes. ¿Cuántas horas y minutos jugó Lorena entre los tres días? ¿Cuántos minutos jugó el miércoles más que el martes?

Interpretar gráficos de sectores

Se ha hecho un estudio sobre las causas de 1.080 incendios forestales. Los datos se han representado en un gráfico de sectores.

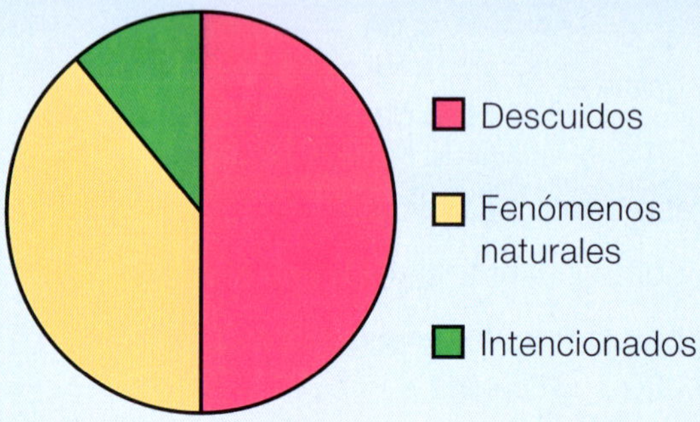

La parte mayor del gráfico es la de color rosa.
La mayor parte de los incendios fue por descuidos.

- ¿Cuántos incendios fueron por descuidos?

1.° Halla los incendios que representa cada grado del círculo.

$$\frac{\text{N.° de incendios}}{\text{Grados del círculo}} = \frac{1.080}{360} = 3$$ ▶ Cada grado representa 3 incendios.

2.° Mide los grados de la zona o sector rosa, y calcula el número de incendios por descuidos multiplicando esos grados por 3.

El sector mide 180°. ▶ $180 \times 3 = 540$

Fueron 540 incendios por descuidos.

1 Observa el gráfico anterior y contesta.

- ¿Hubo más incendios por fenómenos naturales o por descuidos? ¿Puedes contestar a esta pregunta sin hacer cálculos?
- ¿Cuántos incendios intencionados hubo? ¿Cómo lo has calculado?

2 Observa el siguiente gráfico de sectores y contesta.

A una sesión de un cine con 4 salas fueron 720 espectadores en total.

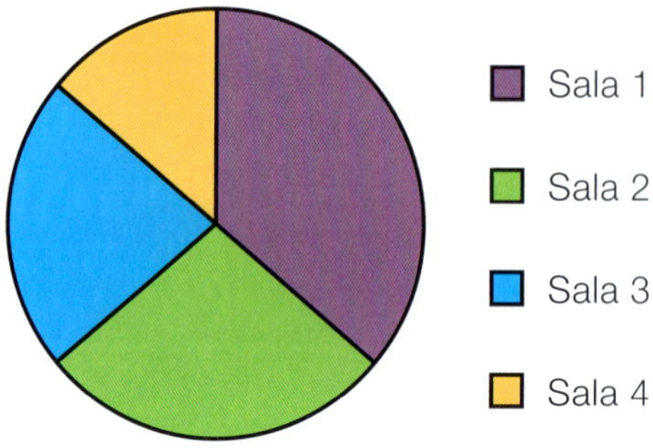

- ¿En qué sala hubo más espectadores? ¿Y menos?
- ¿Hubo menos espectadores en la sala 2 o en la sala 3?
- ¿Cuántos espectadores hubo en cada una de las salas?

Representar gráficos de sectores

Para decidir el color de un envase de un nuevo producto de perfumería se hizo una encuesta a varias personas sobre el color que preferían y se obtuvieron estos resultados:

Color	Azul	Rojo	Amarillo
N.° de personas	80	60	40

Para representar el gráfico, sigue estos pasos:

1.° Halla el número total de personas: 80 + 60 + 40 = 180

2.° Calcula los grados que corresponden a cada persona:

$$\frac{\text{Número de grados del círculo}}{\text{Número de personas}} = \frac{360}{180} = 2$$ ▶ A cada persona le corresponden 2°.

3.° Calcula los grados de la zona o sector correspondiente a cada color.

Azul ▶ 80 × 2° = 160°. Un sector de 160° será para el color azul.

Rojo ▶ 60 × 2° = … Un sector de … será …

Amarillo ▶ … × … = … Un sector de …

4.° Traza una circunferencia y, con un transportador y una regla, dibuja el sector correspondiente a cada color. Después, coloréalo.

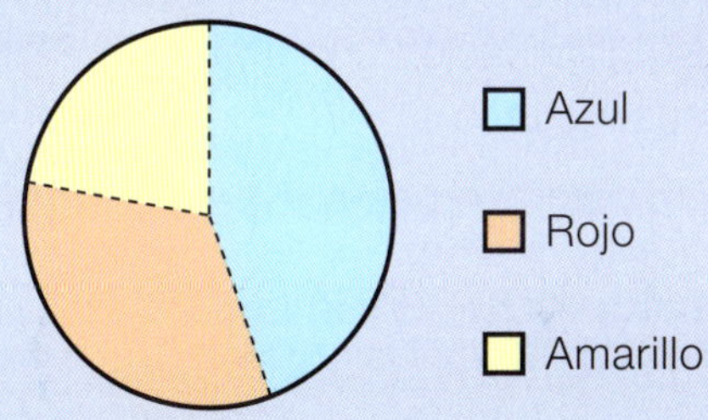

1. Completa en tu cuaderno la representación del gráfico de arriba y contesta.
   - ¿Qué color fue el menos elegido?
   - ¿Fue algún color elegido por más de la mitad de las personas?

2. Fíjate en la tabla y representa sus datos en un gráfico de sectores.

   En un hotel hay alojadas muchas personas de varios continentes.

Continente	N.° de huéspedes
Europa	50
África	15
América	20
Asia	35

Antes de empezar

Cálculo mental

Multiplica por 4

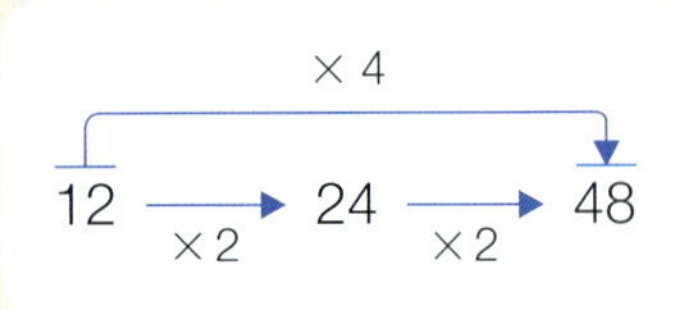

11 × 4
15 × 4
22 × 4

31 × 4
42 × 4
53 × 4

Multiplica por 40

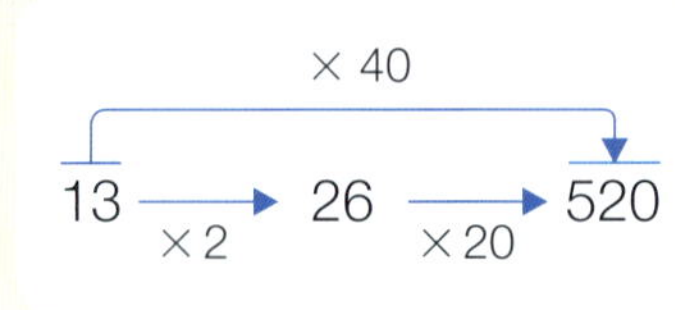

12 × 40
21 × 40
26 × 40

32 × 40
45 × 40
54 × 40

Divide entre 4

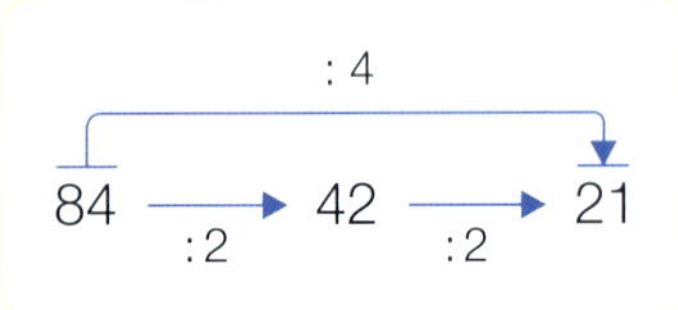

48 : 4
64 : 4
88 : 4

56 : 4
72 : 4
96 : 4

Divide entre 40

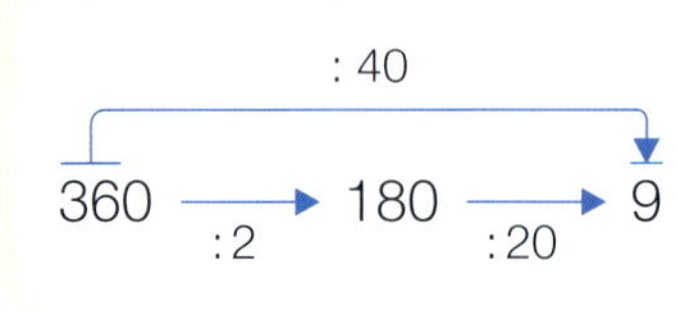

120 : 40
280 : 40
320 : 40

440 : 40
560 : 40
680 : 40

Un número, una multiplicación y una división

Escribe 56 como resultado de:

- Una multiplicación con uno de sus factores 4.
- Una división con divisor 4.

Pequeños problemas

Calcula mentalmente

1. Javier tiene que transportar 72 maletas. Utiliza un carro y pone 4 maletas en cada viaje. ¿Cuántos viajes hará?
2. Al partido de fútbol han llegado 16 autobuses completos de 40 plazas cada uno. ¿Cuántas personas han llegado en autobús?

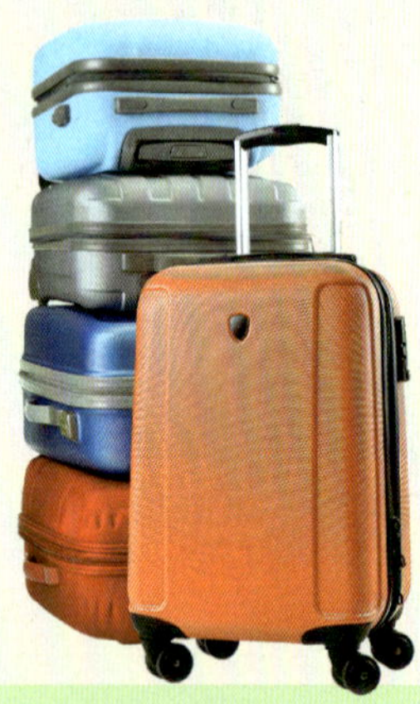

¿Qué sabes ya?

Suceso seguro, posible e imposible

- Suceso seguro es el suceso que se cumple siempre. Sacar una carta al azar y que sea un rey es un suceso seguro.
- Suceso posible es el suceso que se cumple algunas veces. Sacar una carta al azar y que sea de oros es un suceso posible.
- Suceso imposible es el suceso que no se cumple nunca. Sacar una carta al azar y que sea un caballo es un suceso imposible.

1 Observa las bolas y la moneda y escribe en un cuaderno.

A

B

- Un suceso seguro al sacar una bola sin mirar de la bolsa *A*.
- Un suceso imposible al sacar una bola sin mirar de la bolsa *B*.
- Un suceso posible al lanzar una moneda.

12 Probabilidad y estadística

Tiempo para leer

Uno de los electrodomésticos más comunes en todas las casas es, sin duda, el televisor. Aproximadamente, de cada 1.000 hogares, 995 tienen algún televisor.

El aspecto y la tecnología de los televisores han cambiado mucho. De los grandes televisores en blanco y negro se pasó a los de color y, después, a los modernos televisores con pantalla plana.

La información de la televisión se transmite por ondas que se emiten desde las unidades móviles de las cadenas y desde sus instalaciones. Viajan por el aire y van a una estación repetidora que las manda a otra, y así sucesivamente hasta llegar a las antenas de los edificios. Más tarde, esa señal se convierte en imágenes y sonidos.

Tiempo para hablar

- ¿Cuántos hogares de cada 1.000 no tienen televisor? Exprésalo con una fracción.
- Piensa en 5 números del 1 al 1.000. ¿Crees que es fácil o difícil que tu compañero o compañera adivine alguno? Si elegimos al azar 1.000 hogares, ¿es fácil encontrar alguno que no tenga televisor?
- En muchos lugares se pueden ver unos 40 canales gratuitos. En el televisor de Ana se sintonizan 40 canales. De ellos, 18 son generales, 4 son infantiles, 16 son de películas y 2 son de documentales. Si Ana pone un canal al azar, ¿qué crees que es más fácil, que sea infantil o que sea de películas? ¿Qué tipo de canal piensas que es más difícil que sea?

Más probable y menos probable

Lorena va a extraer una bola al azar, sin mirar.
No sabe de qué color será.

- Hay más bolas rojas que amarillas.
  Es **más probable que** la bola salga de color rojo que amarillo.
- Hay menos bolas azules que moradas.
  Es **menos probable que** salga de color azul que morado.
- Hay el mismo número de bolas verdes que amarillas.
  Es **igual de probable que** salga de color verde que amarillo.
- El color rojo es el **más probable** ya que es el más numeroso. El **menos probable** es el azul.

1 Observa cada situación y escribe cada frase en tu cuaderno completándola con la expresión adecuada.

más probable | igual de probable | menos probable

- Salir el color rojo es … que salir el color verde.
- Salir el color verde es … que salir el color morado.
- Salir el color amarillo es … que salir el color morado.
- El color amarillo es el color … y el rojo es el color …

- Sacar una ficha azul es … que sacarla amarilla.
- Sacar una ficha amarilla es … que sacarla roja.
- Sacar una ficha azul es el suceso …
- Sacar una ficha amarilla es el suceso …

2 Observa y contesta.

Marcos ha hecho un dibujo y ha recortado todas las piezas.
Las ha metido todas en una bolsa y va a coger una de ellas sin mirar.

- ¿Qué es más probable, coger un cuadrado verde o uno morado?
- ¿Qué es menos probable, coger un triángulo verde o uno morado?
- ¿Qué es más probable, coger un triángulo rojo o un cuadrado verde?
- ¿Qué color es más probable coger?
- ¿Qué polígono es menos probable coger?

3 Calca en tu cuaderno y colorea los círculos para que se cumplan las condiciones dadas en cada caso.

- Hay bolas verdes y bolas rojas.
- Coger una bola roja es más probable que coger una verde.

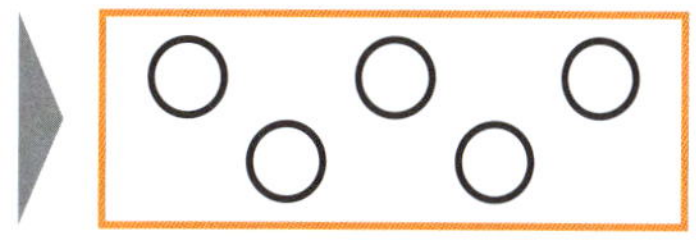

- Hay bolas de color verde, rojo, azul y amarillo.
- Si se saca una bola, es igual de probable que salga de color rojo que de color azul.
- El color más probable de sacar es el verde.

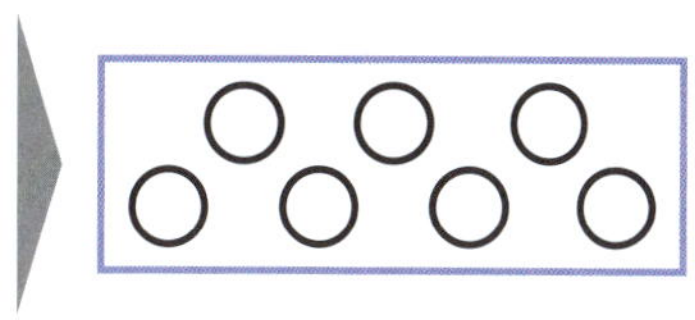

Problemas

4 Piensa y contesta.

Edurne, Jon y Angie están en un concurso de televisión.
Hay tres cajas, todas con 10 premios.
Cada uno debe elegir una caja y sacar un premio sin mirar.

- A Edurne le gustaría sacar una tableta. ¿Qué caja debería elegir? ¿Por qué? ¿Obtendrá la tableta seguro?
- Jon prefiere un teléfono móvil. ¿Qué caja debe elegir? ¿Por qué? ¿Logrará obtener el móvil?
- Angie prefiere una cámara de fotos. ¿Qué caja debería elegir? ¿Por qué? ¿Conseguirá la cámara?
- ¿En qué caja es menos probable sacar un móvil? ¿Y sacar una cámara? ¿En qué cajas es menos probable sacar una tableta?

CREATIVIDAD

Lee y dibuja.

Dibuja en tu cuaderno un juego de 10 tarjetas en el que al coger una de ellas sin ver su color:

- Sea imposible que salga una tarjeta amarilla.
- Sea más probable que salga una tarjeta roja que una azul.
- Sea igual de probable que salga tarjeta roja o verde.

Probabilidad

Mirta va a girar el bombo y sacar una bola.
¿Cuál es la probabilidad de que sea verde?

Observa que en el bombo hay 8 bolas y 4 de ellas son verdes.

La **probabilidad** de que salga una bola verde es $\frac{4}{8}$.

$\frac{4}{8}$ ← 4: Número de bolas verdes; 8: Número total de bolas

Fíjate en cuál es la probabilidad de que salga una bola de otro color:

Probabilidad de que salga una bola amarilla ▶ $\frac{3}{8}$ ← 3: Número de bolas amarillas; 8: Número total de bolas

Probabilidad de que salga una bola roja ▶ $\frac{1}{8}$ ← 1: Número de bolas rojas; 8: Número total de bolas

El color con mayor probabilidad de salir es el verde, ya que $\frac{4}{8} > \frac{3}{8} > \frac{1}{8}$.

1 Observa las ruletas y escribe en tu cuaderno para cada una la probabilidad de que salga cada color.

2 Piensa y contesta.

- ¿Cuál es el mayor valor que puede tener una probabilidad? ¿Por qué?
- En un bombo hay bolas rojas, verdes y azules. En total hay 7 bolas. La probabilidad de salir una bola roja es dos séptimos y la de salir una bola verde es cuatro séptimos. ¿Cuál será la probabilidad de salir una bola azul?
- En una bolsa hay 15 caramelos, de menta y de otros sabores. La probabilidad de sacar un caramelo de menta es ocho quinceavos. ¿Cuál es la probabilidad de sacar un caramelo que no sea de menta?

3 Calca y colorea las bolas que hay en la bolsa para que todas las frases sean ciertas.

- Hay bolas verdes, azules y rojas.
- La probabilidad de sacar una bola verde es $\frac{3}{5}$.

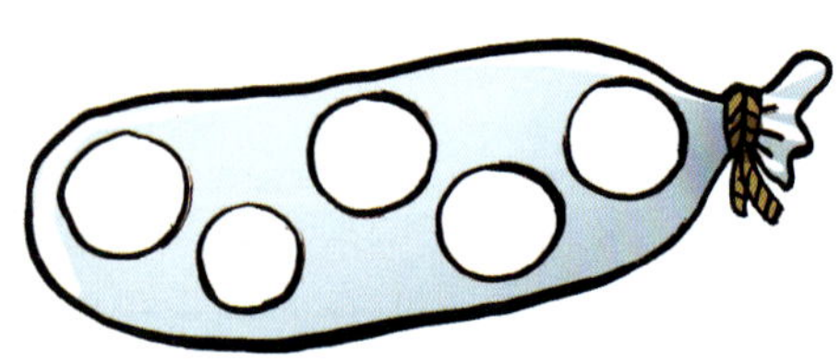

4 Calcula cada probabilidad al lanzar un dado.

HAZLO ASÍ

Sacar un número mayor que 2.

- Resultados posibles: 1, 2, 3, 4, 5 y 6 ▶ Hay 6.
- Resultados mayores que 2: 3, 4, 5 y 6 ▶ Hay 4.

Probabilidad: $\frac{4}{6}$ ← Resultados mayores que 2 / ← Resultados posibles

RETO

Si lanzas tres monedas, ¿cuál es la probabilidad de sacar solo 2 caras?

- Sacar un número menor que 4.
- Sacar un número mayor que 5.
- Sacar un número impar.
- Sacar un número par.
- Sacar un 1 o un 3.
- Sacar 1, 4, 5 o 6.

Problemas

5 Resuelve.

- Marta y Pablo tienen cada uno una baraja española. Sacan una carta al azar. Marta gana si sale una carta de oros y Pablo gana si sale una carta que sea una figura. ¿Cuál es la probabilidad de que gane cada uno? ¿Y de que ganen los dos?

- En la tienda hay una caja con 170 golosinas de zumo de frutas. Si se elige una golosina al azar, halla la probabilidad de que:
  - Sea una gominola.
  - Sea de fresa.
  - No sea de limón.
  - No sea una nube.
  - Sea de fresa o limón.
  - Sea un palito o una nube.
  - No sea palito ni nube.
  - No sea palito ni de fresa.

  ¿Cuál es la golosina que es más probable sacar? ¿Y la menos probable?

GOLOSINAS
65 gominolas de fresa
25 palitos de naranja
15 gominolas de limón
35 nubes de fresa
30 nubes de limón

PENSAMIENTO

Piensa y contesta cuántas manzanas hay de cada color.

En una bolsa hay 9 manzanas. Tenemos manzanas rojas, amarillas y verdes. Si sacamos una manzana al azar:

– La probabilidad de que no sea roja es $\frac{4}{9}$.

– La probabilidad de que no sea amarilla es $\frac{6}{9}$.

– La probabilidad de que sea verde es $\frac{1}{9}$.

Frecuencia absoluta y frecuencia relativa

Número de hermanos

2	0	2	2
0	2	1	3
2	1	0	0

José ha preguntado a 12 de sus compañeros y compañeras cuántos hermanos tienen y ha anotado sus respuestas.

Observa el dato 2:

- Aparece 5 veces. La **frecuencia absoluta** de 2 es 5.
- Hay 12 datos en total. La **frecuencia relativa** de 2 es $\frac{5}{12}$.

José ha contado las veces que se repite cada dato y ha formado la tabla de frecuencias:

Número de hermanos	0	1	2	3
Frecuencia absoluta	4	2	5	1
Frecuencia relativa	$\frac{4}{12}$	$\frac{2}{12}$	$\frac{5}{12}$	$\frac{1}{12}$

▶ Suma: 12 (número total de datos)

▶ Suma: $\frac{12}{12} = 1$

- La frecuencia absoluta de un dato es el número de veces que aparece.
- La frecuencia relativa de un dato es el cociente entre el número de veces que aparece el dato y el número total de datos.

1 Lee y contesta.

En las clases de 5.º se ha hecho una encuesta sobre el deporte preferido por las alumnas y los alumnos y han anotado los resultados.

Fútbol ▶ ||||||||||

Baloncesto ▶ ||||||

Natación ▶ ||||||||||||

Tenis ▶ ||||||||

Deporte	Frecuencia absoluta	Frecuencia relativa
Fútbol		
Baloncesto		
Natación		
Tenis		

- Cuenta los alumnos que han elegido cada deporte y completa la tabla en tu cuaderno.
- ¿Cuál es la suma de las frecuencias absolutas?
- ¿A cuántos alumnos en total se les ha hecho la encuesta?
- ¿Cuál es la suma de las frecuencias relativas?

2 Lee y construye cada tabla de frecuencias en tu cuaderno.

- En la ciudad de Eva, durante los primeros 15 días de julio se registraron las siguientes temperaturas en grados:

  32, 31, 30, 32, 33, 32, 31, 30,
  31, 31, 29, 29, 29, 30, 32

- Un curso de cerámica duró 14 días. En el cuadro aparece el número de personas que asistieron cada día a ese curso.

24	25	24	26	25
25	24	25	24	27
26	25	24	26	

- Marisa ha anotado el color del pelo de los clientes que ha tenido en su peluquería:

Moreno	Rubio	Moreno	Rubio
Pelirrojo	Rubio	Moreno	Moreno
Moreno	Pelirrojo	Pelirrojo	Rubio

3 Realiza y contesta.

- Lanza un dado 20 veces y haz la tabla de frecuencias con los números que has obtenido como resultados.
  - ¿Cuál ha sido el resultado con mayor frecuencia absoluta? ¿Y relativa?
  - ¿Coinciden tus resultados con los de tus compañeros?

- Tira 15 veces una moneda y haz la tabla de frecuencias con las caras y las cruces que han salido.
  - ¿Cuál ha sido el resultado con mayor frecuencia absoluta?
  - Si vuelves a tirar otra vez la moneda 15 veces, ¿crees que obtendrás el mismo valor con mayor frecuencia absoluta?

CREATIVIDAD

Haz una predicción del tiempo que va a hacer en los próximos 15 días y realiza la tabla de frecuencias con los datos. Utiliza los símbolos que se indican.

▶ Compara tus datos con los de tu compañero o compañera y comentad en común los resultados.

1			
2			

Media y moda

Mario es pediatra y ha anotado el peso de varios niños a los que ha revisado hoy. Sus pesos, en kilos, son estos:

25 30 14 30 25 8 14 30

- ¿Cuál es el peso medio de los ocho niños?

  Para calcular la **media** de los pesos hay que sumar todos ellos y dividir el resultado entre el número de niños, que es 8.

  Como en este caso hay pesos repetidos, es mejor agruparlos en una tabla y anotar el número de veces que aparece cada uno, es decir, sus frecuencias absolutas.

Peso (kg)	25	30	14	8
Frecuencias absolutas	2	3	2	1

  Primero multiplicamos cada peso por su frecuencia absoluta y sumamos después todos los productos.

$$25 \times 2 + 30 \times 3 + 14 \times 2 + 8 \times 1 = 176$$

  Dividimos esa suma entre el número total de niños, 8.

  176 : 8 = 22 ▶ El peso medio de los niños es 22 kg.

- ¿Cuál es la moda de los pesos?

  La **moda** es el peso, o los pesos, que más veces se han repetido, es decir, con mayor frecuencia absoluta. En este caso la moda es 30 kg.

- Para calcular la media de un conjunto de datos primero multiplicamos cada dato por el número de veces que aparece y sumamos esos productos. Después, dividimos esa suma entre el número total de datos.
- La moda es el valor, o los valores, con mayor frecuencia absoluta.

1 Calcula la media y la moda de cada grupo de datos.

PRESTA ATENCIÓN

La moda no tiene por qué ser un único valor. Un grupo de datos puede tener varias modas.

- 17, 14, 24, 21, 24
- 17, 14, 14, 17, 14, 8
- 11, 12, 13, 14, 15, 14, 19
- 8, 6, 8, 4, 4, 8, 4, 4, 8, 6

2 Resuelve.

- El número de mascotas de los 20 alumnos de una clase es:

  0, 1, 0, 1, 0, 0, 0, 2, 2, 2, 3, 2, 2, 0, 0, 0, 1, 3, 0, 1

  ¿Cuál es la media del número de mascotas? ¿Cuál es la moda?

- Las estaturas, en centímetros, de 8 amigos son:

  132, 133, 132, 134, 136, 134, 130, 133

  ¿Cuál es la estatura media de estos amigos?

Problemas

3 Resuelve.

- En una frutería tienen cajas de manzanas. Cuatro cajas pesan 25 kg cada una, seis pesan 35 kg y cinco pesan 10 kg. ¿Cuál es el peso medio de una caja de manzanas? ¿Cuál es la moda de los pesos?
- Petra y Saúl tienen una peluquería. Han anotado en la tabla el número de clientes en cada día de la semana pasada.

	Martes	Miércoles	Jueves	Viernes	Sábado
Hombres	8	10	9	14	14
Mujeres	10	12	11	22	20

– ¿Cuál fue la media diaria de hombres? ¿Y de mujeres?
– ¿Cuál es la moda de los hombres? ¿Y de las mujeres?
– La peluquería resulta rentable si atienden una media diaria de 20 clientes. ¿Lograron esa media la semana pasada?

4 Observa el gráfico y calcula.

En el gráfico aparece lo que pagó Ana en cada factura de luz el año pasado y este año.

- ¿Cuánto pagó de media en las tres primeras facturas de cada año? ¿Ha conseguido ahorrar en la media de consumo en esos meses? ¿Y en los tres siguientes?
- ¿Cuánto pagó de media el año pasado? ¿Y este año? ¿Ha conseguido ahorrar?

RETO

La media de un grupo de números, ¿puede ser mayor que todos ellos? ¿Y menor?

PENSAMIENTO

Piensa y contesta.

¿Qué tres notas habrás sacado si tu menor nota ha sido un 5 y la moda ha sido un 8? ¿Qué media has obtenido?

COMPRUEBO MI PROGRESO

1 **Si sacamos una bola sin mirar, ¿qué color es el más probable? Ordena los colores de mayor a menor probabilidad.**

2 **Copia y colorea las tarjetas para que se cumplan todas las frases al extraer una de ellas al azar.**

Hay tarjetas azules, verdes, rojas y amarillas.

El color más probable es el verde.

Es más probable elegir una tarjeta roja que una amarilla.

3 **Calcula cada probabilidad al girar la ruleta.**

- Sacar color azul.
- Sacar color rojo.
- Sacar color verde.
- Sacar color amarillo.

¿Cuánto vale la suma de todas las probabilidades?

4 **Halla cada probabilidad al extraer al azar una carta de la baraja.**

- Sacar oros.
- Sacar una figura.
- Sacar un 3.
- Sacar el 3 de oros.
- Sacar un número menor que 5.
- Sacar una carta que no sea de bastos.
- Sacar un caballo o un rey.

5 **Piensa y contesta.**

En un equipo de fútbol hay 9 jugadores. Solo pueden jugar 5 cada partido y lo echan a suertes, sacando un papel de una caja. No devuelven el papel a la caja después de sacarlo. Hay 5 papeles verdes (jugar) y 4 rojos (no jugar).

- El primer jugador saca un papel. ¿Qué probabilidad hay de que juegue?
- El primer jugador ha sacado rojo. ¿Cuántos papeles quedan en la caja? ¿Qué probabilidad hay de que el segundo jugador saque verde?
- El segundo jugador ha sacado verde. ¿Qué probabilidad hay de que el tercer jugador saque verde? ¿Y rojo?

6 **Construye la tabla de frecuencias y contesta.**

El número diario de visitantes a una exposición de pintura durante los últimos 14 días ha sido:

24	25	24	26	25	25	24
25	24	27	26	25	24	26

- ¿Cuál ha sido la media de asistentes diarios durante los últimos 14 días?
- ¿Cuál ha sido la moda?

7 **Haz una tabla de frecuencias para los siguientes grupos de datos y calcula su media y su moda.**

- 22, 15, 15, 22, 16
- 4, 5, 6, 2, 1, 6, 7, 4, 3, 2
- 3, 1, 2, 2, 2, 2, 3, 1, 2, 2, 1, 3, 1, 2, 3

8 **Piensa y contesta.**

- La media de tres números es 6. ¿Cuánto vale la suma de los tres números?
- La media de tres números es 8. Dos de ellos son 7 y 9. ¿Cuál es el otro?

Problemas

9 Resuelve.

- Lidia ha escrito la palabra *murciélago*, ha recortado las letras y las ha metido en una bolsa. Si coge una letra sin mirar, ¿cuál es la probabilidad de que sea la letra g? ¿Y de que sea la c o la r? ¿Y de que no sea una vocal?
- Roberto piensa un número del 10 al 19. ¿Cuál es la probabilidad de que sea un número par? ¿Y de que sea menor que 15? ¿Y de que sea un par menor que 15?
- Mario y Elisa quieren echar a suertes quién recoge hoy la mesa. Mario le propone a Elisa un juego. Se lanzan dos monedas a la vez; si salen resultados iguales gana Elisa y si salen distintos gana Mario. ¿Te parece un juego justo? ¿Por qué?
- Luisa debe estudiar una media de 3 horas al día. El lunes, el martes y el miércoles no estudió, el jueves y viernes estudió 6 horas, el sábado 5 y el domingo 4. ¿Cumplió su objetivo?
- Tres hermanos tienen ahorrados 800 €, 50 € y 20 €. ¿Cuál es la media de sus ahorros? ¿Representa bien la situación?
- Las estaturas (en cm) de 15 jugadoras son: 125, 126, 135, 132, 132, 128, 130, 126, 134, 134, 128, 130, 128, 130, 132. ¿Cuál es su estatura media? ¿Cuál es la moda?
- Lourdes quiere sacar un 8 de nota media en una asignatura. Ha sacado en los controles anteriores 9, 6, 7 y 8. ¿Qué nota debe sacar en el quinto control?

10 Calcula y decide.

Una entrenadora tiene que decidir entre sacar a Karchuz o a Jordin. Sabe los puntos obtenidos por ambos en los últimos 5 partidos.

	Puntuaciones obtenidas				
Karchuz	24	20	24	21	21
Jordin	24	60	12	14	10

- ¿Qué media de puntos tuvo cada jugador en los tres últimos partidos? ¿Quién tuvo mejor media?
- ¿Cuántos puntos metieron entre los dos en cada partido? ¿Cuál fue la media de esos puntos?
- ¿Cuál de los dos tuvo mejor media en los cinco partidos?
- ¿A qué jugador crees que es mejor sacar? ¿Qué criterio aplicas?

¿CÓMO LO HE HECHO? Responde en tu cuaderno.

- ¿Sé calcular la probabilidad de un suceso?
- ¿Conozco la frecuencia absoluta y relativa de un dato?
- ¿Sé calcular la media y la moda de un conjunto de datos?

Pon una nota a tu trabajo en esta unidad.

Calcular audiencias televisivas

Durante el mes de junio de 2012 se celebró en Polonia y Ucrania la Eurocopa de fútbol.

En una de las semifinales se enfrentaron España y Portugal, y se registró una audiencia de 14.182.000 espectadores con una cuota de pantalla del 76 %.

Tras empatar a cero, la audiencia en la prórroga aumentó, subiendo en 2,3 millones de espectadores.

En esta tabla se recogen todos los datos obtenidos sobre la audiencia de dicho partido.

Portugal-España: SF (T5) - 27/6/12					
Título	Inicio	Fin	Duración	Cuota (%)	Audiencia
Previo fútbol: Eurocopa	18:59	20:46	106 min y 58 s	27	2.859.000
Partido fútbol: Eurocopa	20:46	22:35	109 min y 30 s	76	14.182.000
Prórroga fútbol: Eurocopa	22:35	23:13	38 min y 13 s	77	16.485.000
Penaltis fútbol: Eurocopa	23:13	23:26	12 min y 32 s	84	18.140.000
Postfútbol: Eurocopa	23:26	0:43	77 min y 13 s	46	7.124.000

El minuto más visto fue a las 23:26, en el que 19.086.000 espectadores estaban viendo la televisión, alcanzando así una cuota del 87 %.

1. ¿Cuál fue la media de la cuota de audiencia durante el partido, la prórroga y los penaltis?
2. ¿Cuál fue la media de cuota contando los cinco títulos de la tabla?
3. ¿Cuál fue la media de audiencia durante el partido, la prórroga y los penaltis?
4. ¿Cuál fue la media de audiencia contando los cinco títulos de la tabla?
5. Razona en pareja qué significa que el 87 % de cuota sean 19.086.000 personas si la población total en España era de 46.186.000.

Juega con la probabilidad

Material: Tablero cuadriculado, fichas cuadradas de colores, y dos dados.

Número de jugadores: Toda la clase.

Reglas del juego:

Se divide la clase en 12 grupos.

Se preparan 12 papelitos numerados del 1 al 12 y cada grupo elige uno sin mirar. Se ordenan los grupos según la puntuación que han obtenido.

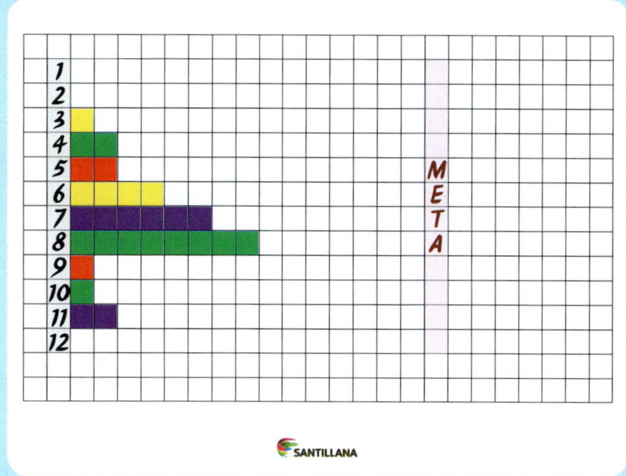

En ese orden, cada grupo debe elegir un número del 1 al 12, no pudiendo elegir un número que ya ha elegido otro grupo. Ese número representará el caballo con el que van a competir en la carrera.

Una vez repartidos los números se lanzan los dos dados, se suman sus puntos y el caballo que coincida con el número resultante avanza 1 casilla sobre el tablero.

Obtiene 1 punto el grupo que ha elegido el caballo que llega antes a la meta.

Ganador: Gana el grupo que primero consiga 3 puntos.

1. Tu grupo tiene que elegir caballo y solo quedan estos números: 1, 2, 8, 9 y 12. ¿Qué número elegirías? ¿Cuál no elegirías nunca?

Retos matemáticos

Repetir en un dado

¿Cuántas veces hay que tirar un dado, como máximo, para asegurar que se repite un resultado cualquiera?

Sacando cartas

Una caja contiene una baraja de cartas compuesta por 4 palos: oros, copas, espadas y bastos. Si cada palo tiene 10 cartas, ¿cuántas cartas hay que sacar de la caja para estar seguro de obtener 7 cartas del mismo palo?

Solución de problemas

Determinar varias soluciones para un problema

En una tienda de telefonía móvil han vendido 150 teléfonos de los modelos Galaxia y Sonic. Del modelo Sonic han vendido menos que del Galaxia. ¿Cuántos teléfonos han vendido del Galaxia más que del Sonic?

▸ El problema tiene muchas soluciones posibles según el valor que des a uno de los datos que faltan.

Da un valor al número de teléfonos del modelo Galaxia y calcula con él el valor del número de teléfonos del modelo Sonic.

El valor del dato debe ser menor que 150 y mayor que el segundo.

Teléfonos Galaxia: 80
Teléfonos Sonic: 150 − 80 = 70 } Como 80 > 70, cumplen la condición.

Con esos dos valores, halla después la solución.

Resta ambos valores: 80 − 70 = 10.

Solución: Han vendido 10 teléfonos del modelo Galaxia más que del Sonic.

Halla dos soluciones para cada problema, inventando los datos necesarios.

1. La carga máxima que puede llevar un camión es 2.500 kilos. ¿Puede pasar por un puente que soporta solamente 3 toneladas?

2. Manuel empezó a hacer un guiso. Tardó media hora en preparar los ingredientes y algo más de tiempo en cocinarlo. ¿A qué hora terminó Manuel?

3. Laura tenía 58 €. Gastó menos de 10 € en comprar un libro y un poco más de 12 € en comprar una camiseta. ¿Cuánto dinero le quedó a Laura?

4. En un hotel hay un décimo de huéspedes japoneses, bastantes más huéspedes rusos y la mayoría son franceses. Si en el hotel hay 500 huéspedes, ¿cuántos son de cada país?

5. En una reunión de comunidad, tres quintos de los asistentes votaron a favor de poner luces nuevas en el portal. Ganaron la votación y no se abstuvo ningún vecino. ¿Cuántos vecinos votaron en contra?

1 Escribe cómo se lee cada número.

- 27.150.080
- 340.006.820
- 0,37
- 21,45
- 9,023
- $\frac{8}{9}$
- $\frac{2}{13}$
- $\frac{14}{15}$

2 Calcula.

- $\frac{7}{12} + \frac{3}{12} + \frac{1}{12}$
- $\frac{10}{14} - \frac{7}{14}$
- $\frac{2}{7}$ de 1.372
- El 24 % de 150

3 Opera con decimales.

- 2,7 + 6,95
- 6,887 − 2,99
- 3,19 + 8,602
- 5,4 − 1,675
- 3,5 × 1,003
- 25,5 : 15
- 2,98 × 9,4
- 55,765 : 29,35

4 Calcula.

- ¿Cuántos segundos son 2 h y 15 min?
- ¿Cuántos segundos son 3° y 12'?

5 Completa en tu cuaderno.

3,6 km = … dam
0,49 m = … mm

6.800 dm = … hm
84 mm = … dm

65 hl = … kl
2,04 dal = … cl

1,7 dal = … dl
430 ℓ = … hl

8,3 dag = … kg
29 g = … hg

6,35 hg = … dg
0,71 dag = … mg

6 m^2 = … dm^2
247 cm^2 = … dm^2
0,87 km^2 = … m^2

2,9 hm^2 = … m^2
42 dm^2 = … dam^2
3,456 m^2 = … cm^2

6 Calcula el área de cada figura.
Haz un dibujo si lo necesitas.

- Un cuadrado de lado 6 cm.
- Un cuadrado de perímetro 40 cm.
- Un rectángulo de lados 8 cm y 9 cm.
- Un círculo de 4 cm de radio.
- Un triángulo de 8 cm de base y 3 cm de altura.

Problemas

7 El ayuntamiento ha cedido una parcela rectangular de 2 hm de largo y 3 dam de ancho para que los vecinos puedan hacer huertos urbanos. Cada huerto será cuadrado y con 10 m de lado. ¿Cuántos huertos serán?

8 Un depósito de agua de 50 kl estaba lleno. Se gastó un 25 % en regar y después 8 hl en llenar un estanque. ¿Cuántos litros quedaron en el depósito?

9 Manuel puso en el suelo de su habitación tarima de madera. Cada pieza cuadrada de tarima medía 20 cm de lado y usó 350 piezas. ¿Qué área recubrió en total? Si con cada paquete de piezas tenía madera para 4 m^2, ¿cuántos paquetes necesitó? ¿Qué área de madera le sobró?

10 Dos tercios de los 240 clientes de un gimnasio han ido hoy a hacer deporte. Tres cuartos llegaron al gimnasio en bicicleta. ¿Cuántos de los clientes que han ido no han llegado hoy en bicicleta?

11 Ramón compró 150 kg de patatas a 0,95 € el kilo. Las envasó en bolsas de 10 kg, a 13,50 € cada bolsa, y vendió todas. ¿Qué beneficio obtuvo en la venta de cada bolsa? ¿Qué beneficio obtuvo en total?

COOPERAMOS

Analizamos los datos de una gran maratoniana

1. Organizad la clase en equipos de cinco personas.

   Comentad en común, antes de empezar la tarea, los aspectos que conocéis sobre el mundo del maratón: la longitud de las carreras, los mejores tiempos, las grandes pruebas, la preparación, los avituallamientos...

Saco de dudas

2. Leed conjuntamente la noticia y fijaos en los datos. Haced una puesta en común de la situación para comprobar que lo habéis entendido.

Alba Torres corre maratones por todo el mundo desde hace cinco años. No se dedica a ello profesionalmente, pero así combina el deporte y el turismo, sus dos grandes pasiones. Se entrena cada día en una pista improvisada cerca de su pueblo. Allí se siente bien y puede practicar tranquilamente.

Estas son las pruebas en las que ha participado:

- 2014: Houston (EE. UU.), Copenhague (Dinamarca).
- 2015: Omsk (Rusia), Terni (Italia), Kagawa (Japón), París (Francia), Lieja (Bélgica), Ámsterdam (Holanda).
- 2016: Marrakech (Marruecos), Wrexham (Gales), Nauplia (Grecia), Moshi (Tanzania), Liverpool (Inglaterra).
- 2017: Sevilla (España), Belfast (Irlanda), Edimburgo (Escocia), Lisboa (Portugal).
- 2018: Genk (Bélgica), Luxor (Egipto), Zúrich (Suiza).

MIS TIEMPOS - 2018

Genk - 2 h 58 min 49 s

Luxor - 3 h 24 min 7 s

Zúrich - 3 h 75 s

3. Repartid los siguientes ejercicios entre los participantes del equipo y seguid estas pautas:

- Pensad individualmente cuál sería el mejor modo de resolver vuestro ejercicio.
- Anotad en vuestra hoja el número de vuestro ejercicio y las dudas que tengáis.
- Poned todas las hojas sobre la mesa. Leedlas en grupo e intentad resolver las dudas y dificultades que se han planteado. Las dudas que entre todos no podáis resolver las consultaréis con el profesor.
- Realizad individualmente el ejercicio que os ha correspondido y mostradlo al grupo.

EJERCICIOS

1. A partir de los datos sobre los maratones en los que ha participado Alba, realiza una tabla de frecuencias absolutas y relativas en la que figuren los años y el número de pruebas en las que ha participado cada año. Encuentra la media y la moda.
2. ¿Cuál ha sido su mejor marca durante el año 2018? ¿Cuántos segundos de diferencia tuvo entre las dos peores marcas?
3. Durante una prueba, Alba pierde una media de 1,8 ℓ de agua a través del sudor. Si los vasos de los avituallamientos contienen 60 cl de agua, ¿cuántos vasos debería beber para compensar la pérdida?
4. Fíjate en las dimensiones de su pista de entrenamiento. ¿Qué distancia recorre cada día si realiza 65?
5. Observando la forma de la pista, ¿cuál es el área del parque que ocupa su interior?

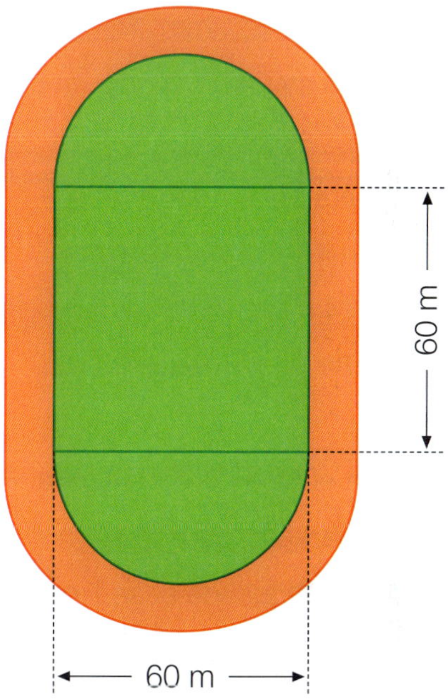

4. **TIEMPO PARA HABLAR.** Valorad en común la realización de la tarea de cada participante del equipo y expresad vuestras sensaciones.

¿CÓMO LO HEMOS HECHO?

Responde en tu cuaderno.

- ¿La ayuda recibida ha permitido mejorar nuestro rendimiento?
- ¿Hemos ofrecido todos nuestra ayuda a los demás?
- ¿El resultado final ha sido fruto de la tarea de todo el equipo?

Pon una nota a tu trabajo en equipo.

1 Expresa en la unidad que se indica.

- En hectómetros
  - 2 km, 7 dam y 15 m
  - 68 m, 140 dm y 714 cm
- En centilitros
  - 3 dal, 2 ℓ y 9 dl
  - 5 hl, 40 cl y 999 ml
- En decagramos
  - 7 kg, 5 hg y 2 g
  - 3 dag, 90 dg y 675 mg

2 Copia y completa en tu cuaderno.

- 7 m^2 = … dm^2
- 2.900 cm^2 = … dm^2
- 6,08 dm^2 = … mm^2
- 90.000 cm^2 = … m^2
- 600 dam^2 = … km^2
- 2,9 hm^2 = … m^2
- 1,75 hm^2 = … dam^2
- 4.098 cm^2 = … dam^2
- 0,83 m^2 = … cm^2
- 300 hm^2 = … km^2
- 34,7 km^2 = … dam^2
- 285 dm^2 = … m^2

3 Completa en tu cuaderno.

- 375 min = … h y … min
- 5 h, 14 min y 25 s = ... s
- 89.070" = …° …' …"
- 895 s = … h y … min
- 895" = …° y …'
- 83° y 22' = …'

4 Calcula el área de cada figura. Haz un croquis para ayudarte.

- Un cuadrado de lado 9 cm.
- Un rectángulo de base 7 dm y altura 8 dm.
- Una parcela triangular de base 20 m y altura 15 m.
- Un jardín circular de radio 50 m.
- Un triángulo de base 15 cm y de altura el doble de la base.
- Un círculo de diámetro 12 dm.
- Un cuadrado de perímetro 24 dm.
- Un rectángulo de base 12 cm y de altura la mitad de la base.

5 Mide y calcula el área de cada figura.

6 Calcula en tu cuaderno la probabilidad de coger sin mirar un globo de cada color.

● ▶ $\frac{...}{...}$ ● ▶ $\frac{...}{...}$

● ▶ $\frac{...}{...}$ ● ▶ $\frac{...}{...}$

Problemas

7 Resuelve.

- Un entrenador de fútbol ha anotado la talla de zapatillas que utilizan sus jugadores para renovarlas.

  45 42 45 44 40 42 42 45 44 40 42 45 45 44 40

  ¿A cuántas personas entrena?
  ¿Cuáles son la media y la moda de las tallas?

- En una fiesta se han servido 144 vasos de zumo de 25 cl cada uno. El zumo estaba envasado en botellas de 2 litros. ¿Cuántas botellas se han usado?

- Marta quiere recorrer 264 km caminando. Tiene dos opciones: hacer 22 etapas diarias, todas iguales, o caminar cada día 16 km y 5 hm. ¿Cuántos días tardará Marta con cada opción? ¿Cuántos metros más recorrerá cada día si elige la segunda opción?

- Sara tiene 130 losetas de plástico para recubrir el suelo de su cocina. Las losetas son cuadradas, de 25 cm de lado, y su cocina mide 4 m de largo y 2 m de ancho. ¿Cuántas losetas utilizará? ¿Cuántos centímetros cuadrados de plástico le sobrarán?

- Rita quiere nadar una media de 2 horas a la semana. Las últimas semanas ha nadado 110 minutos, 120 minutos, 90 minutos, 160 minutos y 120 minutos, respectivamente. ¿Ha cumplido Rita su objetivo?

- Las piezas de fruta comidas cada día por Pablo los últimos quince días han sido:

  2, 1, 2, 2, 3, 4, 5, 2, 0, 1, 0, 1, 2, 2, 3

  ¿Cuántas piezas de fruta ha comido de media a diario?

Saber más

- Obtención de fracciones equivalentes
- Reducción de fracciones a común denominador
- Comparación de fracciones con distinto denominador
- Suma en el sistema sexagesimal
- Resta en el sistema sexagesimal
- Suma de los ángulos de un triángulo y un cuadrilátero
- Mediatriz de un segmento
- Bisectriz de un ángulo

Obtención de fracciones equivalentes

Observa dos formas de obtener fracciones equivalentes a la fracción $\frac{8}{12}$.

Por amplificación

Multiplica el numerador y el denominador de la fracción por un mismo número.
La fracción que se obtiene es equivalente.

$$\frac{8}{12} = \frac{8 \times 2}{12 \times 2} = \frac{16}{24}$$

Fracciones equivalentes

Por simplificación

Divide el numerador y el denominador de la fracción entre un mismo número.
La fracción que se obtiene es equivalente.

$$\frac{8}{12} = \frac{8:2}{12:2} = \frac{4}{6}$$

Fracciones equivalentes

Para obtener fracciones equivalentes a una fracción dada, se multiplican o dividen el numerador y el denominador de la fracción por un mismo número distinto de cero.

1. Halla dos fracciones equivalentes a cada fracción.

Por amplificación: $\frac{1}{4}$ $\frac{2}{3}$ $\frac{4}{5}$ $\frac{7}{9}$ $\frac{3}{10}$ $\frac{5}{11}$

Por simplificación: $\frac{8}{20}$ $\frac{14}{28}$ $\frac{16}{20}$ $\frac{18}{24}$ $\frac{20}{30}$ $\frac{32}{40}$

2. Calcula la fracción irreducible de cada fracción.

HAZLO ASÍ

Una fracción es irreducible cuando no se puede simplificar.

Para hallar la fracción irreducible de una fracción:

1.º Calcula todos los divisores de cada término de la fracción.
2.º Busca los divisores comunes y elige el mayor.
3.º Divide el numerador y el denominador entre ese número.

$\frac{12}{20}$ divisores de 12: 1, 2, 3, 4, 6 y 12
divisores de 20: 1, 2, 4, 5, 10 y 20

Fracción $\frac{12}{20}$ → $\frac{12:4}{20:4} = \frac{3}{5}$ ← Fracción irreducible

- $\frac{9}{18}$
- $\frac{12}{18}$
- $\frac{8}{24}$
- $\frac{24}{32}$
- $\frac{5}{20}$
- $\frac{24}{56}$
- $\frac{10}{15}$
- $\frac{45}{40}$

3. Piensa y escribe si es verdadero o falso.

- El denominador de una fracción equivalente a $\frac{1}{2}$ puede ser impar.
- El denominador de una fracción equivalente a $\frac{1}{4}$ puede ser 128.

Reducción de fracciones a común denominador

Lucía tiene que calcular una fracción equivalente a $\frac{2}{3}$ y otra equivalente a $\frac{1}{4}$, de forma que las dos fracciones tengan el mismo denominador. Lo hace así:

1.º Calcula la fracción equivalente a $\frac{2}{3}$ multiplicando su numerador y su denominador por el denominador de la fracción $\frac{1}{4}$, es decir, por 4.

$$\frac{2}{3} = \frac{2 \times 4}{3 \times 4} = \frac{8}{12}$$

2.º Calcula la fracción equivalente a $\frac{1}{4}$ multiplicando su numerador y su denominador por el denominador de la fracción $\frac{2}{3}$, es decir, por 3.

$$\frac{1}{4} = \frac{1 \times 3}{4 \times 3} = \frac{3}{12}$$

$\frac{2}{3}$ y $\frac{1}{4}$ — Fracciones equivalentes con el mismo denominador → $\frac{8}{12}$ y $\frac{3}{12}$

Para reducir dos fracciones a común denominador se multiplican los dos términos de cada fracción por el denominador de la otra fracción.

1 Reduce las fracciones a común denominador.

- $\frac{3}{2}$ y $\frac{4}{6}$
- $\frac{5}{8}$ y $\frac{2}{9}$
- $\frac{7}{6}$ y $\frac{3}{5}$
- $\frac{3}{8}$ y $\frac{4}{10}$
- $\frac{4}{11}$ y $\frac{7}{9}$
- $\frac{6}{5}$ y $\frac{3}{30}$

2 Reduce a común denominador cada grupo de fracciones.

HAZLO ASÍ

Multiplica los dos términos de cada fracción por el producto de los otros dos denominadores.

$$\frac{2}{3}, \frac{3}{4} \text{ y } \frac{1}{2} \rightarrow \frac{2 \times 8}{3 \times 8} = \frac{16}{24}, \frac{3 \times 6}{4 \times 6} = \frac{18}{24} \text{ y } \frac{1 \times 12}{2 \times 12} = \frac{12}{24}$$

- $\frac{2}{5}$, $\frac{1}{3}$ y $\frac{1}{2}$
- $\frac{3}{4}$, $\frac{1}{5}$ y $\frac{2}{3}$
- $\frac{1}{2}$, $\frac{2}{3}$ y $\frac{5}{6}$

3 Fíjate en el dibujo y resuelve.

Julia invita a su amigo Ricardo a bizcocho.

Ricardo quiere la mitad del bizcocho y Julia un tercio.

- ¿En cuántas partes iguales cortan el bizcocho?
- ¿Qué fracción de bizcocho se come cada uno?

$\frac{1}{2}$ $\frac{1}{3}$

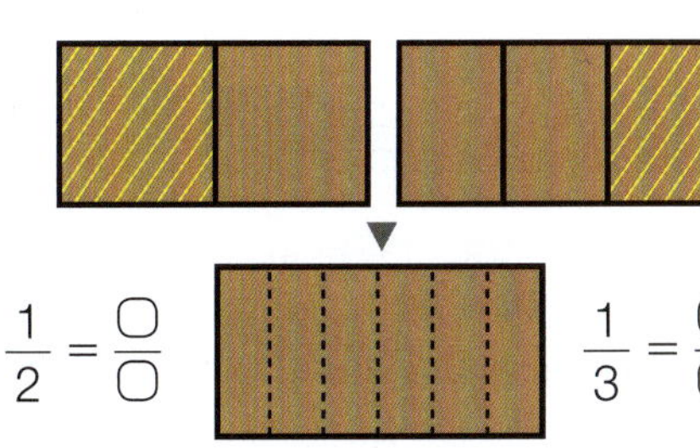

$\frac{1}{2} = \frac{\square}{\square}$ $\frac{1}{3} = \frac{\square}{\square}$

4 Inventa y resuelve un problema similar al de la actividad 3.

Comparación con distinto denominador

Sergio y Maite juegan con una baraja de fracciones.
En cada baza gana el que tira la carta con la fracción mayor.
¿Cuál de las fracciones es la mayor?

$\frac{2}{5}$ $\frac{4}{6}$

Si las fracciones tienen distinto numerador y denominador, primero se reducen a común denominador y, después, se comparan.

$$\frac{2}{5} \text{ y } \frac{4}{6} \blacktriangleright \left.\begin{array}{l} \frac{2}{5} = \frac{12}{30} \\ \frac{4}{6} = \frac{20}{30} \end{array}\right\} \quad \frac{20}{30} > \frac{12}{30} \longrightarrow \frac{4}{6} > \frac{2}{5}$$

La fracción mayor es $\frac{4}{6}$.

1 Compara cada pareja de fracciones escribiendo el signo correspondiente.

- $\frac{1}{4}$ y $\frac{2}{3}$
- $\frac{2}{7}$ y $\frac{3}{8}$
- $\frac{5}{8}$ y $\frac{1}{6}$
- $\frac{3}{4}$ y $\frac{2}{5}$
- $\frac{7}{8}$ y $\frac{4}{7}$
- $\frac{2}{5}$ y $\frac{4}{6}$

2 Ordena cada grupo de fracciones de menor a mayor.

- $\frac{1}{2}$, $\frac{3}{5}$ y $\frac{4}{7}$
- $\frac{2}{5}$, $\frac{3}{4}$ y $\frac{5}{6}$
- $\frac{7}{9}$, $\frac{5}{8}$ y $\frac{3}{2}$
- $\frac{2}{3}$, $\frac{7}{4}$ y $\frac{4}{5}$

3 Escribe dos fracciones en cada caso.

- Mayores que $\frac{6}{7}$ cuyos términos no sean ni 6 ni 7.
- Menores que $\frac{5}{8}$ cuyos términos no sean ni 5 ni 8.

4 Resuelve.

- Las dos clases de 5.º tienen igual número de estudiantes. En 5.º A tres sextos van a natación, y en 5.º B, cuatro novenos. ¿En qué clase van menos estudiantes a natación?
- Un juego tiene piezas de tres colores. Un tercio de ellas son rojas, un sexto son verdes y la mitad son azules. ¿De qué color hay menos piezas en el juego? ¿De qué color hay más?
- Andrea come un cuarto de una empanada. Jorge dos tercios y Julia tres sextos. ¿Quién come más empanada? ¿Y menos?

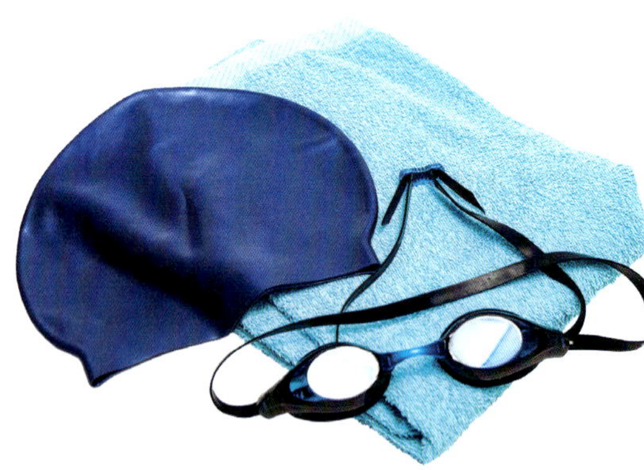

Suma en el sistema sexagesimal

En una carrera el primer clasificado tardó 3 horas, 55 minutos y 28 segundos.
El segundo llegó 1 hora, 7 minutos y 55 segundos más tarde que el primero. ¿Cuánto tiempo tardó el segundo?

Suma 3 h 55 min 28 s + 1 h 7 min 55 s

1.° Escribe los tiempos de manera que coincidan en columna las unidades del mismo orden y suma cada columna por separado.

2.° Como 83 s > 60 s, pasa 83 s a minutos y segundos (83 s = 1 min 23 s). Después, suma los minutos (62 + 1 = 63).

3.° Como 63 min > 60 min, pasa 63 min a horas y minutos (63 min = 1 h 3 min). Después, suma las horas (4 h + 1 h = 5 h).

	3 h	55 min	28 s
+	1 h	7 min	55 s
	4 h	62 min	83 s
		+ 1 min	23 s
		63 min	
+	1 h	3 min	
	5 h	3 min	23 s

El segundo tardó 5 horas, 3 minutos y 23 segundos.

1 Calcula en tu cuaderno las siguientes sumas de tiempos. Escribe 00 si falta alguna unidad.

PRESTA ATENCIÓN

Las sumas de medidas de ángulos se hacen de la misma forma que las sumas de tiempos, ya que forman un sistema sexagesimal.

- 6 h 20 min 54 s + 2 h 19 min 47 s
- 3 h 48 min 12 s + 12 h 37 min 56 s
- 2 h 15 min + 7 h 48 min 56 s
- 9 h 54 s + 6 h 59 min 29 s
- 84° 28' 23" + 48° 16' 54"
- 9° 55' 32" + 56° 16' 34"
- 45° 36' + 96° 51' 6"
- 60° 33" + 19° 25'

2 Resuelve.

- Pablo ha jugado esta semana dos partidos de tenis. El primer partido duró 2 horas y 13 minutos, y el segundo, 1 hora, 57 minutos y 39 segundos. ¿Cuánto tiempo duraron en total los dos partidos?
- Las aspas de un molino han girado, primero, un ángulo de 35° 27' y, después, un ángulo de 28° 35'. ¿Cuánto han girado en total? ¿Cuántos minutos son?

3 Piensa y contesta.

Si sumas dos tiempos que son menores que 1 hora, ¿el resultado puede ser mayor que 1 hora? ¿Cuál es el mayor resultado posible?

Resta en el sistema sexagesimal

El lunes Marta estuvo conectada a internet durante 2 horas, 42 minutos y 8 segundos. El martes estuvo 1 hora y 36 segundos. ¿Cuánto tiempo más estuvo conectada el lunes que el martes?

Resta 2 h 42 min 8 s – 1 h 36 s

1.º Escribe los tiempos de forma que coincidan en columna las unidades del mismo orden. Si falta alguna, escribe ceros en su lugar.

2.º Resta los segundos. Como no se puede, pasa 1 minuto del minuendo a segundos (42 min 8 s = 41 min 68 s) y resta ahora los segundos (68 s – 36 s = 32 s).

3.º Resta los minutos (41 min – 0 min = 41 min).

4.º Resta las horas (2 h – 1 h = 1 h).

	2 h	42 min	8 s
–	1 h	00 min	36 s

		41 min	68 s
	2 h	~~42~~ min	~~8~~ s
–	1 h	00 min	36 s
			32 s

		41 min	68 s
	2 h	~~42~~ min	~~8~~ s
–	1 h	00 min	36 s
	1 h	41 min	32 s

Estuvo conectada 1 hora, 41 minutos y 32 segundos más el lunes.

1 Calcula estas restas.

- 25 h 46 min 18 s – 8 h 33 min 14 s
- 6 h 32 min 24 s – 3 h 23 min 42 s
- 3 h 26 min 5 s – 1 h 42 min 27 s
- 7° 32’ 19” – 2° 27’ 45”
- 9° 21’ 30” – 5° 36’ 50”
- 2° 18’ 15” – 1° 25’ 33”

2 Calcula estas restas en las que falta alguna unidad.

HAZLO ASÍ

Resta 5 h 19 s – 2 h 38 min 43 s

Si falta alguna unidad, escribe 00 en su lugar y opera.

	5 h	00 min	19 s
–	2 h	38 min	43 s

		59 min	
	4 h	~~60~~ min	79 s
	~~5~~ h	~~00~~ min	~~19~~ s
–	2 h	38 min	43 s
	2 h	21 min	36 s

- 5 h – 3 h 20 min
- 19 min – 8 min 53 s
- 39 min – 47 s
- 2° 38” – 1° 15’ 40”
- 5° 14’ – 3° 20’ 27”
- 7° – 4° 50’ 18”

3 Resuelve.

Olga grabó una película que duraba 1 hora, 43 minutos y 20 segundos en un CD con capacidad para 3 horas. Además, grabó otra película que duraba 1 hora y cuarto. ¿Cuánto tiempo queda aún en el CD para seguir grabando?

Suma de los ángulos

¿Cuánto suman todos los ángulos de estos triángulos?

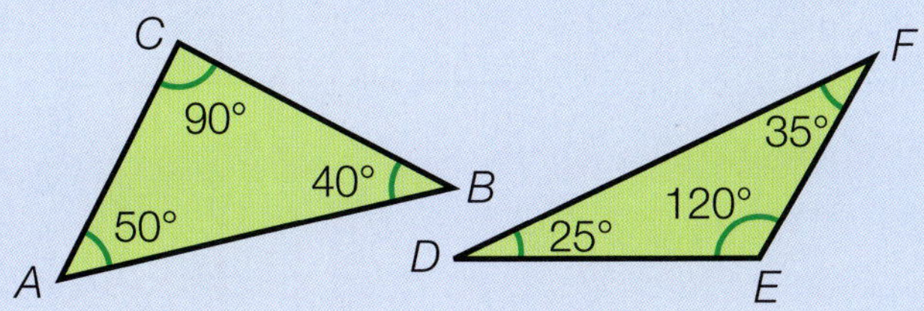

- Triángulo *ABC*:
  50° + 40° + 90° = 180°
- Triángulo *DEF*:
  25° + 120° + 35° = 180°

¿Cuánto suman todos los ángulos de estos cuadriláteros?

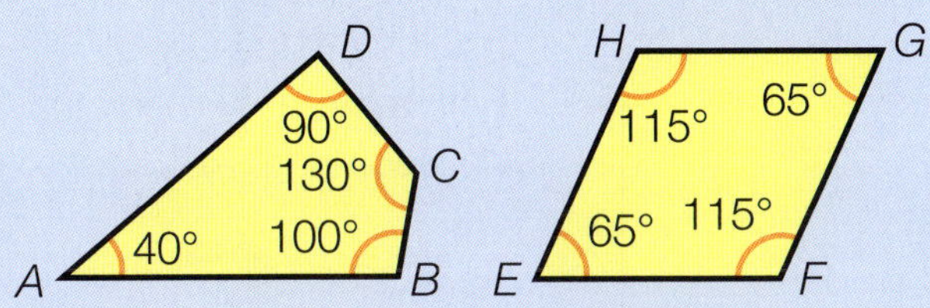

- Trapezoide:
  40° + 100° + 130° + 90° = 360°
- Rombo:
  2 × 65° + 2 × 115° = 360°

La suma de los ángulos de un triángulo es igual a 180°.
La suma de los ángulos de un cuadrilátero es igual a 360°.

1. ¿Cuánto suman los ángulos de cada polígono? Contesta.
Después, mídelos y comprueba tu respuesta.

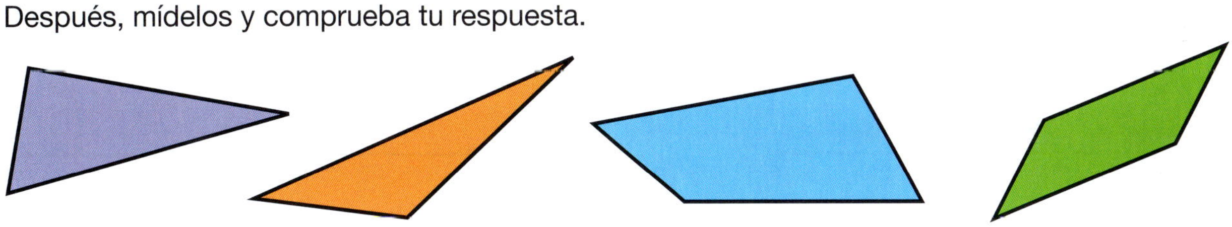

2. Averigua en cada caso cuánto mide el ángulo coloreado de rojo.

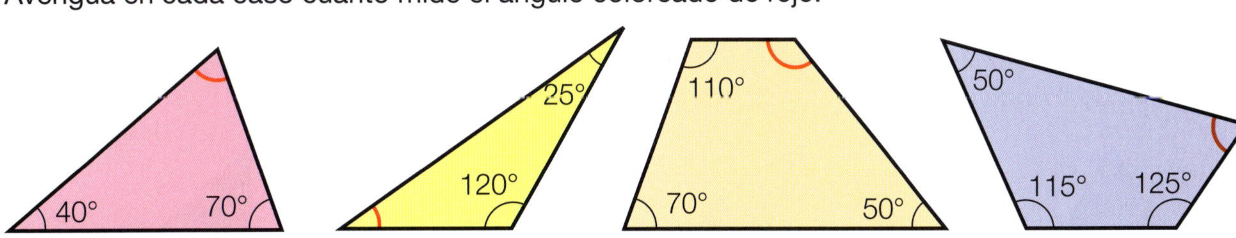

3. Lee y calcula.
   - Dos ángulos iguales de un triángulo miden 50°. ¿Cuánto mide el otro ángulo?
   - Dos ángulos opuestos de un paralelogramo miden cada uno 80°.
     ¿Cuánto miden los otros dos ángulos?

4. Dibuja y contesta.
   - Traza un pentágono y todas las diagonales posibles desde un vértice.
   - ¿Cuánto suman los ángulos de todos los triángulos que se forman? ¿Y los del pentágono?

Mediatriz de un segmento

La **mediatriz** de un segmento es la recta perpendicular al segmento que pasa por su punto medio.

La mediatriz divide el segmento en dos partes iguales; las dos partes miden lo mismo.

Para dibujar la mediatriz de un segmento *AB* sigue estos pasos:

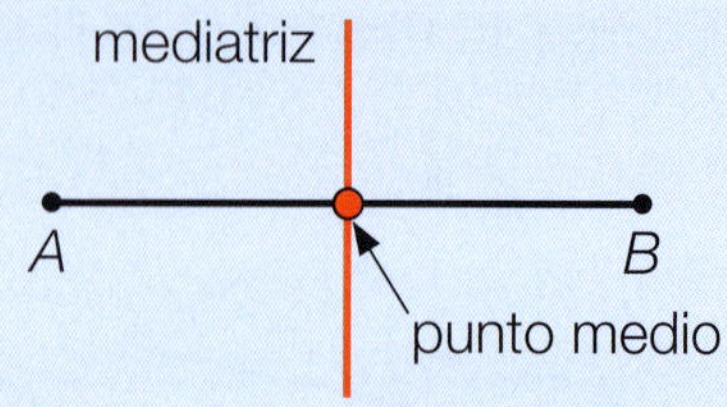

1.º Abre el compás con una abertura mayor que la mitad del segmento *AB* y traza un arco con centro en *A*.

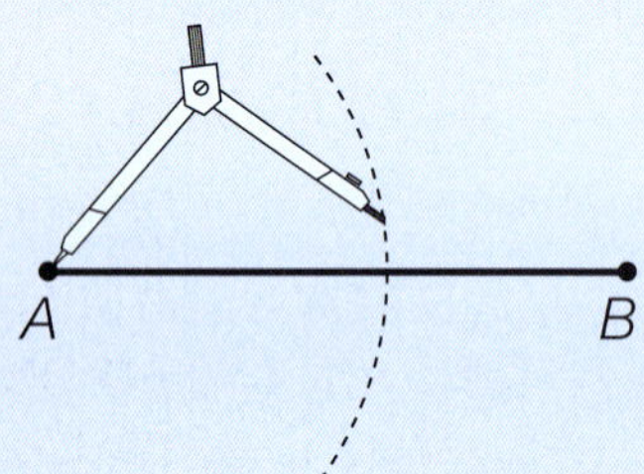

2.º Con la misma abertura, traza un arco con centro en *B*. Los dos arcos se cortan en los puntos *C* y *D*.

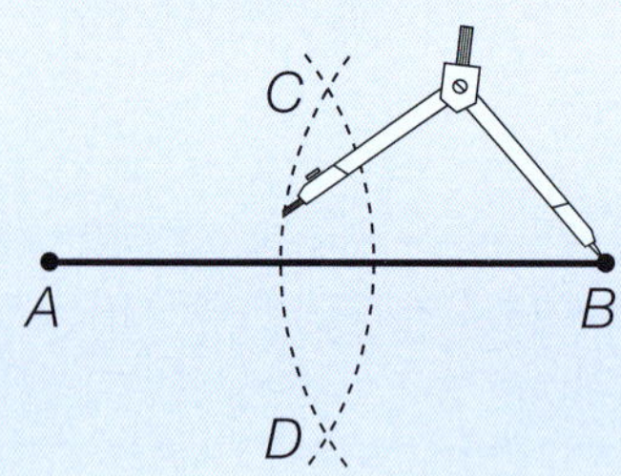

3.º Traza con la regla la recta que pasa por los puntos *C* y *D*. Esta recta es la mediatriz del segmento *AB*.

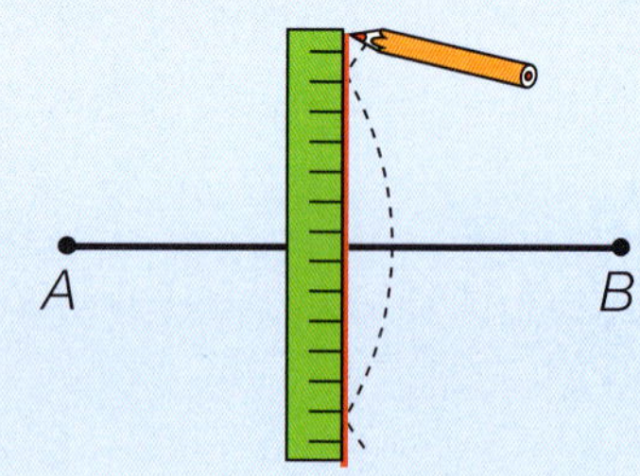

1. Las rectas rojas, ¿son mediatrices de los segmentos? Explica por qué.

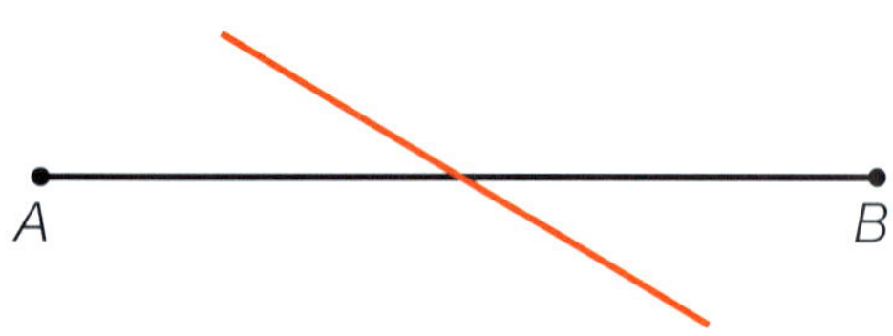

2. Traza un segmento de 10 cm de longitud y dibuja su mediatriz.

3. Calca cada triángulo y traza las mediatrices de sus lados.

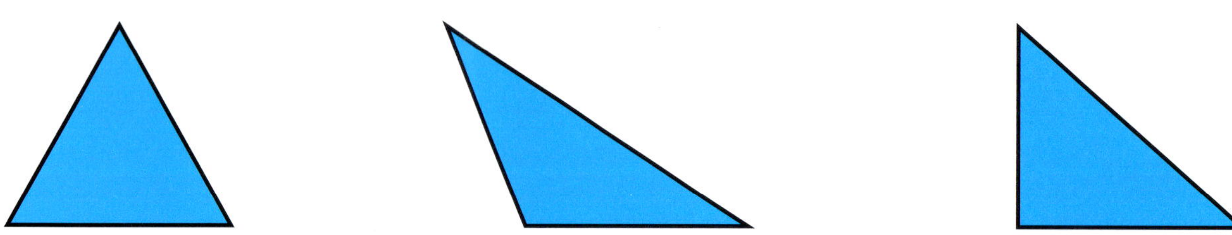

4. Dibuja y contesta.

Traza un segmento *AB* de 8 cm de longitud y dibuja su mediatriz. Marca un punto *P* en ella y mide sus distancias a los puntos *A* y *B*.

- ¿Son iguales esas dos distancias?
- ¿Ocurre lo mismo con cualquier punto de la mediatriz?

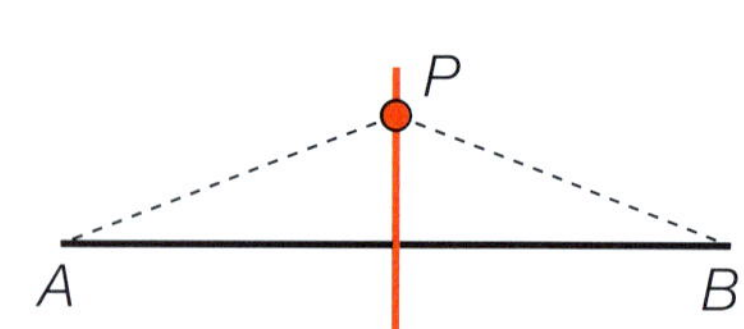

Bisectriz de un ángulo

La **bisectriz** de un ángulo es la semirrecta que pasa por su vértice y divide el ángulo en dos ángulos iguales.

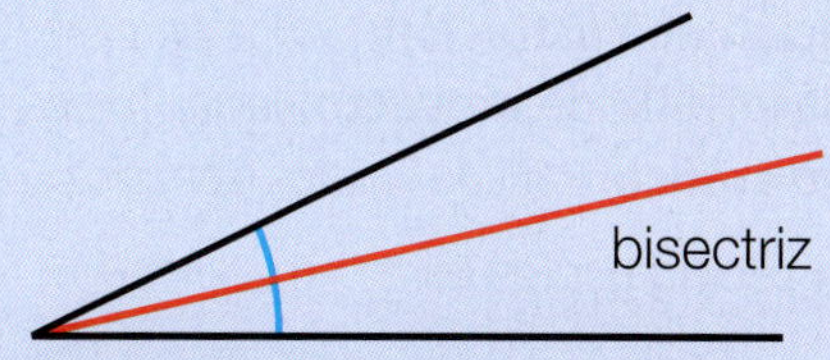

Para dibujar la bisectriz sigue estos pasos:

1.° Traza con el compás un arco con centro en el vértice del ángulo, *A*.
Llama *P* y *Q* a los puntos de corte del arco con los lados del ángulo.

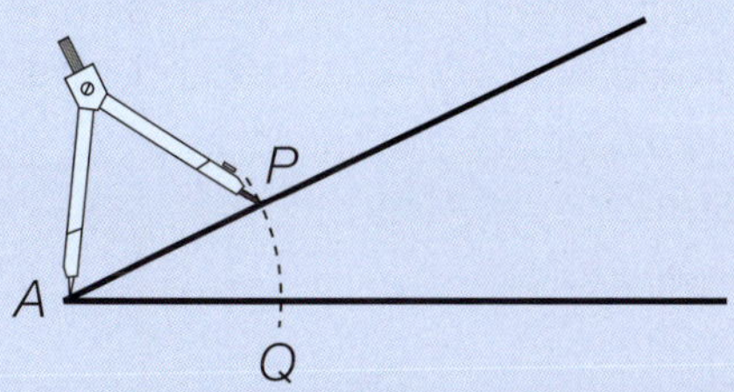

2.° Abre el compás y traza un arco con centro en el punto *P*.

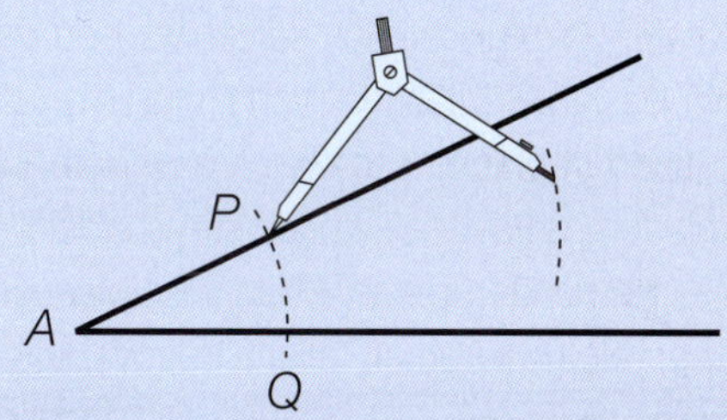

3.° Sin mover la abertura del compás, pincha en *Q* y traza otro arco. Este arco se corta con el arco del paso 2.° en el punto *R*.

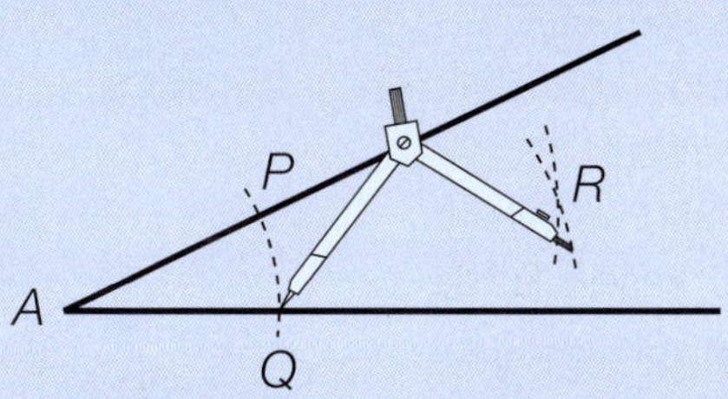

4.° Traza con la regla la semirrecta que pasa por el vértice del ángulo, *A*, y por el punto *R*.
Esta semirrecta es la bisectriz del ángulo.

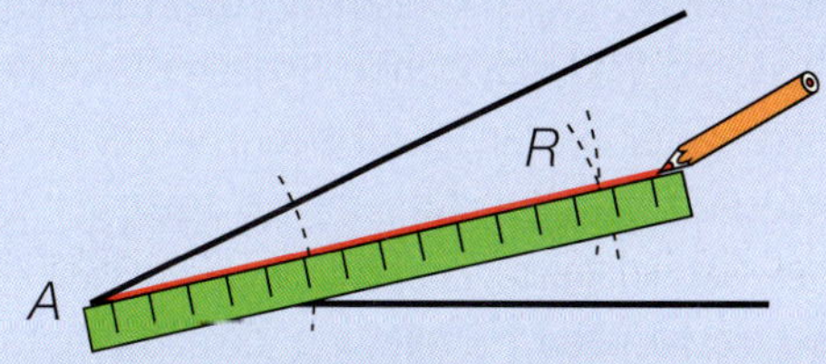

1 Calca cada ángulo en tu cuaderno y traza su bisectriz.

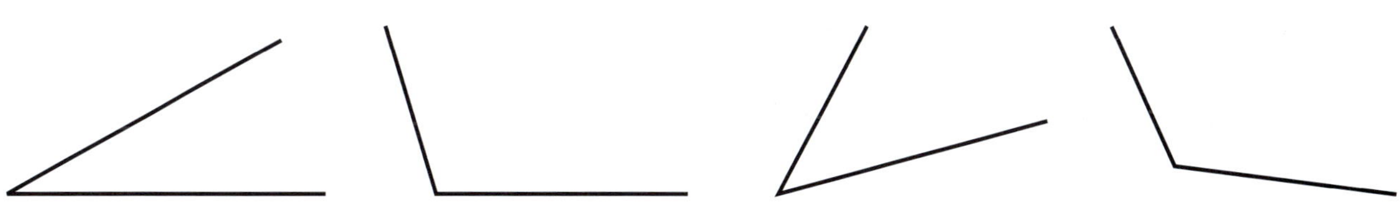

2 Dibuja y contesta.

1.° Traza un ángulo de 120° y después su bisectriz.

2.° Traza la bisectriz de cada ángulo que se ha formado.

- ¿En cuántos ángulos iguales ha quedado dividido el ángulo de 120°? ¿Cuántos grados mide cada uno de ellos?

3 Lee y contesta.

Mónica ha trazado la bisectriz de un ángulo agudo y el ángulo ha quedado dividido en dos ángulos de 45° cada uno. ¿Es esto posible? ¿Por qué?

Dirección de arte: José Crespo González.

Proyecto gráfico: Pep Carrió.

Jefa de proyecto: Rosa Marín González.
Coordinación de ilustración: Carlos Aguilera Sevillano.
Jefe de desarrollo de proyecto: Javier Tejeda de la Calle.
Desarrollo gráfico: Raúl de Andrés González, Patricia Tejeda Gaspar y Jorge Gómez Tovar.

Dirección técnica: Jorge Mira Fernández.

Coordinación técnica: Alejandro Retana Montero.
Confección y montaje: Alejandro Martínez Santos y Luis González Prieto.
Corrección: Nuria del Peso Ruiz, Marta Rubio Aguilar y Belén Izaguirre Fernández.
Documentación y selección fotográfica: Sergio Aguilera Rubio y Nieves Marinas Mateos.

Fotografía: A. Toril; C. Contreras; J. I. Medina; J. Jaime; J. Lucas; 123RF/indigolotos, Nikolay Mikheev, Li Xuejun, Oleksii Churilov, serezniy, Joserpizarro, Giuseppe Anello, texelart, sergein, Vadim Guzhva, design56, Vladimir Liverts, Vitalii Tiahunov, Shao-Chun Wang, Somyot Pattana, fotoluminate, sportgraphic, Eric Isselee, Marali Nath, Maryna Pleshkun, Mr_Vector, cobalt, Ivonne Wierink, Tomas Pavlasek, Konstantin Shaklein, Jamroen Jaiman, Anton Starikov, nicolasmenijes, Fernando Gregory Milan, Jose Manuel Gelpi Diaz, Prudencio Alvarez, kuniza, ljupco, magone, yelo34, auremar, Tatiana Popova, lukeruk, nevodka, Saiyood Srikamon, Adriano Frisanco, drpnncpp, Gennadiy Shelest, madllen, Mirko Vitali, monticello, enriscapes, Diana Eller, Sergii Moskaliuk, Scott Betts, Denys Prokofyev, Leung Cho Pan, Yuriy Kirsanov, Elena Suslova, nito500, Karel Miragaya, Peter Zijlstra, Inara Prusakova, Oksana Kuzmina, ronstik, Wavebreak Media Ltd, Viacheslav Iakobchuk, Danny Kosmayer, Antonio Balaguer Soler, Maksym Yemelyanov, Sergey Kolesnikov, Sergey Novikov, Susan Leggett, Sergiy Serdyuk, Sergiy Bykhunenko, Vladyslav Danilin, Bonzami Emmanuelle, Gennadiy Poznyakov, Pongphan Ruengchai, Alexander Atkishkin, Andrey Kekyalyaynen, Gintautas Prichodko, Patrick marcel Pelz, Vera Kuttelvaserova, kostrez; COMSTOCK; GETTY IMAGES SALES SPAIN/ Paul Bricknell, Gabriel Solera, ElenaMedvedeva, Franz Aberham, nastenkapeka, PepeLaguarda, Hans Blossey, xavierarnau, michaeljung, jodiecoston, T3 Magazine, Hero Images, GlobalStock, duckycards, Thinkstock, gavran333, art-4-art, 123object, Scanrail, Floortje, Comstock, pagadesign, ArtMarie, numbeos, ilbusca, gorsh13, Devonyu, Casarsa, subjug, John Rensten, koya79, katkov, jaroon, Marta Nardini, cinoby, Brauns, gojak, Adventure_Photo, Eshma, Compassionate Eye Foundation, Official Windows Magazine, Medioimages/Photodisc, Elizabethsalleebauer, Mehmet Hilmi Barcin, LightFieldStudios, Big Cheese Photo, robertcicchetti, Thomas Soellner, Thomas Northcut, Atlantide Phototravel, Photos.com Plus, Norbert Schaefe, Nicolas Thibaut, Fabrice Lerouge; I. PREYSLER; ISTOCKPHOTO/Getty Images Sales Spain, hocus-focus, MollyNZ; SHUTTERSTOCK/Sergey Novikov; STOCK PHOTOS; STOCKBYTE; Elizabethsalleebauer; BLOM Sistemas Geoespaciales; GRUP PROMOTOR/Creu Roja; MATTON-BILD; SERIDEC PHOTOIMAGENES CD; ARCHIVO SANTILLANA

Rafael Beca Mateos, 3
41007 Sevilla
PRINTED IN SPAIN

ISBN: 978-84-9132-163-7
CP: 935936
Depósito legal: M-38789-2018